実解析の
助け舟

証明の理解に必要なすべてのツール

Raffi Grinberg 著

蟹江 幸博 訳

共立出版

THE REAL ANALYSIS LIFESAVER
by Raffi Grinberg
Copyright ⓒ2017 by Princeton University Press

Japanese translation published by arrangement with Princeton
University Press through The English Agency (Japan) Ltd.

All rights reserved.
No part of this book may be reproduced or transmitted in any form
or by any means, electronic or mechanical,
including photocopying, recording or by any information storage
and retrieval system, without permission in writing from the
Publisher.

Japanese language edition published by KYORITSU SHUPPAN CO., LTD.

訳者まえがき

　この本はプリンストン大学から出版されたライフセーバー・シリーズの一冊です．表紙の丸い輪は浮き輪です．プールや海で遊ぶのに使う浮き輪ではなく，救命道具の浮き輪です．海で溺れそうになった人を助けるための浮き輪で，ライフセーバーの象徴として書かれています．

　本書を読むあなたは実解析の海で泳いでいるか，これから泳ごうという人でしょう．もしかすると，泳ごうとして溺れた人もいるかもしれません．大学での数学の躓きの石としてよく言われるものに ε-δ 論法があります．キチンと数学を教える日本の大学なら教養課程・共通教育での微積分の講義の中で教えることになっていますが，アメリカではまず実際の計算の課程「微積分」があって，その後の「実解析」の中で教えるようになっているようです．ライフセーバー・シリーズの中にも「微積分」がありますが，本書よりもかなり厚さのある本になっています．

　数学の体系の中では「実解析」は実変数の実数値関数の理論というもので，その後の複素解析やフーリエ級数・特殊関数などの理論の基になっています．だから，微積分の先に進むには必須なものです．しかし，計算の技法だけで進もうとすると，さまざまな落とし穴に陥るのです．

　プールで泳げれば海でも泳げます．より浮力がつくのだからより簡単に泳げるはずです．しかし，プールで溺れる人はめったにいませんが，海で溺れる人は少なくありません．だから，海水浴客の多い海岸ではライフセーバーがいるのです．

　海には波があります．その波は一定のものではありません．大きな波が来るかもしれないし，水温の低い水塊に遭遇して足が攣ったり，疲労で筋肉が動かなくなるかもしれない．眼に見えない離岸流にさらわれるかもしれない．そういうことはどんな数学の海でも起こりますが，実解析の海では体験していないと溺れるようなことが起こるのです．そういうことの代表が ε-δ 論法です．

　この本はそのためのライフセーバーなのです．助け舟なのです．浮き輪は，それにつかまって浮いているだけは泳げるようになりません．それを助けとして海でも泳げるようにならなければいけません．

この本の中には4種類の

というマークがあります．それをどのように使ってほしいと著者が思っているかが第1章に書いてありますが，その使い方は読者のあなた次第です．

どうも著者は先生という役割ではなく，先輩という立場にいたいようです．大学の講義で教えられるだけではなかなか数学は身につきません．自分で考えないといけないのです．しかし，何をどう考えたらよいのかは，講義を聴いているだけはわかりません．

実は訳者も大学1年の夏に，同級生何人かと微積分の担当教授に相談に行きました．たまたま1年のクラスの担任でもあったので，理学部数学科の先輩を紹介してもらえたのです．クラスの何人かと自主ゼミをして，その先輩にチューターをしてもらいました．この本の最後の文献に挙げた[3]の第2版を読むことになりました．この本のテーマの少し，というかだいぶ先の「函数解析」の入門書を読むことになったのです．交代で，本の中身を自分が教師役になって講義するわけです．その説明の仕方の間違っているところや不備なところを先輩が指摘してくれるのです．つまり，あからさまには教科書に書いてないことを説明しないといけないわけです．教科書の説明の足らないところや，自分たちの常識とはずれているところを説明するのです．これはとても勉強になりました．

そういう先輩がしてくれたことをこの本はしてくれるわけです．マークをうまく使って，自分に足りないところや理解できているかどうかの確認ができるでしょう．

分からないところがわかるようになる．なんとなくわかるというのではなく，人に説明できる程度にわかるとなって，まあ，7,8割のわかり方です．わかった（はずの）ことを踏まえて新しいことがわかるようになるまで行けば，それはもう，実解析だけでなく，ほかの数学の分野も，また数学以外の事柄も「わかる」スキルが得られるでしょう．

ε-δ 論法だけでなく，論理的に考える力が－ライフセーバーの助けを借りてでも－つくようなることがこのシリーズの本当の目的なのです．

実はこの本の内容は，実解析の基礎部分の前半と言っていいくらいで，この本で学んだ論理的な議論の仕方や知識が本当に役に立つところまでは書かれていません．最後の文献に挙げた日本語の教科書は実はそれらを含んでいます．だから，だくさんの知識や技術が詰め込まれています．だから，多くの学生にとってはとても難しいもののように思えても，むしろ当然のことなのです．この本をマスターして，そういう教科書に挑戦してみてください．きっと楽しいと思いますよ．

2019 年 9 月

蟹江　幸博

目　次

　典型的な実解析なカリキュラムを網羅するために（そして素材がそれ自身で構築されているから）すべての章をお読みになることをお勧めしますが，＊印のついている章だけを使って本書を「速読」することは可能です．

第 I 部　準備　　　　　　　　　　　　　　1

第1章　はじめに　　　　　　　　　　　　　3

第2章　基本的な数学と論理*　　　　　　　　9

第3章　集合論*　　　　　　　　　　　　　22

第 II 部　実数　　　　　　　　　　　　　37

第4章　最小上界*　　　　　　　　　　　　39

第5章　実数体*　　　　　　　　　　　　　52

第6章　複素数とユークリッド空間　　　　　70

第 III 部　トポロジー　　　　　　　　　　87

第7章　全単射　　　　　　　　　　　　　　89

第8章　可算性　　　　　　　　　　　　　　99

第9章　トポロジーの定義*　　　　　　　　116

viii 目 次

第 10 章 閉集合と開集合* 133

第 11 章 コンパクト集合* 145

第 12 章 ハイネ・ボレルの定理* 160

第 13 章 完全集合と連結集合 173

第 IV 部　数列 189

第 14 章 収束性* 191

第 15 章 極限と部分列* 204

第 16 章 コーシー列と単調列* 218

第 17 章 部分列の極限 231

第 18 章 特別な数列 245

第 19 章 級数* 256

第 20 章 結論 270

謝辞 274

文献 275

索引 281

第 I 部
準備

第 1 章　はじめに

　そこのあなた，落ち着いてほしい．あなたが利口なのは分かっている．数を扱うことはいつも巧く，微積分の成績も最優秀だったかもしれない．でもスピードを落としてほしい．実解析は微積分とは，また線形代数さえと，まったく異なった生き物である．それが単により難しいということ以上に，実解析を学ぶ方法は，公式やアルゴリズムを覚えて，いろいろなものを代入したりすることではないのだ．むしろ，必要なことは問題となっているより大きな概念を理解するまで定義と証明を何度も読むことで，それらの概念を自分の証明に適用できるようにすることなのだ．このことができるようになる最良の方法は時間をかけることである．ゆっくりと読み，ゆっくりと書き，そして注意深く考えることである．

　以下は，私がなぜ本書を書いたかと，あなたがどのように読んでいくべきかについて，簡単に紹介したものである．

なぜこの本を書いたのか

　実解析は難しい．このテーマはおそらく，あなたにとって初めての証明ベースの数学であり，それはさらに難しくなっていくだろう．しかし，説明が十分にはっきりとされている限り，人はだれでもどんなことも学ぶことができると，私は確信している．

　初めて実解析を学んだ時に，とても苦労をした．私はいつも，誰か明快で筋の通った仕方でものごとを説明してくれる，自分の教師のような人になれたらなあと感じていた．私が苦労をして，そして最終的に切り抜けたという事実は，あなたの優れた案内人の候補になれるということである．初めてこの種のものを見たときにどんな気持ちであったかを今でもありあ

りと思い出す．私は，何が私を混乱させ，決して明快に思わせず，そして私を途方に暮れさせたのかを覚えている．本書において，あの頃の私が一番見たかったような説明をすることで，あなたのほとんどの疑問を先取りできると願っている．

私が受けた講義では，ウォルター・ルーディンの書いた教科書『数理解析の原理 (*Principles of Mathematical Analysis*)』第 3 版[1]が使われていた（それは「ベビー・ルーディン」，または，あのヘトヘトになる小さな青本としても知られている）．その本は一般的に実解析の古典的で標準的な教科書として知られている．今では私はルーディンに感謝している．彼の著書はよく整理されて，簡潔に書かれているのだ．しかし，白状するが，初めてこの分野を学ぶためにその本を使っていた時は，重荷を背負った歩みそのものだった．そこには何の説明もなかった！ ルーディンは例も挙げずに定義を列挙し，どうやって思いついたのかを述べずに磨き上げられた証明を書いている．

勘違いしないでほしいのだが，ものごとをきちんと把握することはあなたにとってとても価値のあることなのだ．一本道のステップをお膳立てされた形で受けとるようなことではなく，ものごとがなぜ機能するのかを理解することに挑むことで，あなたはよりよく考える人にも，よりよい学習者にもなれるのである．しかし，教育上のテクニックとして，泳ぎ方を教えずに「深いプールに放り込む」ことも悪いことではないと思っている．結局のところ，教師としてはあなたに学んでほしいのであって，溺れさせたいわけではないのだ．ルーディンはあらゆる仕方であなたを深みに放り込んでくるが，本書があなたが必要とするライフセーバーになりうるものであってほしい．

私が本書を書いたのは，もしあなたが（私がそうだったように）実解析を本当に学びたいと思う知性はあっても天才ではない学生であるなら，…あなたが必要とするからである．

---

[1] ［訳註］初版は 1953 年，第 3 版は 1976 年に出版されていて，342 ページある．ウォルター・ルーディンは影響力の強い教科書を多数書いているが，中でも本書はベビー・ルーディンの，また続編 "*Real and Complex Analysis*（実解析と複素解析）" はビッグ・ルーディンの愛称で知られている．

実解析とは何か

実解析とは，数学者が微積分を厳密にしたものと呼ぶようなものである．「厳密な」という意味は，我々がとるすべてのステップと我々が使うすべての公式は証明されなければいけないということである．もし公理や公準と呼ばれるような一連の基本的な仮定から始めれば，正当なステップを次々と重ねることでわれわれの現在地まで常に到達することができるということである．

微積分では，いくつかの重要な結果は証明したかもしれないが，多くのことを当然のこととしていただろう．極限とは本当は何であるのかとか，無限和が1つの数にいつ「収束する」のかを本当に分かっているだろうか？ 実解析の入門的な講義では以前に見聞きした，連続性や微分可能性のような概念が再導入されるけれど，今回は，その基礎付けがはっきりと示される．そしてすべてを終えたときには，微積分がちゃんと働くことを基本的には証明したことになっている．

実解析は純粋数学のカリキュラムの中の最初のコースの典型である．なぜなら，あなたがすでによく知っているテーマの文脈の中で純粋数学の重要なアイデアと方法論を教えてくれるものだからである．

一度よく知ったアイデアを厳密にすることができたなら，その思考法を馴染みのない領域に適用することができるようになる．実解析の核心には「和のような特定の概念に対する直観をどのように無限の場合に拡張するか」という疑問がある．無限和のようなパズルは厳密になることなくして正しく理解することはできない．こうして，あなたは本格的な証明のスキルを構築して，それをこれらの新しい（高校数学の微積分ではない）より興味深い問題に適用しなければならない．

本書の読み方

本書は簡潔にすることを意図してはいない．たとえば第7章を見てほしい．ルーディンがたった2ページでやっていることを7ページもかけている．定義の後に続けて，その抽象的な感じを少なくするために例を挙げて

6　第1章

いる．ここでしている証明は単に定理がなぜ真であるかだけでなく，あなたが自分でそれを証明できるようにすることを目的としている．（高等数学の文献がしているように）より基本的な事実を省略するのではなく，議論で使われるあらゆる事実を述べるようにしている．

　あなたがルーディンの本を使っているなら，私が取り扱っている定義と定理はすべて，彼の本とほとんど同じ順序で扱おうとしていることが分かるだろう．本書とルーディンの本との間に1対1対応はない（第7章の数学的ジョーク[2]）．たとえば，次の章では集合の基本理論を説明しているが，ルーディンの本では実数を扱った後まで先送りされている．私はまた，あなたの充実のための，追加情報を少し入れ込んでいる．しかし，できる限り彼の構造と記号に従ったので，本書と彼の本との間を容易に行き来することができるだろう．

　チラ見したり，拾い読みしたり，引用したりということがされてもいいようなほかの数学書とは異なり，本書は書いてある通りに読んでほしい．本書の各章は意図的に短く，簡単に理解できるような1時間の講義に相当する内容になっている．各章は最初から読み始め，終わりになるまで跳ばしたりしないでほしい．

　いくつかアドバイスをしておきたい．それは能動的に読むということだ．空白を埋めよとあったら，埋めること．（空白への解答自体は意図したものではないのだが，覗いてみたいという誘惑は大きすぎるようだ．）そうするように言っていないところでもノートを作るように．繰り返して学習するなら，ノートに定義を書き写すように．視覚的に学ぶのなら，図

---

[2]［訳註］本書の第7章の内容を知っていればすぐにわかるジョークという意味だが，説明しないとわからないのではジョークにならない．本書の中には，ある程度数学が分かっていないと，またアメリカ人であったり，アメリカで生活したりしていないとわかりにくい，ジョークのような，ジョークでないような記述が時々見受けられる．日本的な文脈に移しかえることができればそうするけれど，できそうもない時は直訳する．あまり気にしないで読み進んでほしい．

　また文中には，講義の最中に，突然口調を変えて，学生に話しかけるようなところもある．臨場感のためにそういうことが敢えてしてあるのだが，そうだと分かっていても，日本語の教科書の中で出会うと違和感を覚えるかもしれない．あまり気にしないでほしい．読み飛ばしてもいいし，著者に親しみを感じて返事をする気分になってもいい．

をたくさん描くように．余白には思いついた疑問を書き込むように．もし1つの章を2回読んでも答えられない疑問が残っていれば，学習グループの仲間に訊き，TA（ティーチング・アシスタント）に訊き，教授に訊くようにすること（もしくはその三者すべてに訊くこと．訊く回数が多いほど理解が深まるだろう）．各章の中で，主要なアイデアと方法を要約してみるように．ほとんどすべてのトピックにはほとんどの証明に使われるトリックが1つや2つ隠れていることが分かるだろう．

時間が限られていたり，すでに習ったことの見直しをしているのであれば，以下のアイコンがざっと目を通すあなたの案内役になってくれるだろう．

 一歩一歩示される例や証明の始まり

 これは重要な説明か，記憶しておくべきこと

 穴埋め問題をやってみよう．

 これはちょっと述べただけのものより複雑なトピック

余分な内容があっても決して邪魔にはならない．実際，より多く教科書を読むほど，高等数学を理解することに成功する可能性は高くなる．最良の戦略は，学ばねばならないテーマの1つか2つの主要な教科書（たとえば本書とルーディンの本）を持つことである．それを図書館にあるほかの本で補完すること．それらの本から余分な演習問題を得たり，主要なものでは満足できないときに説明を探したりするのである．このアドバイスを無視して，そこらにあるすべての実解析の本のすべての内容を学ぼうとするならば，…幸運を祈る！

本書は典型的な1年前期の実解析のコースのほとんどの内容を扱っている．もっとも，あなたの学校の方がもっと多くの内容を扱っている可能性はあるけれど．もしあなたのコースが終わる前に本書の終わりになってしまってもパニックにはならないでほしい．あらゆるものはその前にやって

8   第1章

来るものに基づいているのであって，成功のための最も重要な要素は基本
事項の理解である．我々はその基本事項を詳細に取り扱い，あなたが確か
にこの後も泳いでいけるような強固な基礎を持てるようにする（このよう
な込み入った隠喩は避けるようにするけれど）．

　巻末の文献表には，私のコメントと批評付きで，いくつかの推薦図書が
挙げてある．

　このページをめくれば，いよいよ基本的な数学と論理学の概念を入念に
調べることから学習を始めることになる．それは実解析の厳密な研究のた
めの重要な背景的内容である．（私はこれまで何度，**厳密**な言葉を使った
だろうか．たくさんの $\lim_{n \to \infty} \frac{n^{\alpha}}{(1+p)^n} + 7$ のような言葉を．）

第2章 基本的な数学と論理

以前にこのようなものを見たことがあるなら，それは素晴らしい！そうでなくても心配はいらない．優しくゆっくりと始めるから．

いくつかの記号

以下にいくつか記号の取り決めをする．すぐに慣れて，便利だと思うようになるだろう．

記号∀は「すべての」とか「あらゆる」とかの意味だけど，「～である限り」と読んでもいい．たとえば，偶数の定義は「偶数の∀nに対してnは2で割り切れる」というものだけど，「すべての偶数nに対してnは2で割りきれる」と読んでもいいし，「nが偶数である限り，nは2で割りきれる」と読んでもいい．

記号∃は「～であるようなものが存在する」とか「ある何かが存在して～である」という意味である．たとえば，数eの1つの定義は「∃a s.t. $\frac{d}{dx}a^x = a^x$」となっている[1]．この言明は正しくて，実際にそのような数aは存在する．それは$e = 2.71828\ldots$である．

次の2つの言明はまったく異なる意味であることに注意すること．

$$\forall x, \exists y \text{ s.t. } y > x$$

$$\exists y \text{ s.t. } y > x, \forall x$$

最初の式は，与えられたどんなxに対しても，それより大きなあるyが

---

[1] ［訳註］ここで，s.t. は such that の省略であり，「その後ろにある条件を満たすような」を意味する．

10   第2章

存在するという意味である．2つ目の式[2] は，**あらゆる** x よりも大きなあ
る y が存在するという意味である．x と y が実数なら，最初の式は真であ
る．なぜなら，どんな x に対しても $y = x + 1$ とおけばよいからである．
第2の式は偽である．なぜなら，どんなに大きく y を選んだとしても，い
つでもそれより大きな数が存在するからである．

数列は，自然数による順序で指数をつけた数の並びである．たとえば，
$2, 4, 6, \ldots$ は数列である．点々の記号 "$\ldots$" は同じようなパターンで無限
に延びていることを表している．$2, 4, 6, \ldots$ の中で，例えば，この数列の
10 番目の要素は 20 である．定義により，数列はいつまでも続いていく
（だから，単なる数の列 $2, 4, 6$ は数列ではない）[3]．

数列は $x_1, x_2, x_3, \ldots$ のように変数からなっていると考えることもでき
る．i が正の整数である限り，x_i は数列の i 番目の要素と言う[4]（だから上
の記号を使えば，x_i は $\forall i \geq 1$ に対して，数列の第 i 項である）．特定の x
の整数の添え字は数列の要素の**指数**である．

1つのパターンの要素の和はギリシャ文字の Σ（シグマ σ の大文字）を
使った和の記号で簡潔に表される．たとえば，最初の n 個の整数の和は
$\sum_{i=1}^{n} i$ と書くことができ，「i の $i = 1$ から $i = n$ までの和」と読む．気が
ついただろうが，和の指数は常に整数値をとるという規約なので，シグ
マの下付き添え字から始まり，上付き添え字で終わりにする．また別の
$\sum_{i=1}^{n} 1$ という例は，「$i = 1$ から $i = n$ までの 1 の和」と読むが，単に n 回
の 1 の和のことで，n に等しい．

和はまた数列全体にわたる書き方もでき（数列はいつでも無限としてい
る），これは**無限級数**または単に**級数**と呼ばれる．たとえば，上に述べた
数列 $2, 4, 6, \ldots$ のすべての要素の和は級数 $\sum_{i=1}^{\infty} 2i = 2 + 4 + 6 + \cdots$ と書
くことができる．他には $\sum_{i=1}^{\infty} \frac{1}{i!}$ という例もあるが，これは実際には数 e

---

[2]「訳註」上の式の対比としては $\exists y$ s.t. $\forall x$ $y > x$ とした方がわかり易いかもしれな
　い

[3] [訳註] どちらも数列であり，本書の数列を無限数列，有限項の数の列を有限数列で
　あるとする方が一般的であるが，本書では実解析で扱うのが無限数列であるというこ
　とを強調し，有限数列を考えないようにさせたくて，こういう定義にしたのだろう．

[4] [訳註] 第 i 項と呼ぶこともある．

となる.

数の集まりには独自の記号を持つものがある.

- $\mathbb{N}$ はすべての自然数の集合である.自然数は 0 を含まない正の整数である[5].
- $\mathbb{Z}$ は 0 と負の整数を含む,すべての整数の集合である.
- $\mathbb{Q}$ はすべての有理数の集合である.これは,$\frac{m}{n}$ の形の数として定義される.ここで,$m \in \mathbb{Z}$, $n \in \mathbb{N}$ である.
- $\mathbb{R}$ はすべての実数の集合である.**実数**が実際には何であるかは後で定義する.

これらの記号は以下のような記憶法で覚えるとよい.$\mathbb{N}$ は自然数 (Natural number),$\mathbb{R}$ は実数 (Real number),$\mathbb{Q}$ は商 (Quotient),$\mathbb{Z}$ は整数 (integerZ)[6] として覚える.

第 4 章まで,数 $\mathbb{N}, \mathbb{Z}, \mathbb{Q}$ に関する代数的なことについてのすべての事実を仮定する.第 5 章で,これらの性質についてより詳しく調べる.

形式論理

以下に述べる論理学のいくつかの概念は,証明の中で繰り返し使う.論理的な言明が別の言明と同値であるというのは,ともに真であるか,ともに偽であるかということしか起こらないときである.たとえば,「私は 5 年の間生きてきた」は「私は 5 歳である」と同値である.なぜなら,一方が正しければもう一方も正しく,一方が偽であればもう一方も偽であるからである.記号 $\Rightarrow$ は「導く」とか「含意する」とかを表す.たとえば,次の 4 つの言明は互いに同値である.

---

[5] ［訳註］自然数に 0 を含ませる流儀もあり,そういう定義を採用している教科書も多いので,本を読む時には,その本での定義に注意すること.

[6] ［訳註］整数は "integer" だから I が使えるとよいが,ほかの用途で I が使われることが多いので,ドイツ語の整数 "Zahl" の頭文字を使う.

言明1： $n = 5$であれば，nは$\mathbb{N}$に属する．
言明2： nが$\mathbb{N}$に属するのは，$n = 5$であるからである．
言明3： $n = 5$であるのはnが$\mathbb{N}$に属するときだけである．[7]
言明4： $n = 5 \Rightarrow n \in \mathbb{N}$

これらが「nが$\mathbb{N}$に属せば，$n = 5$である」とは同値で**ない**ことに注意すること．（また，その言明は明らかに正しくない．なぜなら，5に等しくない自然数が存在するからである．ちなみに，私の好きな数は$246,734$である．）

記号$\Leftrightarrow$は「〜のとき，かつそのときに限り」[8]という意味で，双方向の含意が真であることを言っている．たとえば，「nは偶数 $\Leftrightarrow$ nは2で割りきれる」などである．左の言明が右の言明を導き，その逆も成り立つ．この特定の言明が成り立つのは，それが偶数の定義だからである．

定義を書く際の数学の取り決めには少し混乱するかもしれない．理論的には，すべての定義は「〜のとき，かつそのときに限り」と書くべきである．たとえば，「数が偶数と呼ばれるのは，それが2で割り切れるときかつそのときに限る」を考える．ここで「のとき」が両方向に使われている．というのは，「偶」というのがある数に指定した名前に過ぎないからである．しかしながら，数学者は怠け者である．時間の節約のために，通常定義を書くときは，「〜のとき，かつそのときに限り」の代わりに単に「〜のとき」を使うのだ．混乱してはいけない．次を見てほしい．

定義．（偶数）

---

[7] [訳註] $n = 5$ only if n is in $\mathbb{N}$ の訳である．数学的文脈ではonly if 〜 を「〜のときだけ」と訳すという慣習になっているのでこう訳した．前後に文章があれば間違うこともないのだが，このままでは別の意味に取られかねない．〜 が必要条件であることを言いたいだけなので，「$n = 5$であるためにはnが$\mathbb{N}$に属することが必要である」とした方がよいかもしれないが，この言い方に慣れてもらうために敢えて，慣習通りに訳しておいた．

[8] [訳註] "if and only if" であり，英語でも数学的な文脈では "iff" という略記が使われており，二つの文章の同値性を表すのに，慣れれば便利である．書くときは "iff" としても，読むときは "if and only if" とするのであるが．日本語ではそのような便利な書き方が考案されず，記号$\Leftrightarrow$を用いて表すことになることが多い．

基本的な数学と論理　13

　ある数は，2で割り切れるとき，**偶数**と呼ばれる.

　これは，次のように読むべきなのである.

定義.（偶数）
　ある数は，2で割り切れるとき，かつそのときに限り**偶数**と呼ばれる.

　証明をしたい任意の言明は $A \Rightarrow B$ のように表される. ここで，A と B はどんな事実でもよい.

　逆の言明は $B \Rightarrow A$ である. 言明 $A \Rightarrow B$ が真だからといって，逆の $B \Rightarrow A$ が真であることは意味しない. たとえば，$n = 5 \Rightarrow n \in \mathbb{N}$ ではあるが，$n \in \mathbb{N}$ であることから $n = 5$ は導かれないことを知っている.

　裏の言明は $\neg A \Rightarrow \neg B$ である（記号 $\neg$ は「〜でない」こと（否定）を意味する）. またしても，言明 $A \Rightarrow B$ が真だからといって，裏の $\neg A \Rightarrow \neg B$ が真であることは意味しない. たとえば，$n = 5 \Rightarrow n \in \mathbb{N}$ ではあるが，$n \neq 5$ であることから $n \notin \mathbb{N}$ は導かれないことを知っている.

　$A \Rightarrow B$ という言明の**対偶**は $\neg B \Rightarrow \neg A$ である. 言明 $A \Rightarrow B$ は実際にいつでも言明 $\neg B \Rightarrow \neg A$ と同値である. もしそのうちの1つの言明が真であれば，もう1つも真である. また1つが偽であれば，もう1つも偽である.

　何故あらゆる言明はその対偶と同値なのだろうか？　$A \Rightarrow B$ を「x が A に属すならば，x は B に属す」と考えると分かりやすい. その読み方をすれば，A を完全に B に含まれる集合と表わすことができる.

　図2.1と視覚化するとよい. x が B に属さなければ，確かに A に属すことはできない.

　最後に，A が数 x の持ち得るある性質であるとすると，次の2つの言明は同値である.

　　言明1：　$\neg(\forall x, x$ は性質 A を持つ$)$
　　言明2：　$\exists\, x$ s.t. $\neg(x$ は性質 A を持つ$)$

　第1の言明は「あらゆる x が性質 A を持つというのは真ではない」と言っているし，第2の言明は「x が性質 A を持たないようなある x が存在

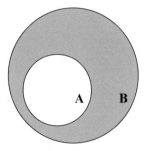

図 2.1 事実 A が完全に B に含まれる．x が A に属せば，x は B にも属す．

する」と言っている．この2つを大声で読んでみれば，それらが同じことであることが明らかになるだろう．

同じように，次の2つの言明は互いに同値である．

言明3: $\neg(\exists x, x$ は性質 A を持つ$)$
言明4: $\forall x, \neg(x$ は性質 A を持つ$)$

すべての記号を文章で表して，その言明を大きな声で読んでみること．

証明の技法

定理を証明するのに多くの異なる方法がある．時には複数の証明がうまく働くことがある．本書を通して用いられる5つの主要な技法がある．

1. 反例による証明．
2. 対偶による証明．
3. 矛盾による証明．
4. 帰納法による証明．
5. 2段階での直接証明．

反例による証明．場合によっては，証明がたった一つの反例で済むことがある．あらゆる整数が偶数であるわけではないことをどのように示せるだろうか？ もし「あらゆる整数が偶数である」と私が言えば，私が間違っていることを証明するために必要なことは，偶数でない整数を1

つ見つけることだけである．たとえば，数 3 でよい．反例による証明は，「$\exists x$ s.t. x はある性質 A を持つ」，または「$\neg(\forall x, x$ はある性質 A を持つ$)$」という形のどんな言明に対しても有効である．最初のものに対しては，性質 A を持つ x を 1 つ見つけるだけでよい．第 2 のものに対しては，性質 A を持たない x を 1 つ見つけるだけでよい．

例 2.1（反例による証明）

「あらゆる連続関数が微分可能なわけではない」という言明を証明してみよう．そのためには 1 つの反例を見つけるだけでよい．それには連続だが微分可能でない関数であればよく，たとえば $f(x) = |x|$ でよい．

そこで，$|x|$ が連続であり，微分可能でないことを厳密に証明する必要がある．そのことは後に実解析の勉強をする際にやり方を学ぶことになる．

この例は反例を思いつくだけでは仕事が半分であることを示している．難しいのは，それが実際にすべての必要条件を満たしていることを厳密に証明することである．

対偶による証明． 上で見たように，$\neg B \Rightarrow \neg A$ は $A \Rightarrow B$ と同値である．だから，$A \Rightarrow B$ を証明するためには，その代わりに B が偽であると仮定して A も偽であることを示すことにしてもよい．

例 2.2（対偶による証明）

「どんな 2 つの数 x と y に対しても，$x = y$ であるのは，$\forall \epsilon > 0, |x-y| < \epsilon$ であるとき，かつそのときに限る」という言明を証明してみよう．このことは，2 つの数が任意の近さにあれば（任意の距離 ϵ を選んでも，2 数がその距離よりも互いに近くにあるという意味である），等しいということを主張するものである．言明が「であるとき，かつそのときに限る」の形なので，導くのが 2 方向なのだから，両方向の証明をしなければならない．

1. $x = y \Rightarrow \forall \epsilon > 0, |x - y| < \epsilon$

    この方向の証明は簡単である．$x = y$ と仮定する．すると，$x - y = 0$ だから，$|x - y| = 0$ である．どんな ϵ を選んでも 0 より大きいのだから，$|x - y| = 0 < \epsilon$ である．こうして，$\forall \epsilon > 0, |x - y| < \epsilon$ となる．

2. $\forall \epsilon > 0, |x - y| < \epsilon \Rightarrow x = y$

この言明は感覚的にはその通りである．x と y の間の距離があらゆる正の数よりも小さいならば，その間の距離は 0 に等しくないといけないと言っているわけである．

この方向の証明に，対偶を使う．この場合，$\neg B \Rightarrow \neg A$ という言明は

$$x \neq y \Rightarrow \neg(\forall \epsilon > 0, |x - y| < \epsilon)$$

である．論理について議論したことから，右辺は

$$x \neq y \Rightarrow \exists \epsilon > 0 \text{ s.t. } \neg(|x - y| < \epsilon)$$

と簡単にできる．さて，$x \neq y$ であるなら，x は y にある数 z $(z \neq 0)$ を足したものになる．だから，$|x - y| = |z|$ である．0 でない数の絶対値は常に正であるので，$\epsilon = |z|$ とおけば，$\epsilon > 0$ かつ $|x - y| = \epsilon$ となる．$\exists \epsilon > 0 \text{ s.t. } \neg(|x - y| < \epsilon)$ が示せたので，証明終わりである！

矛盾による証明． 対偶による証明と混同してはいけない．矛盾による証明はそれはまったく違ったものだ．たとえば，$A \Rightarrow B$ を証明したいとしよう．A が真であり，B が偽であると仮定すると，何かひどく間違ったことが起きていないといけない．「$0 = 1$」とか「5.3 は整数である」のような，最後には，基本的な数学的公理か定義に背くような矛盾が出てくることになるはずだ．こういうことが起こると，A が真であるなら，B が真でないことはあり得ないことが示されたことになる．そうでないと数学の定義が壊れてしまうだろう．

例 2.3（矛盾による証明） 「$\sqrt{2}$ は有理数ではない」という定理を証明しよう．この場合，定理を $A \Rightarrow B$ の形にするのなら，言明 B は「$\sqrt{2}$ は有理数ではない」になる．実際には言明 A がどこにも見当たらないことに注意しよう．それは，定理が，「B が真であるためには，通常の数学的公理以外のどんなものも，それが真であるとする必要がない」と主張しているからだ．こういったわけで対偶による証明はうまくいかない．矛盾による証明はどうだろうか？ $\sqrt{2}$ が $\mathbb{Q}$ に属すと仮定し，何かひどく間違ったことが起きていることを示すわけだ．

証明を始める前に，後で役に立つ，一般的な事実を挙げておこう．

事実 1. どんな有理数 $\frac{m}{n}$ でも，m か n（または両方）が偶数ではないように（つまり既約分数）することができる．（もし m と n はともに偶数であるなら，分母分子を 2 で割って，同じ有理数をもっと簡単なものにできる．）

事実 2. もしある整数 a と b に対して $a = 2b$ であるなら，2 で割れる a は偶数でないといけない．

事実 3. もし a が奇数なら a^2 も奇数である．なぜなら，a^2 は奇数である a を奇数個足したものだからである．

さて，始めるとしよう．$\sqrt{2}$ が有理数であるなら，事実 1 によって既約分数で表すことができて，$\left(\frac{m}{n}\right)^2 = 2$ を満たすような（両方は偶数でない）整数 m と n が存在する．すると，$m^2 = 2n^2$ となるから，事実 2 により，m^2 は偶数でないといけない．事実 3 によって，m が奇数なら m^2 も奇数になるから，m は偶数でないといけない．

ある数 b を使って m を $2b$ と表すことができるから，$m^2 = (2b)^2 = 4b^2$ となる．このことから m^2 が 4 で割れることになる．それで $2n^2$ も 4 で割れるから，n^2 が偶数になる．また事実 3 を使うと，n もまた偶数でないといけなくなった．

待ってくれ！ 事実 1 から，$\sqrt{2}$ が有理数なら，両方ともには偶数でない整数 m と n を使って，$\frac{m}{n}$ と表すことができるということだった．でも，今示されたのは両方とも偶数であるということじゃないか！ 分数についての基本的な公理に矛盾してしまったので，われわれの主要な仮定「$\sqrt{2}$ が有理数である」が偽でなければならないというのが唯一可能な論理的な結論だということになるわけだ．

ちなみに，この議論と同じ方法を使うと，どんな素数の平方根も有理数ではないということを証明することができる．

矛盾による証明は一般には最後の手段と考えられている．何かを矛盾によって証明できたとすれば，同じ鍵になるステップを使って，その定理を直接的に証明することも易しいことが多い．$\sqrt{2}$ の場合はそうなってはい

ないけれど，気を付けてほしい．矛盾による証明は問題について考え始めるには良い方法だけれど，(数学的作法のボーナスポイントとして) さらに進んで直接的な証明が可能かどうかを常に確かめるようにすると良い．

帰納法による証明． 数学的帰納法の振る舞いはドミノ倒しのようだ．全部を組み立て，最初の1つを倒すと，全部が倒れていく．無限にある場合を証明する必要があるような証明で，帰納法は働いてくれる (実際には，可算無限個の場合でないと駄目だが，このことの意味は第8章で理解できるだろう)．

たとえば，以下のことを証明するようにドミノをセットできるとする．定理が場合1に対して真であると仮定すれば，場合2に対しても真である．定理が場合2に対して真であると仮定すれば，場合3に対しても真である，というようになっている．このことは，定理が $n-1$ に対して真であれば n に対しても真であることを証明する，というようにまとめることができる．これでこのあとする必要があるのは，場合1に対して定理を証明することによって，最初のドミノを倒すことだけである．この仕掛けにより，一旦，場合1が真であれば場合2も真であり，そして場合2が真であるから場合3も真である，などとなるので，すべてのドミノが倒れるのである．

最初のドミノを倒すのは簡単なので，通常はそれを最初に行う (このステップを**基底の場合**と呼ぶ)．それから，$n-1$ の場合に定理が真であることを仮定して (この仮定を**帰納法の仮定**と呼ぶ)，n の場合にも定理が真であることを示す (このステップを**帰納のステップ**と呼ぶ)．

例2.4 (帰納法による証明) 最初の n 個の自然数の和 $1+2+3+\cdots+n$ に対する公式を見つけてみよう．前節の記号法を使うと，この和は $\sum_{i=1}^{n} i$ と同じである．十分に長くやっていれば，ひょっこりと答え

$$\sum_{i=1}^{n} i = \frac{n(n+1)}{2}$$

を見つけてしまうかもしれない．

いくつかの値を代入して，公式が正しいことを確認してほしい．公式を

証明するにはもっと厳密にする必要がある（反例が存在する可能性を排除できないから，例をいくつか示しただけでは証明にはならない）．n をどのように選んでも（それはどんな正の整数に対しても，ということだけど），この公式が成り立つことを示す必要がある．だから，帰納法が多分，一番良いやり方だろう．

1. **基底の場合.** $n = 1$ の場合に公式が成り立つことを示す必要があるだけ．さてと，$\sum_{i=1}^{1} i = 1 = \frac{1(1+1)}{2}$ というわけで，最初のステップは終わり．よーし！（基底の場合は普通，そよ風みたいなもんだ，朝飯前だね．）

2. **帰納法のステップ.** 帰納法の仮定で，公式が $n-1$ に対して成り立つと仮定する．つまり，$\sum_{i=1}^{n-1} i = \frac{(n-1)n}{2}$ であると仮定することができる．この仮定を使って，公式が n に対して成り立つ，つまり，$\sum_{i=1}^{n} i = \frac{n(n+1)}{2}$ となることを示したい．代入して整理すると

$$\sum_{i=1}^{n} i = \left(\sum_{i=1}^{n-1} i \right) + n = \frac{(n-1)n}{2} + n = \frac{n^2 - n}{2} + \frac{2n}{2}$$

$$= \frac{n^2 + n}{2} = \frac{n(n+1)}{2}$$

となる．これでできた！

余りにも簡単に見えるけれど，どこにも魔法なんかない．証明をブートストラップしてないし，循環論法を使ってもいない．「1 でうまくいけば 2 でうまくいく．2 でうまくいけば 3 でうまくいく．などと進む」という帰納法のステップを使っただけだ．そして，基底の場合に「1 でうまくいく」と言ったから，あらゆる可能な正整数を n に選んだとしても（言い換えれば，$\mathbb{N}$ に属すあらゆる n に対して）公式を証明したことになったのだ．

2 段階の直接証明. われわれが話してきたトリックのどれも，直接的に $A \Rightarrow B$ を証明する方法を，つまり，A が真であることを仮定して，論理的なステップを踏むことで B に到達する方法を示してはいない．

直接的な証明を思いつくには，何が問題の鍵であるのか，どのようにし

てそれを解くのかということを考え着くまで，しばらくの間いろいろとやってみる必要がある．多くの場合，鍵となるのは，あらゆるものを正しい場所に収めてくれるような，魔法の関数や変数を見つけることができないといけない．あなたが教科書を書いているのでないなら，あなたの証明を読む人は，あなたがその鍵をどのように解決したかについては気にもしないし，ただ定理がなぜ真なのかを理解したいだけなのだ．あなたが定理を証明するのに使った，鍵になるステップの良いアイデアを手に入れたら，次のステップはそれをきれいに直線的に書きだすことである．

例 2.5（2 段階の直接証明）

微積分を学んだとき，関数の極限 $\lim_{x \to p} f(x) = q$ を，あらゆる $\varepsilon > 0$ に対して，ある $\delta > 0$ が存在して

$$|x - p| < \delta \ \Rightarrow \ |f(x) - q| < \varepsilon$$

と定義したことを思い出してみよう．

連続性に関することを学ぶときに，もっと詳しくこのことの意味を理解するだろう．でも，今のところ，「$f(x) = 3x+1$ に対しては $\lim_{x \to 2} f(x) = 7$」という言明を見てみることにしよう．すべての多項式は連続だから，これが真であるということが分かっているだろう．この特定の言明を証明する方法はたぶんたくさんあるけれど，今見た定義だけを使って直接的に証明してみることにしよう．

鍵になるステップを思いつくために，最初に下処理をしておく．好きなように $\varepsilon > 0$ を選んで，

$$|x - 2| < \delta \ \Rightarrow \ |f(x) - 7| < \varepsilon$$

となるような，またはこれと同値だが

$$-\delta + 2 < x < \delta + 2 \ \Rightarrow \ -\varepsilon < 3x - 6 < \varepsilon$$

となるような適当な $\delta > 0$ を見つける必要がある．

だから，この δ は

$$\frac{-\varepsilon + 6}{3} < x < \frac{\varepsilon + 6}{3}$$

となる必要があるので,

$$\delta + 2 = \frac{\varepsilon + 6}{3} \;\Rightarrow\; \delta = \frac{\varepsilon}{3}$$

となる必要がある.

 さて,魔法の δ が見つかったので,証明を簡潔に書きあげることができる.どんな $\varepsilon > 0$ に対しても $\delta = \frac{\varepsilon}{3}$ とおくと,$\delta > 0$ であり,

$$
\begin{aligned}
|x - p| < \delta &\Rightarrow |x - 2| < \frac{\varepsilon}{3} \\
&\Rightarrow 2 - \frac{\varepsilon}{3} < x < 2 + \frac{\varepsilon}{3} \\
&\Rightarrow -\varepsilon < 3x - 6 < \varepsilon \\
&\Rightarrow |(3x + 1) - 7| < \varepsilon \\
&\Rightarrow |f(x) - q| < \varepsilon
\end{aligned}
$$

となる.こうして,$\lim_{x \to 2}(3x + 1) = 7$ となる.

 証明を書くためのもう一つのヒント.立ち往生したら,まだ使っていない事実を見ること.上の例では,利用可能な唯一の「事実」はあなたが与えた極限の定義だった.しかし,これからは,数多くの定義と定理が要求されることになる.恐らく,あなたが忘れていたものを使うことで泥沼から抜け出せるだろう.

 これ以降は,あらゆる証明の終わりに,Q.E.D. を意味する記号 □ をおくことにする.それはラテン語の quod erat demonstrandum を表していて,その基本的な意味は(私が自由に言い換えると)「証明すると言ったことが証明された」ということである.

 さて,休憩しよう！ 実解析を学び始めるのに必要なことは,もうすべて知っている.約束通りに,次の章では,実数を見ていく前に集合について学ぶことにしよう.

第3章　集合論

　実解析に飛び込む前に，集合の基本的な知識（とその取扱い方）を知っておくと役に立つだろう．集合とは何だろうか？ まあ，すべての数が実数であるわけではない．実際問題，考えたい「もの」がすべて数であるわけでもない．集合は役に立つ抽象化である．集合の元には実数もあれば，虚数も，ドルも，人間も，シロイルカもあっていい．

　この章では，抽象的な集合を記述するのにつかわれる基本的な記号と定理について説明する．数に関する演算を考えるときは，普通，加法，減法，乗法，除法を思い浮かべる．しかし集合に対しては，基本的な演算としては和集合，共通部分，補集合があることを学ぶことになる．

定義 3.1（集合）

集合は**元**（または**要素**）の集まりである．元の個数が無限のときは**無限集合**と呼ぶ．

例 3.2（集合）

集合の例と記号をいくつか挙げておく．

- $\{1, 2, 3\}$
  数 $1, 2, 3$ を含む集合のこと．$1 \in \{1, 2, 3\}$ と書くと，1 がこの集合の元であることを意味する．
- A
  A という名前の集合のこと．
- $A = \{1, 2, 3\}$

数 $1, 2, 3$ を含む, A という名前の集合.

- $\{a, b, c\}$
  a, b, c という名前の元を含む集合のこと.（これらの元は必ずしも数ではない.）

- $\{A, B, C\}$
  A, B, C という名前の元を含む集合のこと. 一般に, 大文字は集合を表すのに使われるので, この集合は 3 つの集合を含むものかもしれない.

- $\mathbb{R}$
  すべての実数を含む集合のこと. たとえば $\pi \in \mathbb{R}$ である. これは無限集合である.

- $\{x \in \mathbb{R} \mid x < 3\}$
  この記号は「3 より小さい, $\mathbb{R}$ のすべての元 x の作る集合」と読む. それで, これは 3 より小さいすべての実数の作る集合である. これもまた無限集合である.

- $\{p \in A \mid p \neq 3\}$
  3 に等しくない, A のすべての元の作る集合のこと. 後で述べるように, この集合は, 1 つの元 3 からなる集合を除いた集合 A という意味で, $A \setminus \{3\}$ と書くこともできる.

- $\emptyset$
  この集合はあらゆる数学者の心に特別な場所を占めている. それは**空集合**と呼ばれ, 元を一つも含まない集合である. 元を一つでも含む集合は**空でない**と言われる.

- $|A| = 3$
  この記号の意味は A の大きさが 3 であり, A が 3 つの元を含むことを意味している. $|\{A\}|$ は必ずしも $|A|$ と等しいわけではないことに注意する. 前の方は集合 A だけを含む集合の大きさなので $|\{A\}| = 1$ だけれど, A が 100 個の元を含めば $|A| = 100$ である.

定義 3.3（集合族）

それぞれの $i \in I$ に対して集合 A_i が対応していれば, $\mathcal{A} = \{A_i \mid i \in I\}$ は添字集合 I を持つ**集合族**である.

24 第3章

場合によっては，任意の添字集合で考えたいときには（その元を α と書いて）$\{A_\alpha\}$ と書いてもよい．このタイプの集合族は集合の**集まり**とも言う．

例 3.4（集合族）

すべての $n \in \mathbb{N}$ に対して $A_n = \{1, 2, n^2\}$ とすると，$A_3 = \{1, 2, 9\}$ となる．こうして，もし

$$\mathcal{A} = \{A_n \mid n \in \mathbb{N}, \ n \le 10\}$$

であれば，$\mathcal{A}$ は集合の集合であり，

$$\mathcal{A} = \{\{1, 2, 1\}, \{1, 2, 4\}, \ldots, \{1, 2, 100\}\}$$

のような感じになる．

添字集合が有限である必要はない．例として

$$\mathcal{B} = \{A_n \mid n \in \mathbb{N}\},$$

を考えると，$\mathcal{B}$ は集合の無限集合であり，

$$\mathcal{B} = \{\{1, 2, 1\}, \{1, 2, 4\}, \{1, 2, 9\}, \ldots\}$$

のような感じになる．

集合 $\{1, 2, 1\}$ で混乱しないように．これは $\{1, 2\}$ と同じ集合で，余分な書き方をしただけである．たとえば，集合 $\{1\}$ を考えるとき，実際に $\{1, 1, 1, 1\}$ と書いても構わないのである．

…でもお願いだから，混乱しないで．

定義 3.5（部分集合）

あらゆる A の元が B の元でもあるなら，集合 A は集合 B の**部分集合**と言い，$A \subseteq B$ または $B \supseteq A$ と書く．この場合，B は集合 A の**上位集合**と言う[1]．

---

[1] ［訳註］英語では部分集合は subset，上位集合は supset と書く．sub と sup という接頭辞が反対語で，set 以外の多くの語にもつけることができて馴染みがある．日本語の場合，「上位」の反対語なら「下位」なのだが，部分集合という言葉が定着しているので，「下位」は使いにくい．そのため，「上位」も使いにくく，よほど両方を使う必要がなければ，「部分集合」だけで言い表すことになる．

A と B がまったく同じ元を持っていれば，集合 A は集合 B に**等しい**と言い，$A = B$ と書く．（もし 2 つの集合が等しければ，同じ集合である．）これは，「$A \subseteq B$ かつ $B \subseteq A$ の両方が成り立つ」と言うことと同じである．

あらゆる A の元が B の元でもあるが，A に含まれない元を B が含んでいるなら，集合 A は集合 B の**真部分集合**と言い，$A \subset B$ または $B \supset A$ と書く．記号で書けば

$$A \subset B \;\Leftrightarrow\; A \subseteq B \text{ かつ } A \neq B$$

となる．

例 3.6（部分集合）

$A = \{1, 2\}$ かつ $B = \{1, 2, 3\}$ であれば，$A \subseteq B$ であり，さらに $A \subset B$ である．

例 3.2 の記号を使うなら，$\{x \mid x \text{ は実数}\} = \mathbb{R}$ と書くことができる．また，あらゆる有理数は実数なので，$\mathbb{Q} \subseteq \mathbb{R}$ と書くことができる．さらに，（$\sqrt{2}$ のように）有理数でない実数があるので，$\mathbb{Q} \subset \mathbb{R}$ である．

奇妙に不正確な数学の約束ごと． 何らかの理由があって，A が B に等しいかもしれないときでも，$A \subseteq B$ ではなくて $A \subset B$ と書くのが従来からの書き方である．これが前に書いたことと矛盾しているのは分かっている．それは私が採用する約束ごとに過ぎないので，ほとんどの数学者がそう書くことに慣れてもらえるだろう．だから，このあと $A \subset B$ を見たときに，私がはっきりとそう言わない限り，A が B の真部分集合であると思わないでほしい．

さらに混乱させてしまうかもしれないが． $A \in B$ と $A \subset B$ との間には違いがあることを注意しておこう．前の方は B が集合の集合であり，A がその元の 1 つであるということであって，後の方は B が A のすべての元を含むということを意味している．

たとえば $A = \{1, 2\}$ としよう．$A \in B$ と書くと，B は何か $\{\{1, 2\}, \{3, 4\}, \{1\}, \{100\}\}$ のようなものである（だから B は集合の集合である）．$A \subset B$

であれば，B は何か $\{1,2,3,100\}$ のようなものである．

定理 3.7（あらゆる集合は空集合を含む）
どんな集合 A に対しても $\emptyset \subset A$ である．

A が空集合であるかもしれないから，「すべての集合 A に対して，$\emptyset$ は A の真部分集合である」とは言えないことに注意しよう．

証明． $\emptyset$ のあらゆる元が A の元でもあることを示さないといけない．しかし $\emptyset$ には元がないのだから，元のすべては A に属すことになる． □

定義 3.8（区間）
開区間 (a, b) は次の集合である．

$$(a, b) = \{x \in \mathbb{R} \mid a < x < b\}$$

閉区間 $[a, b]$ は次の集合である．

$$[a, b] = \{x \in \mathbb{R} \mid a \leq x \leq b\}$$

半開区間は次のどちらかの集合である．

$$[a, b) = \{x \in \mathbb{R} \mid a \leq x < b\},$$

$$(a, b] = \{x \in \mathbb{R} \mid a < x \leq b\}$$

人によっては開区間を**切片** (segment) と言い，閉区間を（単に）**区間** (interval) と言うこともあるが．この言葉遣いは少し古い（し，紛らわしい）．われわれは一貫して，**開区間** (a, b)，**閉区間** $[a, b]$ という言い方を採用する．

例 3.9（区間）
$(-3, 3)$ は開区間で，$[0, 99.5]$ は閉区間である．ともに実数の部分集合である．

定義 3.10（和集合と共通部分）

集合論　　27

2つの集合 A と B の**和集合**[2)] は，A のすべての元と B のすべての元を合わせたものからなる集合である．

記号としては，A と B の和集合は次のように書かれる．

$$A \cup B = \{x \mid x \in A \text{ または } x \in B\}$$

2つの集合 A と B の**共通部分**[3)] は，A と B の両方に属すすべての元からなる集合である．

記号としては，A と B の共通部分は次のように書かれる．

$$A \cap B = \{x \mid x \in A \text{ かつ } x \in B\}$$

$A \cap B = \emptyset$ であれば，A と B は**交わらない**とか**互いに素である**と言う．そうでないときは，A と B は**交わる**と言う．

例 3.11（和集合と共通部分）

和集合 $\{1,2,3\} \cup \{3,4,5\}$ は $\{1,2,3,4,5\}$ であり，これはまた $\{n \in \mathbb{N} \mid 1 \leq n \leq 5\}$ と書くこともできる．共通部分 $\{1,2,3\} \cap \{3,4,5\}$ は集合 $\{3\}$ であり，これは 1 つの元 3 からなっている．

区間は集合だから，和集合や共通部分をとることができる．たとえば，$[1,3] \cup [2,4] = [1,4]$ や $[1,3] \cap [2,4] = [2,3]$ となる．$(1,3) \cup (3,5) \neq (1,5)$ に注意すること．むしろ，

$$(1,3) \cup (3,5) = \{x \in \mathbb{R} \mid 1 < x < 3 \text{ または } 3 < x < 5\}$$

となるので，$(1,3) \cup (3,5)$ は実際にはこうして和集合の形に書くのが簡単である．一方，$(1,3) \cap (3,5) = \emptyset$ となっている．

定義により，区間は実数を含んでいるだけだった．a と b の間のすべての有理数と言いたければ，$(a,b) \cap \mathbb{Q}$ と書くことになる．$\mathbb{Q} \cup \mathbb{R} = \mathbb{R}$ かつ $\mathbb{Q} \cap \mathbb{R} = \mathbb{Q}$ であることに注意する．

最後の例として，和集合と共通部分に関する基本的な事実を挙げておく．

[2)] ［訳註］英語で union というこの語の訳には，「合併」，「結び」また単に「和」という言い方もある．

[3)] ［訳註］共通部分は英語で intersection であり「交差」と訳すこともある．また meet（交わり）という用語も使われる．

事実 1. どんな集合 A に対しても
$$A \cup A = A = A \cap A$$
となる.

事実 2. x が A に属すか x が B に属すかであれば，x が B に属すか x が A に属すかであるということもできる（順序を交換しただけである）．このことから，次の交換法則と結合法則は当たり前のことになる．
$$A \cup B = B \cup A \text{ かつ } (A \cup B) \cup C = A \cup (B \cup C),$$
$$A \cap B = B \cap A \text{ かつ } (A \cap B) \cap C = A \cap (B \cap C)$$

事実 3. $A \cup \emptyset = A$ かつ $A \cap \emptyset = \emptyset$ である．こうして，どんな集合も空集合とは交わらない．

定理 3.12（和集合と共通部分の性質）
どんな集合 A と B に対しても以下の性質が成り立つ．

性質 1. $A \subset (A \cup B)$ かつ $A \supset (A \cap B)$
性質 2. $A \subset B \Leftrightarrow A \cup B = B$
性質 3. $A \subset B \Leftrightarrow A \cap B = A$
性質 4. どんな $n \in \mathbb{N}$ に対しても次が成り立つ．
$$A \cup (B_1 \cap B_2 \cap \cdots \cap B_n) = (A \cup B_1) \cap (A \cup B_2) \cap \cdots \cap (A \cup B_n)$$
性質 5. どんな $n \in \mathbb{N}$ に対しても次が成り立つ．
$$A \cap (B_1 \cup B_2 \cup \cdots \cup B_n) = (A \cap B_1) \cup (A \cap B_2) \cup \cdots \cup (A \cap B_n)$$

証明． これらの証明はかなりすんなりとできる．性質 3 と 5 に対しては，自分で空白を埋めてみよう．

1. $x \in A$ とすると，$x \in A$ であるか $x \in B$ である．
   2 つ目に対しては $x \in A \cap B$ とすると，$x \in A$ かつ $x \in B$ であるから，$x \in A$ である．

2. $A \subset B$ と仮定する．$B \subset (A \cup B)$ かつ $B \supset (A \cup B)$ が証明できれば，$(A \cup B) = B$ が証明できたことになる．前の方の事実 $B \subset (A \cup B)$ は，証明したばかりの第1の性質から真である．$A \subset B$ と仮定したので，この両辺と B との和集合をとれば，$(A \cup B) \subset (B \cup B) = B$ が得られて，終わりである．

   逆を証明するために $(A \cup B) = B$ を仮定する．またも最初の性質により $A \subset (A \cup B)$ であるから，$A \subset (A \cup B) = B$ となるので，$A \subset B$ である．

3. この証明は性質2のものとほとんど同じである．

ボックス 3.1

> 定理3.12の性質3を証明する．
>
> $A \subset B$ と仮定する．$A \subset (A \cap B)$ と＿＿＿＿＿を示したい．前の方の事実は真である．なぜなら，$A \subset B$ であり，$x \in A$ であれば＿＿＿＿であるから，$x \in A$ であれば $x \in A$ かつ $x \in B$ となる．後の方の事実は＿＿＿＿＿から真である．
>
> 逆に＿＿＿＿＿と仮定する．最初の性質により，$B \supset$＿＿＿＿＿となるから，$A =$＿＿＿＿$\subset B$ となる．

4. 証明のために，次のように省略した記号を使うことにする．

$$A \cup \left(\bigcap_{i=1}^{n} B_i\right) = \bigcap_{i=1}^{n}(A \cup B_i).$$

大きな共通部分の記号も和の記号 $\sum_{i=1}^{n}$ と同じように働く．

$$A \cup \left(\bigcap_{i=1}^{n} B_i\right) \subset \bigcap_{i=1}^{n}(A \cup B_i).$$

を示すことから始め，それから

$$A \cup \left(\bigcap_{i=1}^{n} B_i\right) \supset \bigcap_{i=1}^{n}(A \cup B_i).$$

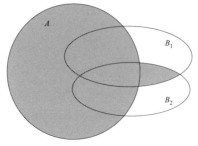

図 3.1 影の領域は $A \cup (B_1 \cap B_2) = (A \cup B_1) \cap (A \cup B_2)$

を証明することにしよう．

この性質の説明のために図 3.1 を見よう．和集合と共通部分に関するアイデアを理解しようとするとき，似たようなベン図を描くと役に立つことが多い．起こり得るあらゆる共通部分が出てきているか，図で確認すること．たとえば，もう 1 つの B_3 という名の領域を，A だけとしか交わらない（で，B_1 や B_2 とは交わらない）ように描いたとすれば，これらの集合について間違った結論に至ってしまうかもしれない．

$x \in A \cup (\bigcap_{i=1}^{n} B_i)$ とすると，$x \in A$ であるか $x \in \bigcap_{i=1}^{n} B_i$ であるかのどちらかである．$x \in A$ であれば，あらゆる i に対して，$x \in A \cup B_i$ となる（性質 1 により $A \subset (A \cup B_i)$ だから）ので，$x \in \bigcap_{i=1}^{n}(A \cup B_i)$ である．$x \in \bigcap_{i=1}^{n} B_i$ であれば，あらゆる i に対して $x \in B_i$ であるので，あらゆる i に対して $x \in A \cup B_i$ となって，$x \in \bigcap_{i=1}^{n}(A \cup B_i)$ となる．

もう一方の包含関係を得るには，何をしたらいいのだろう？　かなり多くの同じことをしないといけない．$x \in \bigcap_{i=1}^{n}(A \cup B_i)$ とすれば，あらゆる i に対して，$x \in A \cup B_i$ となる．ここで場合分けをする．

場合 1．　$x \in A$．このとき明らかに $x \in A \cup (\bigcap_{i=1}^{n} B_i)$ となる．（なぜかって？　$A \subset A \cup (\bigcap_{i=1}^{n} B_i)$ だからだ．性質 1 を使い続けているんだよ．）

場合 2．　$x \notin A$．このときは，あらゆる i に対して x は B_i に属さないといけない（x は A に属すか，あらゆる i に対して B_i

に属しているから）．こうして，$x \in \bigcap_{i=1}^{n} B_i$ となるので，$x \in A \cup (\bigcap_{i=1}^{n} B_i)$ となる．

5. この議論は見た目ほど苦痛なものではない．「$A \subset B$ かつ $A \supset B \Rightarrow A = B$」というトリックを目指すだけだ．証明の半分はそれぞれ，ある集合から元をとり，それから自然に導かれることを見ていくわけだ．私がこれを記号や矢印に短縮したので，あなたは手早くそれを埋めていくだけだ．しかしまず，図3.1のような絵を描いてみれば，なぜ真であるのかの直観が得られるだろう．

ボックス3.2

定理3.12の性質5を証明する．

$A \cap (\bigcup_{i=1}^{n} B_i) \subset \bigcup_{i=1}^{n} (A \cap B_i)$ である．なぜなら，

$x \in A \cap \left(\bigcup_{i=1}^{n} B_i \right) \Rightarrow$ _____ かつ _____

$\Rightarrow x \in$ ____（ある i に対して）

$\Rightarrow x \in A \cap B_i$（_____ に対して）

$\Rightarrow$ _____ または $x \in A \cap B_2$ または $\cdots$ または _____

$\Rightarrow x \in \bigcup_{i=1}^{n} (A \cap B_i)$．

そして，_____ である．なぜなら

$x \in \bigcup_{i=1}^{n} (A \cap B_i) \Rightarrow$ _____（ある i に対して）

$\Rightarrow$ _____ かつ _____（ある i に対して）

$\Rightarrow$ _____ かつ, _____ または _____ $\cdots$ または _____

$\Rightarrow x \in A$ かつ $x \in \bigcup_{i=1}^{n} B_i$

32　第3章

$$\Rightarrow \underline{\hspace{4cm}}.$$

□

定義 3.13（集合族における和集合と共通部分）

　集合族 $\mathcal{A} = \{A_i \mid i \in I\}$ に属する集合の**和集合** $\bigcup_{i \in I} A_i$ を，少なくとも 1 つの $i \in I$ に対して A_i に属すようなすべての元からなる集合として定義する．

　集合族 $\mathcal{A} = \{A_i \mid i \in I\}$ に属する集合の**共通部分** $\bigcap_{i \in I} A_i$ を，あらゆる $i \in I$ に対して A_i に属すようなすべての元からなる集合として定義する．

　この表記法は無限の和集合と無限の共通部分でも使うことができる．定理 3.12 の性質 4 と 5 は無限の和集合と無限の共通部分にも適用できる．議論のどこでも添字が有限の添字集合に属することを仮定する必要はなかった．

例 3.14（集合族における和集合と共通部分）

　この記法では，$\bigcup_{n=1}^{\infty} A_n = \bigcup_{n \in \mathbb{N}} A_n$ と $\bigcap_{n=1}^{\infty} A_n = \bigcap_{n \in \mathbb{N}} A_n$ となっている．もちろん，すべての自然数の無限の和集合は $\bigcup_{n=1}^{\infty} \{n\} = \bigcup_{n \in \mathbb{N}} \{n\} = \mathbb{N}$ である．

　どんな $\alpha \in \mathbb{R}$ に対しても $A_\alpha = \{\alpha\}$ とすると，$\bigcup_{\alpha \in \mathbb{R}} A_\alpha = \mathbb{R}$ であり，$\bigcap_{\alpha \in \mathbb{R}} A_\alpha = \emptyset$ である．実際，どんな添字集合 I に対しても．$\bigcup_{\alpha \in I} \{\alpha\} = I$ であり，$\bigcap_{\alpha \in I} \{\alpha\} = \emptyset$ である．

　どんな $n \in \mathbb{N}$ に対しても $A_n = (-\frac{1}{n}, \frac{1}{n})$ とおくと，$\bigcup_{n=1}^{\infty} A_n = (-1, 1)$ である．なぜだろうか？ それぞれの $m > n$ に対して $A_m \subset A_n$ であるから，定理 3.12 の性質 3 により，和集合は集合族の中の最大のもの，つまり添字が最小のものになる．だから，

$$\bigcup_{n=1}^{\infty} A_n = A_1 = (-1, 1)$$

となる．

集合論　33

どんな $n \in \mathbb{N}$ に対しても $A_n = [0, 2 - \frac{1}{n}]$ とおくと，$\bigcup_{n=1}^{\infty} A_n = [0, 2)$ である．（これが半開区間であることに注意する．$2 \in A_n$ となるような $n \in \mathbb{N}$ が存在しないので，数 2 は含まれない．）なぜだろうか？ これが真である理由が分かるには定理 5.5 まで待たないといけない．また，$\bigcap_{n=1}^{\infty} A_n = [0, 1]$ となる．それぞれの $m > n$ に対して $A_m \supset A_n$ であるので，定理 3.12 の性質 3 から，共通部分は集合族の中の最小のものであるが，それは添字が最小のものになる．こうして，

$$\bigcap_{n=1}^{\infty} A_n = A_1 = [0, 1]$$

となる．

定義 3.15（補集合）

　ある集合 A のもう 1 つの集合 B における**補集合**とは，B における A^C または $B \setminus A$ と書かれるが，A に属さないような B のすべての元の作る集合のことである．

　記号では，B における A の補集合は

$$B \setminus A = \{x \in B \mid x \notin A\}$$

と書かれる．

例 3.16（補集合）

　$\mathbb{R}$ における $[-3, 3]$ の補集合は $(-\infty, -3) \cup (3, \infty)$ であり，$\mathbb{R}$ における $(-3, 3)$ の補集合は $(-\infty, -3] \cup [3, \infty)$ である．$\mathbb{R}$ における $\mathbb{Q}$ の補集合はすべての無理数の集合である．

　どんな集合 A と B に対しても $(A \cup B) \setminus B = A \setminus B$ であり，$(A \cap B) \setminus B = \emptyset$ である．$A \subset B$ であれば，$A \setminus B = \emptyset$ である．（$(A \cap B) \setminus B = \emptyset$ はこの一例である．なぜなら，$(A \cap B) \subset B$ だから．）

　A の補集合の補集合は，「A に属さないものの中にはないあらゆるもの」だから，A そのものである．だから，常に $B \setminus (B \setminus A) = A$ となる．

　また，要素のいくつかを持たないような集合を，補集合を使って記述することができる．たとえば，$A = \{1, 2, 100\}$ であれば，$A \setminus \{100\}$ は A に

おける $\{100\}$ の補集合である．それは元 100 を除いた A に属するあらゆる元を意味するので，集合 $\{1, 2\}$ である．

次の定理は数学のほとんどあらゆる領域に適用される標準的な結果である．それと同じ意味の，論理学の分野におけるもの

$$\neg(A \text{ または } B) \Leftrightarrow (\neg A) \text{ かつ } (\neg B)$$

$$\neg(A \text{ かつ } B) \Leftrightarrow (\neg A) \text{ または } (\neg B)$$

を定式化したオーガスタス・ド・モルガンにちなんだ名前がついている．

定理 3.17（ド・モルガンの法則）

E_α を（有限もしくは無限の）集合の集まりであり，それらはすべて集合 X の部分集合であるとする．（この定理と以下の証明では，場所の節約のために，「X における E_α^C」と書く代わりに「E_α^C」と書く．）

そのとき次が成り立つ．

$$\left(\bigcup_\alpha E_\alpha\right)^C = \bigcap_\alpha (E_\alpha^C),$$

$$\left(\bigcap_\alpha E_\alpha\right)^C = \bigcup_\alpha (E_\alpha^C)$$

この2つの言明がどのように，上に述べた2つの論理的な結果と類似であるかを見てみよう．和集合は「または」という論理演算に対応し，共通部分は「かつ」という論理演算に対応している．そのとき，ド・モルガンの法則は基本的に，和集合の否定が否定の共通部分であり，またその逆も成り立つと言っている．なぜ法則が成り立つかを理解するために図 3.2 を見てほしい．

証明． これを証明するにはどうすればいいだろうか？　たぶん気分転換をするために部屋を歩き回り，テレビで気が散り，これのために疲れすぎていることに気が付いてコーヒーを飲みに出掛け，年の初めにあなたが会った，名前を忘れた誰かに出くわし（それで，気詰まりな半波を与え），運動が助けになるかを確かめに部屋に駆け戻り，さらに疲れて汗まみれ

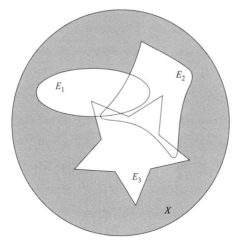

図 3.2 影の領域は $(E_1 \cup E_2 \cup E_3)^C = E_1^C \cap E_2^C \cap E_3^C$ である.

になっているのでそれがひどい考えだったことに気がつき，座り込んで，睨んで睨んで睨んで……そこで天啓を得る．「なんだ！ この若造の著者が何億もの証明のためにしたことをやるだけじゃないか！」その通りだ．$A = (\bigcup_\alpha E_\alpha)^C$ と $B = \bigcap_\alpha (E_\alpha^C)$ とおいて，$A \subset B$ と $B \subset A$ を示そう．

$x \in A$ とすると，補集合の定義から，$x \in X$ かつ $x \notin \bigcup_\alpha E_\alpha$ である．そのとき，どの α に対しても $x \notin E_\alpha$ であるから，あらゆる α に対して $x \in E_\alpha^C$ である．こうして $x \in \bigcap_\alpha (E_\alpha^C) = B$ であるので，$A \subset B$ である．

今度は $x \in B$ とすると，あらゆる α に対して $x \in E_\alpha^C$ であるので，$x \in X$ かつ $x \notin E_\alpha$ である．そのとき，$x \notin \bigcup_\alpha E_\alpha$ であるので，$x \in (\bigcup_\alpha E_\alpha)^C = A$ であって，$B \subset A$ となる．

さて，2つ目の言明を得るために，補集合をとることにする．$\{E_\alpha\}$ は任意の集合だったから，集合族 $\{E_\alpha^C\}$ に証明したばかりの言明を適用することができて，

$$\left(\bigcup_\alpha E_\alpha^C\right)^C = \bigcap_\alpha (E_\alpha^C)^C = \bigcap_\alpha E_\alpha$$

が得られる．両辺の補集合をとれば欲しかったもの，つまり，$\bigcup_\alpha E_\alpha^C = (\bigcap_\alpha E_\alpha)^C$ が得られる．

36   第3章

　これほどまっすぐで詰まった証明を見ると，何が進行中なのか本当には理解することなく「そうだね，理にかなってるね」というように領きながら，目を先に進めてしまいがちになる．注意を払っていることを確認する（そして，集合マスターになる）ために，この証明をノートに書き写すこと．そしてもう一度別のページに，ただし今度はここを見ないで書き写すこと．

　……もうやった？ オーケー，じゃあもう眠れるね．　　　　　　　□

　間もなく，＿＿＿＿数での実解析の研究が始まる（空白を埋めよ！）．実数は実際には順序体の例である（順序体というタイプの集合の性質は第5章で調べる）．しかしまず，限界（上界や下界など）について知っておくべきことをすべて学ぶことにする．

第II部
実数

第4章 最小上界

　自然数は数えることのできる数であり，整数は自然数に負の数と0を付け加えたものであり，有理数は整数に商を付け加えたものであり，実数は……実際，ちゃんと言うと実数とは何なのだろう？ 実数は有理数と無理数を合わせたものだ．確かにそうなんだが，無理数というのは「有理数でない」というだけの意味なのだから，無理数が本当には何なのかは定義できていないことになる．

　次の定理で分かるように，$\sqrt{2}$ が $\mathbb{Q}$ の中にいないという事実は，最小数を持たない部分集合と最大数を持たない部分集合を作って，有理数の中に「穴」をおくことになる．これらの穴のせいで，$\mathbb{Q}$ には**最小上界性**と呼ばれる特別なものが持てなくなっている．

　この穴を埋めるために，$\mathbb{Q}$ の上位集合で，最小上界性を持つ $\mathbb{R}$ を作るのである．

定理 4.1（$\mathbb{Q}$ には穴がある）

　有理数の作る集合で最小の数が存在しないものが存在し，また最大の数が存在しないものが存在する．

　証明． この定理のためには例による証明で十分だろう．必要なのは，$\mathbb{Q}$ の部分集合で，最小数を持たないものと，最大数を持たないものを見つけるだけのことである．（技術的にやりたいのなら，定理で必要な部分集合は複数で，実際にはそれぞれのタイプの部分集合の例を2つ見つけるということになる．これが本当に気になるなら，演習問題として，それぞれについてもう1つの例を見つけたらいかがだろう？ うん！ 技術的にしたいならそうすることだね．）

　例2.3により $\sqrt{2} \notin \mathbb{Q}$ であることがわかっている．A を，$p^2 < 2$ と $p > 0$

40　第4章

を満たすすべての $p \in \mathbb{Q}$ の作る集合とする．A が1つも最大数を持たないこと[1] を示すには，どんな A の元に対してもそれより大きい元が A の中にあることを示さねばならない．記号で書けば

$$p \in A \implies \exists q \in A \text{ s.t. } q > p$$

ということである[2]．

しばらくあれこれやってみると，$q = \frac{2p+2}{p+2}$ でうまくいくことが分かるかもしれない（定理 5.8 の証明の中で，q のような数を見つけるための一般的な公式を思いつくことになる）．

$$
\begin{aligned}
q &= \frac{2p+2}{p+2} \\
&= \frac{2p+2+p^2-p^2}{p+2} \\
&= \frac{p(p+2)-p^2+2}{p+2} \\
&= p - \frac{p^2-2}{p+2}
\end{aligned}
$$

となる．$p^2 < 2$ だったのだから $p^2 - 2 < 0$ であり，$p > 0$ なのだから $p + 2 > 0$ である．それで，$\frac{p^2-2}{p+2} < 0$ となるので，$p - \frac{p^2-2}{p+2} > 0$ である．言い換えれば，$q > p$ である．

まだ，$q^2 < 2$（だから $q \in A$）であることを示す必要がある．さて，

$$
\begin{aligned}
q^2 - 2 &= \frac{(2p+2)^2}{(p+2)^2} - 2 \\
&= \frac{(4p^2+8p+4) - 2(p^2+4p+4)}{(p+2)^2} \\
&= \frac{2(p^2-2)}{(p+2)^2}
\end{aligned}
$$

---

[1] ［訳註］もともと最大数というものはあっても1つなのだが，気分高揚のためにこういう言い方をしてるのだろうか．

[2] ［訳註］ここで，s.t. については9ページの脚注1) を参照のこと．

となる．またしても，$p^2 < 2$ を使うと $2(p^2-2) < 0$ となり，$p > 0$ だから $(p+2)^2 > 0$ となる．こうして，$\frac{2(p^2-2)}{(p+2)^2} < 0$ となるので，実際に $q^2 - 2 < 0$ となる．

最小数を持たない $\mathbb{Q}$ の部分集合を見つけるために，B を，$p^2 > 0$ と $p > 0$ を満たすすべての $p \in \mathbb{Q}$ の作る集合とする．ここで示す必要があるのは「$p \in B \Rightarrow \exists q \in B$ s.t. $q < p$」である．上と同じ q が B に対してもうまくいくことが分かる！ $q < p$ と $q^2 > 2$ を示すために空白を埋めよ．

ボックス 4.1

$\mathbb{Q}$ の部分集合 B が最小数を持たないことを証明する．

上でやったことによって

$$q = p - \underline{\qquad}$$

であることが分かっている．あらゆる $p \in \underline{\quad}$ に対して $p^2 > 2$ であるから，$2(p^2 - 2) \underline{\quad} 0$ がわかる．$p > 0$ だから，$p + 2 > 0$ がわかる．こうして，q は p から正の数を引いたものだから $q < p$ である．

また

$$q^2 - 2 = \underline{\qquad\qquad}$$

が分かっている．$p^2 > 2$ だから，$\underline{\qquad} > 0$ が分かる．$p > 0$ だから $\underline{\qquad} > 0$ がわかる．こうして $q^2 - 2 > \underline{\quad}$ である

□

後になってこの A と B という集合を引用したくなるだろう．

$$A = \{p \in \mathbb{Q} \mid p^2 < 2 \text{ かつ } p > 0\},$$
$$B = \{p \in \mathbb{Q} \mid p^2 > 2 \text{ かつ } p > 0\}$$

と言ったのだった．言い換えれば，

$$A = (0, \sqrt{2}) \cap \mathbb{Q},$$
$$B = (\sqrt{2}, \infty) \cap \mathbb{Q},$$

42　第4章

と書くことができる.

　上の定理を証明するために，$\mathbb{Q}$ の元には順序があって，あらゆる有理数はほかの2つの有理数に挟まれることを当たり前のこととした.この性質が $\mathbb{Q}$ を順序集合にするが，このことはもっと形式的に定義しておくべきである.

定義 4.2（順序集合）

　集合 S における**順序**とは，$<$ という記号で書かれる関係であって，以下の性質を満たすもののことである.

　　性質1.$x, y \in S$ に対して，次のうちの1つだけが真である.

$$x < y \text{ または } x = y \text{ または } y < x$$

　　性質2.$x, y, z \in S$ に対して，$x < y$ かつ $y < z$ ならば $x < z$ となる.

　S の上に順序が定義されるとき，S は**順序集合**と呼ばれる.

　$x < y$ という言明は $y > x$ とも書くことができる.$x < y$ または $x = y$ という言明は $x \leq y$ とも書くことができる.記号で書けば，

$$x \leq y \Leftrightarrow \neg(x > y)$$

$$x \geq y \Leftrightarrow \neg(x < y)$$

となる.順序集合では，最小元と最大元という概念が意味を持つ.

定義 4.3（最小元と最大元）

　順序集合 A における**最小元**とは，A において最も小さい元である.順序集合 A における**最大元**とは，A において最も大きい元である.

例 4.4（最小元と最大元）

　通常，A の最小元を $\min A$，最大元を $\max A$ と書く.たとえば，$\min\{1, 2, 100\} = 1$ や，$\max\{1, 2, 100\} = 100$ である.

　もし $A \subset B$ であり，A と B が最小元を持てば，$\min A \geq \min B$ であることに注意する.なぜだろう? $|A| \leq |B|$ なので，B の最小元 b は A に属

すかもしれないし属さないかもしれない．もし $b \in A$ であれば，b はまた A の最小元でもある（なぜなら，B のあらゆる元よりも小さいが，B は A のあらゆる元を含んでいる）ので，$\min A = \min B$ である．$b \notin A$ であれば，A の最小元は b よりも大きくないといけない（そうでないと，それは B の最小元になってしまう）．

集合族の集合の大きさの最小元 $\min |A_\alpha|$ をとることもできる．集合の元としてそれぞれの集合の大きさ $|A_\alpha|$ を考える．それぞれの大きさは数だから，大きさの集合は順序集合であり，可能なすべての α に関して最小元をとることができる．たとえば，任意の $\alpha \in \mathbb{R}$ が与えられたとして

$$A_\alpha = \{n \in \mathbb{N} \mid n \leq \alpha\}$$

とおく．

そのとき $\min_\alpha |A_\alpha| = 0$ である．なぜなら，それより小さい自然数が存在しないような $\alpha \in \mathbb{R}$ が存在するからである．たとえば，$A_{0.5} = \emptyset$ だから，$|A_{0.5}| = 0$ である．

$\max_\alpha |A_\alpha|$ についてはどうだろうか？ どんな α に対しても $A_{\alpha+1}$ には少なくとも 1 つ，A_α より多い元がある．こうして，$|A_\alpha|$ の最大元があるとしても，それより大きい元が見つかる．こういうことが起こるとき最大元は存在しないという．

無限集合で最小元も最大元も存在しないような場合も多くある．たとえば，$\min(-3, 3)$ は定義されない．なぜなら，この区間には最小の数がないからである．（もし最小数 a があったと考えても，常に $-3 < b < a$ を満たすような b が存在するからである．）一方で，$[-3, 3]$ は無限集合だけれど，$\min[-3, 3] = -3$ である．規則はこうである．有限順序集合では常に最小元と最大元をとることができるが，無限の順序集合の最小元と最大元は存在することもあれば，存在しないこともある．

定義 4.5（限界）

E を順序集合 S の部分集合とする．もし $\alpha \in S$ が存在して，S のあらゆる元が α より小さいか等しければ，α は E の**上界**であり，E は**上に有界**である．

記号では，
$$\exists \alpha \in S \text{ s.t. } \forall x \in E, x \leq \alpha$$
であるとき，E は上に有界である．同じように，もし $\beta \in S$ が存在して，S のあらゆる元が α より大きいか等しければ，β は E の**下界**であり，E は**下に有界**である．

記号では，
$$\exists \beta \in S \text{ s.t. } \forall x \in E, x \geq \beta$$
であるとき，E は下に有界である．

最小元や最大元とは違い，E の上界や下界は E の元である必要はない．上位集合 S に含まれるだけでよいのだ．

例 4.6（限界）

$S = \mathbb{Q}$ において，集合 $E = (-\infty, 3) \cap \mathbb{Q}$ は下界を持たない．というのは，どんな $\mathbb{Q}$ の元 β に対しても，β より小さい E の元を見つけることができるからである．一方，$\alpha \geq 3$ であるようなどんな $\alpha \in \mathbb{Q}$ によっても，E は上に有界である．どんな $\alpha \notin E$ であることに注意する．$\alpha \in S$ である限り問題はない．一方で無限区間 $(-\infty, \infty)$ は上にも下にも有界でない．

定理 4.1 の証明を引用すると，A と B を $\mathbb{R}$ の部分集合と考えれば，A は $\sqrt{2}$ により（そして $\sqrt{2}$ より大きいどんなものによっても）上に有界である．だから，A の上界の集合は $\{\sqrt{2}\} \cup B$ を含むし，同じようにして，B の下界の集合は $\{\sqrt{2}\} \cup A$ を含む．

$\mathbb{R}$ を忘れて，A と B を単に $\mathbb{Q}$ の中だけで考えると，A と B は互いに相手側の元によって限界を受けるが，$\sqrt{2}$ によってではない（$\sqrt{2} \notin \mathbb{Q}$ だから）．

この違いを説明するために，$E = (0, 3)$ とし，$S_1 = \mathbb{R}, S_2 = (-3, 3), S_3 = E$ とおく．$E \subset S_1$ を考えると，明らかに E は（任意の数 ≥ 3 によって）上に有界で，（任意の数 ≤ 0 により）下に有界である．$E \subset S_2$ を考えると，E が上に有界でないのは，3 以上のどんな数も S_2 に属さないからである．$E \subset S_3$ を考えると，E は上にも下にも有界ではない．

通常はもっと正確に，「E は S の中で上に／下に有界である」と書く．上の例の場合では，E は S_1 では上に有界だが，S_2 でも S_3 でもそうではな

い．そして，E は S_1 と S_2 では下に有界だが，S_3 ではそうではない，ということになる．

定義 4.7（上限と下限）

E を順序集合 S の部分集合とする．S における E の上界 α が存在し，α より小さい S のどんな元も E の上界ではないとき，α は E の**最小上界**または**上限**である．

記号では，

$$\alpha \in S;\ x \in E \ \Rightarrow\ x \leq \alpha;\ \gamma < \alpha \ \Rightarrow\ \gamma \text{は}E\text{の上界ではない}$$

を満たすとき，$\alpha = \sup E$ である．

同じように，S における E の下界 β が存在し，β より大きい S のどんな元も E の下界ではないとき，β は E の**最大下界**または**下限**である．

記号では，

$$\beta \in S;\ x \in E \ \Rightarrow\ x \geq \beta;\ \gamma > \beta \ \Rightarrow\ \gamma \text{は}E\text{の下界ではない}$$

を満たすとき，$\alpha = \inf E$ である．

定義から，なぜ上限が**最小上界**と呼ばれるのかは明らかである．それより小さいどんなものも上界ではないのだから．それが一意的でないといけないから，上限は the をつけて呼ばれることに注意する[3]．もしもう 1 つ存在したら，それはもう 1 つのものより大きくならないといけないが，それはもう最小上界ではないことになる[4]．

並みの上界や下界と同じで，集合 E の上限や下限も E の元である必要はなく，単に上位集合 S に含まれればよい．こうして，$(-3, 3)$ のような集合は最小元も最大元も持たないが（例 4.4 参照），$\mathbb{Q}$ において上限 3 と下限 -3 を持っている．

---

[3] ［訳註］日本語には定冠詞の the がないので，このままでは意味不明だが，一意的だということを強調しているだけである．英語で論文を書くときには注意すること．

[4] ［訳註］このように一意性をこれでもかというほどに説明するメンタリティは分かりにくい．言葉の問題でもあるのだろうが，最小性に矛盾するから一意的であるということで，十分納得してもらえるのではないだろうか．

例 4.8（上限と下限）

$S = \mathbb{Q}$ の中で，集合 $E = (-\infty, 3) \cap \mathbb{Q}$ は下界を持たないが，上界の 1 つ，つまり 3 は実際に上限となっている．これを証明するためには，どんな数 $\gamma < 3$ も E の上界ではないことを示さねばならない．$\frac{\gamma + 3}{2}$（γ と 3 との中点）は E に属し，これが 3 より小さな有理数であるので，これは真である．しかし，$\frac{\gamma + 3}{2} > \gamma$ だから，γ は E のあらゆる元よりも大きいか等しい，ということにはならない．

定理 4.1 の証明を振り返ると，A と B を $\mathbb{R}$ の部分集合であると考えると，A は $\sqrt{2}$ によって上に有界である．どんな実数 $p < \sqrt{2}$ も A の上界ではない（$q = \frac{2p+2}{p+2}$ が A に属し，$q > p$ であるから）ので，$\sup A = \sqrt{2}$ である．同様に $\inf B = \sqrt{2}$ である．

$\mathbb{R}$ を無視して，A と B を $\mathbb{Q}$ の中で考えると，A は上限を持たず，B は下限を持たない．というのは，定理 4.1 が（A の上界である）B は最小元を持たないし，（B の下界である）A は最大元を持たないことを示しているからである．

ボックス 4.2 の空白を埋めよ．

ボックス 4.2

$\{\frac{1}{n} \mid n \in \mathbb{N}\}$ の上限と下限

$S = \mathbb{Q}$ において，集合 $E = \{\frac{1}{n} \mid n \in \mathbb{N}\}$ は上限と下限の両方を持つ．

上限は $\alpha = \underline{}$ である．まず α が E の上界であることを確かめる．$\alpha \in S$ より，あらゆる $x \in E$ に対して，$\underline{}$ である．次に，どんな $\gamma < \alpha$ に対しても γ は E の $\underline{}$ ではない．α は E に属すが，$\alpha > \gamma$ だからである．

下限は $\beta = \underline{}$ である．β が E の下界であることを確かめる．$\beta \in S$ であり，あらゆる $\underline{}$ に対して，$x \geq \beta$ である．次に，どんな $\gamma > \beta$ に対しても γ は E の $\underline{}$ ではない．数 $\underline{}$ は E に属すが，$\underline{} < \gamma$ だからである．

最小上界　47

　ヒント．最後の空白を埋めるために，β と γ の間の数で，ある自然数 n に対して $\frac{1}{n}$ の形をしたものを見つける必要がある．明らかに $\frac{1}{n}$ は β よりも大きいので，$\frac{1}{n} < \gamma$，つまり $n > \frac{1}{\gamma}$ であるような自然数 n を見つける必要がある．さて，$\frac{1}{\gamma}$ は自然数ではないかもしれないが，丸めてやれば，自然数にできる．「x を直近の整数に切り上げる」ことを意味する**天井関数** $\lceil x \rceil$ を使う[5]．そのとき，$\lceil \frac{1}{\gamma} \rceil \in \mathbb{N}$ かつ $\lceil \frac{1}{\gamma} \rceil \geq \frac{1}{\gamma}$ である．しかし実際に必要なのは，$n > \frac{1}{\gamma}$ であって，$n \geq \frac{1}{\gamma}$ ではない．n に 1 を足せば本当に n を大きくできるので，$n = 1 + \lceil \frac{1}{\gamma} \rceil$ でうまくいき，われわれに必要な数

$$\frac{1}{n} = \frac{1}{1 + \lceil \frac{1}{\gamma} \rceil}$$

が得られる．

　上の例での上限は「E の上界が E の元であれば，それは自動的に E の上限になっている」ことを示していることに注意する．この結果は次の定理の形に定式化される．

定理 4.9（集合に含まれる上界）

　E を順序集合 S の部分集合とする．もし E のある上界が E に含まれるなら，それは最小上界である．もし E のある下界が E に含まれるなら，それは最大下界である．

　証明． α が E の上界で，$\alpha \in E$ であるとする．どんな $\gamma < \alpha$ に対しても，γ は E の上界になることはできない．その理由は，γ よりも大きい E の元が，つまり α が存在するからである．こうして α は E の上限である．

　同じように，β が E の上界で，$\beta \in E$ であるとする．どんな $\gamma > \beta$ に対しても，γ は E の下界になることはできない．その理由は，γ よりも小さい E の元が，つまり β が存在するからである．こうして α は E の下限である．　　　　　　　　　　　　　　　　　　　　　　　　　　　　　□

　もちろん，部分集合がそのどんな上界も含まないときには，それは上界

---

[5] ［訳註］ちなみに切り下げる方は**床関数** $\lfloor x \rfloor$ と言う．日本ではガウス記号ということがあるが，天井と床と両方使うような場合には床という言葉を使うことが多い．

48   第4章

があるかもしれないし，ないかもしれない．

　興奮するね！　われわれは今，実解析で最も重要な概念の1つを定義しようとしているんだよ．

定義 4.10

　順序集合 S が**最小上界性**を持つのは，S において上に有界なあらゆる空でない部分集合 E に対して，$\sup E$ が S の中に存在するときである．

例 4.11　$\mathbb{Q}$ は最小上界性を持つだろうか？　定理 4.1 の証明を思い起こせば，例 4.8 では，A は $\mathbb{Q}$ の空でない部分集合で，$\mathbb{Q}$ において（B のすべての元によって）上に有界であることが示されている．しかし，A は $\mathbb{Q}$ において上限を持たない（$\sqrt{2} \notin \mathbb{Q}$ だから）．こうして，$\mathbb{Q}$ は最小上界性を持たないことになる．まあ，そうだね．（実際，$\mathbb{Q}$ に最小上界性が欠けていることが $\mathbb{R}$ を定義する主要な動機づけなのである．）

　「もし最小上界性があるのなら，最大下界性もあったりするんでしょうね？」と訊きたくなるかもしれない．そうだね，でも後でわかるけれど，その2つは同値なんだ！

定理 4.12（下界の上限）

　S を最小上界性を持つ順序集合とする．そのとき，S はまた最大下界性を持つ，つまり，S において下に有界であるようなあらゆる空でない部分集合 B に対して，$\inf B$ は S の中に存在する．

　さらに，B のすべての下界の作る集合を L と書けば，$\inf B = \sup L$ となる．

　この定理は1つの性質がもう1つの性質を導くことを証明するだけでなく，最大下界性を持つ集合の中では，どんな部分集合の下限もまさにその部分集合の下界の上限であることを言っている．

　証明． B のすべての下界の作る集合 L をとる．数 $\sup L$ が S の中に存在することを示すことから始めて，実際に $\sup L = \inf B$ であることを示す．

　$\sup L$ が S の中に存在することを示すために，最小上界性を使いたいので，L が S の中で上に有界で，空でない部分集合であることを示したい．

B が S において下に有界であるという事実は，L が S の中に少なくとも 1 つの元を持っていることを言っている．L が S において上に有界であることをどのように示したらいいのだろうか？ L のあらゆる元は B のあらゆる元より小さいか等しいので，B のあらゆる元は L の上界である．B は S の空でない部分集合なので，L は S の中に少なくとも 1 つの上界を持っている．ここで，最小上界性を適用すると，$\sup L$ が S の中に存在することがわかる．それを α と呼ぼう．

証明の次の部分については図 4.1 を見てほしい．

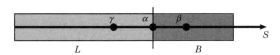

図 **4.1** 直線 S の区間として表された集合 B と L

α が $\inf B$ に等しくなるためには，まず B の下界でないといけない．α は L の上限なので，α よりも小さいどんな数 γ も L の上界ではない，つまり，γ は L のある元よりも小さい．こうして，γ は B のある下界よりも小さい．α よりも小さいどんな数も B に属せないことは示してあるので，あらゆる $x \in B$ に対して $\alpha \leq x$ となるから，α は B の下界である．

さて，α は B の下界であるが，α よりも大きいどんな数 β も L に属すことはできない．その理由は α が L の上界であるからである．つまり，どんな $\beta > \alpha$ も B の下界ではないので，実際に $\alpha = \inf B$ となる． □

上の定理の逆定理によって，最小上界性と最大下界性が同値であることの証明が完成する．

定理 4.13（上界の下限）

S を最大下界性を持つ順序集合とする．そのとき，S はまた最小上界性を持つ，つまり，S において上に有界であるようなあらゆる空でない部分集合 B に対して，$\sup B$ は S の中に存在する．

さらに，B のすべての上界の作る集合を U と書けば，$\sup B = \inf U$ となる．

証明． この証明は上の定理の証明を鏡写しにしたものである．ボックス

4.3 の空白を埋め，第 2 の節を終える前に図 4.1 に類似な図を描け．

ボックス 4.3

定理 4.13 を証明する．

$\inf U$ が S の中に存在することを示すために＿＿＿＿性を使いたい．B が S において上に有界であるという事実は，U が S の中に少なくとも 1 つの元を持っていることを言っているので，U は＿＿＿＿である．U のあらゆる元は B のあらゆる元＿＿＿＿＿＿＿＿＿＿ので，B のあらゆる元は U のあらゆる元の＿＿＿＿である．B は S の空でない部分集合なので，U は S の中に少なくとも 1 つの下界を持つ．ここで，最大下界性を適用すれば，$\inf U$ が S の中に存在することが分かる．これを α と呼ぼう．

$\gamma > \alpha$ であれば，γ は U の＿＿＿＿ではない．つまり，γ は U のある元よりも大きいので，$\gamma \notin B$ である．α はあらゆる $x \in B$ に対して x＿＿＿＿なので，α は B の上界である．α より小さい数 β は U の＿＿＿＿である．その理由は，α が U の上界だからである．つまり，どんな $\beta < \alpha$ も B の上界ではないので，実際に $\alpha = $＿＿＿＿である．

□

実解析では，上限と下限は常に求められるものである．有界な無限集合は最大元や最小元を持たないかもしれないが，常に上限や下限を持つ．このことは通常，可能な限り狭い限界を記述する最善の方法である．

上限と下限はこれからも戻ってくるだろうから，その定義と，証明においてそれらをいかに扱うべきかを本当に理解するための努力をする価値がある．（もしあなたが上限と下限を憎み，遠ざけたいと思うのなら，$\sup E$ に出会うたびに「スープ」と言ってみるとよい[6]．少しは気分が良くなる

---

[6] [訳註] soopy（スープのような，どろどろした）という意味だが，意味はどうでもよい．$\sup E$ を発音すれば，「スープ　イー」となり，何度も言っていれば，soopy と同じ音になる．となれば，笑えるかもしれない，という気分である．ジョークを説明するのは品がなくて嫌なのだが．

かもしれない.)

われわれは $\mathbb{R}$ が $\mathbb{Q}$ の上位順序集合で最小上界性と最大下界性を持つものであってほしいと考える.また,加法や乗法などもできて,**体**の性質を満たすようにもしたい.体とは何かは次の章で定義する.

第5章　実数体

　順序体の定義を学んだあとで，我々はついに実数とは何かを理解できるようになる．体として $\mathbb{R}$ は，アルキメデス性，$\mathbb{Q}$ の稠密性，根の存在という3つの特徴を持っている．それをそれぞれ証明し，今後はそれらを頻繁に活用することになる．

定義 5.1（体）
　2つの演算，加法と乗法を持つ集合 F が以下の**体の公理**を満たすとき**体**と言う．

- A1.　（加法に関して閉じている）$x, y \in F$ であれば $x + y \in F$ である．
- A2.　（加法に関して可換である）$x + y = y + x, \forall x, y \in F$.
- A3.　（加法に関して結合的である）$(x+y)+z = x+(y+z), \forall x, y, z \in F$.
- A4.　（加法の恒等元）F は $x + 0 = x, \forall x \in F$ を満たす元 0 を含む．
- A5.　（加法の逆元）あらゆる $x \in F$ に対し，元 $-x \in F$ が存在して $x + (-x) = 0$ を満たす．
- M1.　（乗法に関して閉じている）$x, y \in F$ であれば $xy \in F$ である．
- M2.　（乗法に関して可換である）$xy = yx, \forall x, y \in F$.
- M3.　（乗加法に関して結合的である）$(xy)z = x(yz), \forall x, y, z \in F$.
- M4.　（乗法の恒等元）F は $1x = x, \forall x \in F$ を満たす元 $1(\neq 0)$ を含む．
- M5.　（乗法の逆元）あらゆる $x(\neq 0) \in F$ に対し，元 $\frac{1}{x} \in F$ が存在して $(x)\frac{1}{x} = 1$ を満たす．
- D.　（分配法則）$x(y + z) = xy + xz, \forall x, y, z \in F$.

　従来の定義の加法と乗法を持つどんな集合をとっても，これらの公理のほとんどは自然に成り立つ．たとえば，どんなものも1つだけならそれ自

実数体　53

身だけなのだから，乗法の恒等元が数 1 であることはわかっている．もし
もしたいと言うなら，集合上に何か新しい形の加法と乗法を定義し，体の
公理を満たすようなものを見つける努力をすることもできるが，実際にそ
んなことをしたいわけではない．抽象的に体のような構造を研究すること
は，「$3x + 2 = 8$ のときに x を求める」ということとは何の関係もない高
等数学の分野である代数学が対象とするものである．

　我々が考えるあらゆる体は通常の加法と乗法を備えた普通の数を含んで
いるので，我々の目的のためには，大抵は公理 A2–A5, M2–M5, D を当然
のこととすることができる．しかしながら，演算が閉じているという公理
A1 と M1 は多くの場合には自明なことではなく，何かが体であることを
示したいならばはっきりと証明されなければならないのである．

例 5.2（体）

　有理数は，通常の加法と乗法で考えると，体をなす．演算が閉じてい
る公理を確かめよう．どんな $x, y \in \mathbb{Q}$ も，ある $a, b, c, d \in \mathbb{N}$ に対して
$x = \frac{a}{b}, y = \frac{c}{d}$ と書くことができる．そのとき，

$$x + y = \frac{a}{b} + \frac{c}{d} = \frac{ad + bc}{bd}$$

もまた有理数であり，

$$xy = \frac{a}{b} \frac{c}{d} = \frac{ac}{bd}$$

もまた有理数である．

　一方，$\mathbb{N}$ は体では**ない**．$\mathbb{N}$ には負の整数が含まれていないので，あらゆ
る元は加法の逆元を含まないからである．$\mathbb{Z}$ もまた体ではない．$\mathbb{Z}$ には分
数がないので，どんな元も乗法の逆元を持たないからである[1]．

　集合 $S = \{0, 1, 2, 3, 4\}$ に通常の加法と乗法を考えても体にはならない．
数 2 と 3 は S に属しているが $2 + 3 = 5$ は S に属していないので，S は加
法について閉じていない．同じように，$2 \times 3 = 6 \notin S$ であるから，S は
乗法についても閉じていない．

---

[1] ［訳註］もちろん，$\mathbb{Z}$ では 0 は逆元を持たないし，1 はそれ自身が逆元ではあるが，そ
ういう細かいことは気にしていないようである．

T を 5 を法とした S とする．つまり，5 を 0 に等しいと考える．すると，$10 = 5 + 5 = 0 + 0$ となり，同じように 5 の倍数は 0 になる．この場合，T の中では，$2 + 3 = 5 = 0$ となる．だから，T のどんな元の和や積もまた T の元になる．というのは，$x \geq 5$ であれば，ある $m(<5), n \in \mathbb{N}$ に対して $x = 5n + m = m$ と書くことができるからである．この奇妙な体は普通 $\mathbb{Z}_5$ と書かれる．

体の公理を使うだけで，$-(-x) = x, 0x = 0, xy = 1 \Rightarrow y = \frac{1}{x}(x \neq 0)^{2)}$ のような，すべての体の多くの基本的な性質は証明できる．これらの性質の証明は体の公理を複数回使って，項を並べ替えるだけでできる．

定義 5.3（順序体）

順序体とは，以下の公理を満たす順序集合でもある体 F のことである．

O1. すべての $x, y, z \in F$ に対して，$y < z$ なら，$x + y < x + z$ である．
O2. すべての $x, y \in F$ に対して，$x > 0$ かつ $y > 0$ なら，$xy > 0$ である．

定義 4.2 に戻って，順序集合の意味を見直す．

順序体に対する公理はかなり直観的だが，それを使っていくつかの基本的な性質を証明することができる．たとえば，$x > 0, y < z \Rightarrow xy < xz$，$0 < x < y \Rightarrow 0 < \frac{1}{y} < \frac{1}{x}$ などの性質である．（時は金なりであるので，これらの簡単な証明はとばすことにする．その金であなたは白紙のノートを買って，これらの証明を自分で書くことができるようになるだろう．）

これで，実数を定義する準備ができた！

定義 5.4（実数）

実数の集合 $\mathbb{R}$ は最小上界性を持つ順序体で，$\mathbb{Q}$ を含むものである．

言い換えれば，$\mathbb{R}$ は順序体のすべての公理を満足し，有理数の間にある「穴」を埋めるものである．

しかし，$\mathbb{R}$ を定義できるからといって，それが存在することを意味してはいない．実解析を教える方法の違いは，この問題を解くための方法の違いである．教科書によってはこの $\mathbb{R}$ が存在することを仮定して，この仮定

[訳註] $xy = 1$ から $x, y \neq 0$ が従う．

実数体　55

を「完備性の公理」と呼んでいる．ここで，完備性とは最小上界性または最大下界性の言い方を変えただけのものである．しかし，（$\mathbb{Q}$ が存在することは仮定した後で）この $\mathbb{R}$ の存在を証明することは可能である．1つの（かなり面倒な）証明は**デデキントの切断**を使う．興味あるようなら，それを調べることはできる[3].

完備であることと $\mathbb{Q}$ を含むことに加えて，実数はいくつかの非常に役に立つ性質を持っている．その性質は次の3つの定理で述べることにする．

定理 5.5（$\mathbb{R}$ のアルキメデス性）

どんな正の実数が与えられたとしても，自然数を見つけて，その2つの数の積が好きなだけ大きくすることができる．

記号で書けば，

$$\forall x(>0),\ y \in \mathbb{R},\ \exists n \in \mathbb{N}\ \text{s.t.}\ nx > y$$

となる．

言い換えると，アルキメデス性は，実数のどんな比よりも大きな自然数を見つけることができると言っているのである．この定理の系「$\forall y \in \mathbb{R},\ \exists n \in \mathbb{N}\ \text{s.t.}\ n > y$」の形で使われることが多い（これは，元の定理で $x = 1$ とおけば得られる）．

もちろん $\mathbb{Q}$ はアルキメデス性を持つ．どんな $x(>0), y \in \mathbb{Q}$ に対しても，$x = \frac{a}{b},\ y = \frac{c}{d},\ a, b, c, d \in \mathbb{N}$ と書くことができる．$n = 2bc$ とおけば明らかに $n \in \mathbb{N}$ であり，

$$nx = (2bc)\frac{a}{b} = 2ac = (2ad)\frac{c}{d} = 2ady > y$$

となる．（ここで，$y > 0$ と仮定している．$y \leq 0$ であれば単に $n = 1$ とお

---

[3] ［訳註］$\mathbb{Q}$ の存在を仮定して $\mathbb{R}$ を構成する方法は何通りか知られていて，さまざまな教科書に書かれている．拙著『微積分演義　微分のはなし』(日本評論社，2007) には，何通りかの構成法の相互の関係も見やすい形で述べてあるので，興味のある読者は参照されたい．また，自然数の存在を仮定して，次々と数系を拡大していくことも手続きとしては，もちろん面倒臭さはあるけれど，それほど難しいわけではない．その種の教科書として古典的なものに，E. ランダウ『数の体系–解析の基礎』(1930) がある．日本語への拙訳が丸善出版から 2014 年に出版されている．

けば，$x > 0$ であるから，$nx = x > y$ となる．）

実数に対してアルキメデス性を証明するには，ほとんど実数は分数のような単純な表示を持たないので，少しトリックが必要である．その代わり，$\mathbb{R}$ を特別なものにしているものである最小上界性を利用する．

証明． この機会を捉えて，2段階証明のプロセスを実際にやって説明してみることにしよう．まず，問題の要点が何であるかを把握するために，定義を使って証明を段々と分解していく．次に，我々が手にしているものをとって，きれいで真っすぐな仕方で書き上げていく．

第1段． A を，あらゆる自然数 n に対して nx のなり得るものの全体の集合とする．アルキメデス性が言っていることは，A のある元が y よりも大きいということである．最小上界性を適用したくても，集合 A には使えない．というのは，アルキメデス性が成り立たないと仮定しない限り，A は上に有界にはならないからである．そのとき，A には y より大きい元はない．つまり，y は A の上界ではない．これは妥当な方向性のように見えるので，矛盾による証明をすることにしよう．

アルキメデス性が成り立たないと仮定すれば，$A = \{nx \mid n \in \mathbb{N}\}$ は y によって上に有界である．今，A は $\mathbb{R}$ の空でない部分集合であるので，定義 4.10 により $\sup A$ が $\mathbb{R}$ の中に存在する．簡単のために $\alpha = \sup A$ と書こう．さて，どんな利用可能な事実がまだ使われていないだろうか？ 基本的には，まだ適用していないものは上限の定義だけである．つまり，$\gamma < \alpha$ ならば γ は A の上界ではない．それは y が A のある元よりも小さいということなので，ある自然数 m が存在して $\gamma < mx$ となる．

これが役に立つのだろうか？「α は A の上界ではない」ということで終わるような矛盾のように見える．だから，x のある自然数倍が α よりも大きくなることを示せば，終了となる（$\alpha = \sup A$ であるという事実に矛盾するから）．$\gamma < mx$ であるので，α を使って γ を表すことができれば，不等式はもっと使いやすくなるだろう．y に関する制限は α よりも小さいということなので，ある $k > 0$ に対して $\gamma = \alpha - k$ となる．そのとき，$y < mx \Rightarrow \alpha < mx + k$ となる．

今度は，$mx + k$ をある自然数 n に対して nx の形にするのが目標とな

る．どんな $c \in \mathbb{N}$ に対しても $k = cx$ であるのなら，$mx + k = mx + cx = (m + c)x$ となり，実際に x の自然数倍になる．実際に $c = 1$ という単純な場合にはうまくいって，$k = x$ となって，まさに欲しかったことになる．今や $\alpha < (m + 1)x$ であるので，α は A のある元より小さい．これは $\alpha = \sup A$ という事実に矛盾する．こうして，実数に対するアルキメデス性が真でなければいけないということになる．

第2段． そういうことを考えてみると，定理を証明するのにあまり多くの段階は要らない．今や，形式的に書き上げることができる．

$\mathbb{R}$ がアルキメデス性を持たないと仮定する．すると $A = \{nx \mid n \in \mathbb{N}\}$ は y によって上に有界である．だから，$\mathbb{R}$ が最小上界性を持つことから，$\alpha = \sup A$ が $\mathbb{R}$ の中に存在する．$x > 0$ だから，$\alpha - x < \alpha$ なので，$\alpha - x$ は A の上界ではない．そのとき，$\exists m \in \mathbb{N}$ s.t. $\alpha - x < mx$ であるので，$\alpha < (m + 1)x$ となる．しかし，$(m + 1)x \in A$ であるので，α は A の上界ではないことになり，矛盾である．

もしそうしたければ，ほとんどのことを記号で書けば，証明はさらに短くなる．

$$\neg(\exists n \text{ s.t. } nx > y) \Rightarrow A = \{nx \mid n \in \mathbb{N}\} \leq y$$

$$\Rightarrow \alpha = \sup A \in \mathbb{R}$$

$$\Rightarrow \exists m \in \mathbb{N} \text{ s.t. } \alpha - x < mx$$

$$\Rightarrow \alpha < (m + 1)x$$

$$\Rightarrow \bot$$

（論理学では $\bot$ は「矛盾」を意味している．） □

定理 5.6（$\mathbb{Q}$ は $\mathbb{R}$ の中で稠密である）
あらゆる2つの実数の間に，少なくとも1つの有理数がある．
記号で書けば

$$x, y \in \mathbb{R} \text{ s.t. } x < y \Rightarrow \exists p \in \mathbb{Q} \text{ s.t. } x < p < y$$

となる．

58   第5章

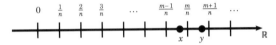

図 5.1 増分 $\frac{1}{n}$ が区間 (x,y) をまたがないように，n を十分に大きく選ばないといけない．m を，nx より大きい最小の整数であるように選ばねばならない．

$\mathbb{R}$ における $\mathbb{Q}$ のこの性質を**稠密性**と言い，$\mathbb{Q}$ は $\mathbb{R}$ の中で**稠密**であると言う．

われわれは既に $\mathbb{R}$ が自分自身の中で稠密であることを知っている（任意に与えられた2つの実数の間に実数を見つけることができる）．なぜだろうか？ $x < y$ を満たすどんな $x, y \in \mathbb{R}$ に対しても $z = \frac{x+y}{2}$（x と y の中点）とおけば，$x < z < y$ となる．

同じ論理によって，$\mathbb{Q}$ がそれ自身の中で稠密であることが分かる．というのは，$q, r \in \mathbb{Q}$ の中点 $p = \frac{q+r}{2}$ は常に $\mathbb{Q}$ に属すからである．同じように $\mathbb{Q}$ は $\mathbb{N}$ の中で稠密である（ここで，2つの自然数 m と n に対して中点 $p = \frac{m+n}{2}$ は有理数である）．

一方，2と3の間には自然数がないから，$\mathbb{N}$ は自分自身の中で稠密ではない．同じように，$\frac{1}{2}$ と $\frac{1}{3}$ の間には自然数がないから，$\mathbb{N}$ は $\mathbb{Q}$ の中で稠密ではない．

稠密性が保証しているのは，x と y の間に1つの p があるだけでなく，x と y の間には無限個の有理数が存在することであることに注意すること．一旦 $x < p < y$ となれば，この性質をもう一度適用すると $x < q < p$ を満たす $q \in \mathbb{Q}$ が見つかるし，このステップを無限回繰り返すことができる．この定理を任意の開区間 (a, b) と閉区間 $[a, b]$ に適用すれば，それらが無限個の有理点 $(a, b) \cap \mathbb{Q}$ と $[a, b] \cap \mathbb{Q}$ を含んでいることが得られる．

証明． x と y の間に有理数 p を見つけたい．つまり，$x < \frac{m}{n} < y$ となるような $m, n \in \mathbb{Z}$ を見つけたいのである．アルキメデス性を何度も適用すれば，図5.1に示すような完璧な m と n を見つけることができることが期待される．

第1部． 最初に，分数 $\frac{1}{n}, \frac{2}{n}, \frac{3}{n}, \ldots$ の少なくとも1つが x と y の間に落

実数体　59

ち込むほど $n \in \mathbb{N}$ が十分大きいことを確認する必要がある．n が小さすぎると，分数 $\frac{1}{n}, \frac{2}{n}, \frac{3}{n}, \ldots$ の間の増分が大きすぎて区間 (x, y) をまたぎ越してしまうかもしれない．

言い換えれば，$\frac{1}{n}$ を $y - x$ よりも小さくする必要がある．不等式を $n(y - x) > 1$ のように変形すると，アルキメデス性を適用することができて，そのような $n \in \mathbb{N}$ を見つけることができる．これから $ny > 1 + nx$ が得られ，これは後で使うことになる．

第2部． 次に，$m \in \mathbb{Z}$ が nx よりも大きい最小の整数であり，それゆえ $nx < m < ny$ となっていることを確かめる必要がある．

2つの連続する整数の間に nx を「捕まえ」たいので，$\exists m \in \mathbb{Z}$ s.t. $m - 1 \leq nx < m$ を示す必要がある．可能性には3つの場合がある．

場合1. $nx > 0$ であれば，アルキメデス性を適用できて，$m_1 > nx$ となるような $m_1 \in \mathbb{N}$ が少なくとも1つ存在することを示すことができる．（ここで，変数の名前は少し混乱させるものになっているかもしれない．定理5.5を適用する際，そこでの $x \in \mathbb{R}$ は1であり，$y \in \mathbb{R}$ は nx であり，$n \in \mathbb{N}$ は m_1 である．）こうして，集合 $\{m_1 \in \mathbb{N} \mid m_1 > nx\}$ は空ではない．

　整数論には整列原理と呼ばれる公理がある．それは，$\mathbb{N}$ のあらゆる空でない部分集合には最小元があるというものである．（$\mathbb{N}$ が数1によって下に有界であることから，直観的には理解できるはずだ．）整列原理によって，$\{m_1 \in \mathbb{N} \mid m_1 > nx\}$ には最小元 m がある．m は nx より大きい最小の整数であるから，$m - 1 \leq nx$ でなければならず，$m - 1 \leq nx < m$ となる．

場合2. $nx = 0$ であれば，$0 \leq nx < 1$ である．すると，$m = 1$ とすれば，$-1 \leq nx < m$ となる．

場合3. $nx < 0$ であれば，$-nx$ に場合1を適用すると，$m_2 - 1 \leq -nx < m_2$ を満たす自然数 m_2 が得られる．したがって，$m_2 < nx \leq 1 - m_2$ となる．$nx = 1 - m_2$ であれば，$m = 2 - m_2$ は $m - 1 \leq nx < m$ を満たす．そうでなければ，$nx < 1 - m_2$ であるので，$m = 1 - m_2$ は $m - 1 \leq nx < m$ を満たす．

60 第5章

さて，$nx < m \le 1 + nx$ を満たすような整数 m が得られている．このことと，第1部の不等式を組み合わせると

$$nx < m \le 1 + nx < ny$$

が得られる．$n > 0$ なので，n で割れば $x < \frac{m}{n} < y$ が得られる．これはまさに欲しかったことである．　　　　　　　　　　　　　　　　　□

系 5.7（無理数は $\mathbb{R}$ の中で稠密である）
あらゆる2つの実数の間に少なくとも1つの無理数が存在する．
記号で書けば，

$$x, y \in \mathbb{R} \text{ s.t. } x < y \;\Rightarrow\; \exists p \notin \mathbb{Q} \text{ s.t. } x < p < y$$

となる．

証明．$a = \frac{x}{\sqrt{2}}$, $b = \frac{y}{\sqrt{2}}$ とおく．定理 5.6 により，$a < q < b$ を満たす有理数 q が存在する．そのとき，$x < \sqrt{2}q < y$ となるので，$p = \sqrt{2}q$ はまさに必要だったものである．p が実際に無理数であることに注意する．その理由は，もしもそれが有理数なら，$\sqrt{2} = \frac{p}{q}$ が有理数になってしまうからである．　　　　　　　　　　　　　　　　　　　　　　　　　　　□

次の定理（われわれの素晴らしいトリオの最後）は根を扱うものである．根が何かは知っているだろうが，通常 $y = \sqrt[n]{x}$ とか $y = x^{\frac{1}{n}}$ とか書いている．

定理 5.8（$\mathbb{R}$ における根の存在）
あらゆる正の実数は，どんな $n \in \mathbb{N}$ に対しても，一意的に正の n 乗根を持つ．
記号で書けば，

$$\forall x \in \mathbb{R} \text{ s.t. } x > 0,\ \forall n \in \mathbb{N},\ \text{一意的に}\ \exists y \in \mathbb{R} \text{ s.t. } y > 0,\ y^n = x$$

となる[4]．

---

[4] ［訳註］一意的に存在するということを $\exists_1$ と書き，上の式を

実数体　61

（$\sqrt{x}, \sqrt[4]{x}, \sqrt[6]{x}$ などの）偶数乗根は $\mathbb{R}$ において，y と $-y$ の 2 つの数を意味することに注意する．この定理で言っているのは，正の実根は 1 つ，そしてただ 1 つであることである．

証明． y の一意性はこの証明の一番簡単な部分なので，そこから始めることにしよう．どんな 2 つの正の実数に対しても，それが異なっているということはどちらかが他方よりも大きいことを意味している．もし 2 つの正の実数 y_1 と y_2 があって，$y_1^n = x, y_2^n = x$ であったとする．$0 < y_1 < y_2$ としよう．しかしそのときは，$y_1^n < y_2^n$，つまり $x < x$ となるが，これは矛盾である．こうして，存在しうる正の実根は 1 つだけである．

$\sqrt[n]{x}$ が $\mathbb{R}$ の中に存在することを証明するために，まずゲームプランを考え，それを形式的に書いていくことにしよう．

第 1 段． $\mathbb{R}$ の最小上界性を使う．例 4.8 の中の定理 4.1 の議論を覚えているだろうか？ $\sqrt{2}$ が集合 A の上限で，集合 B の下限であることを見たのだった．$\sqrt[n]{x}$ より小さい数に対応する，より一般な集合 E を作れば，最小上界性を適用して，$y = \sup E$ が $\mathbb{R}$ の中に存在することを示すことができる．まだ $\sqrt[n]{x}$ が存在することが分かっていないので，E を定義するときにそれを使うわけにはいかない．それで，E を

$$E = \{t \in \mathbb{R} \mid t > 0 \text{ かつ } t^n < x\}$$

と定義する．

この問題の要点は，そのとき実際に $y = \sqrt[n]{x}$ であることを示すことである．定理 4.1 では「魔法の数」$q = \frac{2p+2}{p+2}$ を見つけ，どんな $p < \sqrt{2}$ も A の上界になれないことを示したこと（$q > p$ だが $q \in A$ だから）にあった．しかし，正の実数の一般の根に対しては，$\sqrt[n]{x}$ より小さいどんな数も E の上界ではないことをどのように示せばよいのだろうか？

われわれの戦略は $y = \sup E$ が $\sqrt[n]{x}$ よりも小さいことも大きいこともあり得ないことを示し，だから $\sqrt[n]{x}$ に等しくなければならないと主張する点にある．もし $y^n < x$ であれば，「y は E の上界ではない」という言明が導

$\forall x \in \mathbb{R} \text{ s.t. } x > 0, \ \forall n \in \mathbb{N}, \ \exists_1 \ y \in \mathbb{R} \text{ s.t. } y > 0, \ y^n = x$

と表すことがある．

62　第5章

かれ，これは $y = \sup E$ であるという事実に矛盾する．もし $y^n > x$ であれば，「y より小さいある数が E の上界になる」という言明が導かれ，これは $y = \sup E$ であるという事実に矛盾する．

まず，E が最小上界性の要求を満たすことを示す必要がある．言い換えれば，E が空でなく，上に有界であることが必要である．E に少なくとも1つの元が存在することを示すために，$t^n < x$ を満たすような $t > 0$ を見つけたい．$\sqrt[n]{x}$ が実数であることをまだ証明していないので，$t = \frac{\sqrt[n]{x}}{2}$ をとることができない．その代わり，x より小さくて $t^n \leq t$ である t が見つかれば，（$t^n \leq t < x$ であるので）うまくいく．余り努力をせず，$t = \frac{x}{x+1}$ のようなものでも要求は満たしている．

E が上界を持つことを示すために，$t > u \ \Rightarrow \ t^n \geq x$ を満たすような u を見つけたい．またしても単に $u = 2\sqrt[n]{x}$ をとることはできないので，$u > x$ と $u^n \geq u$ を満たすようなものを探す（そうすると，$t > u \ \Rightarrow \ t^n > u^n \geq u > x$ となる）．$u = x+1$ のようなものならトリックになることが分かる（$x > 0$ だったから）．

$\mathbb{R}$ は最小上界性を持つので，$y = \sup E$ は存在する．

さて，$y^n < x$ であるとき何が起こるかを見てみよう．「y は E の上界ではない」という矛盾を得るために，y より大きい E の元，つまり，$t^n < x$ だが $t > y$ を満たす t を見つけたい．$t = y + h$ とおくと，$(y+h)^n < x$ を満たす実数 $h > 0$ を見つける必要がある．

この厳しい状況に直面した時，一般的なベキについて分かっている情報に訴えることができる．古き良き代数的操作を使うと，次のように計算できる．

$$(b-a)\sum_{k=1}^{n} b^{n-k}a^{k-1} = (b-a)(b^{n-1} + b^{n-2}a + \cdots + ba^{n-2} + a^{n-1})$$

$$= (b^n + b^{n-1}a + \cdots + b^2a^{n-2} + ba^{n-1})$$

$$- (b^{n-1}a + b^{n-2}a^2 + \cdots + ba^{n-1} + a^n)$$

$$= b^n - a^n$$

さらに，$0 < a < b$ のとき，

$$\sum_{k=1}^{n} b^{n-k} a^{k-1} = b^{n-1} \sum_{k=1}^{n} \left(\frac{a}{b}\right)^{k-1}$$
$$< b^{n-1} \sum_{k=1}^{n} (1)^{k-1}$$
$$= nb^{n-1}$$

であるので，不等式

$$b^n - a^n < (b-a)nb^{n-1}$$

が得られる．$b = y + h$, $a = y$ とおけば（すると $0 < a < b$ となる），

$$(y+h)^n - y^n < hn(y+h)^{n-1}$$

となる．$(y+h)^n < x$ を示そうとしているので，$hn(y+h)^{n-1} < x - y^n$ が示せれば十分である（不等式を繋いでいって，これを確認することができる）．

ちょっと待って．何もないところから不等式を引っ張り出すのは不当なことのように見える．おそらく，このような複雑な証明では，あなたが自分でそれぞれのステップをすべてどのように思いつくかを説明することができるとは思わない．私は思うのだが，この証明を考え出した数学者は長い時間をかけて，ベキの展開のまわりで遊んだり，うまくいった不等式を運良く見つけるまでには多くの不等式を試さないといけなかっただろう．ほとんどの場合，純粋数学は，あなたが何とかして銀の弾丸[5]を見つけるまでに，調べまわったり，新しいことを試したりしている．一方，課題や試験で（少なくともはっきりしたヒントもなしで）あなたがこのようなことを引き出すことは期待されているとは私は思わない．

---

[5]［訳註］魔物を倒すためには銀の弾丸でないといけないという言い伝えから，魔法のような解決策のこと．

64 第5章

証明に戻る．$hn(y+h)^{n-1} < x - y^n$ を満たす実数 $h > 0$ を見つけよう
としていたことを思い出してほしい．$h < 1$ と選べば，$hn(y+h)^{n-1} < hn(y+1)^{n-1}$ となるので，仕事は簡単になる．そうすると，

$$h < \frac{x - y^n}{n(y+1)^{n-1}}$$

である限り不等式は満たされることになる．

まだ $y^n < x$ という仮定を使っていなかった．ここがそれを使うところ
だ．$y^n < x$ という仮定から，この分数が正であることが保証されるので，
$\frac{x-y^n}{n(y+1)^{n-1}}$ は意味のある正の実数である．

こうして，

$$0 < h < \min\left\{1, \frac{x - y^n}{n(y+1)^{n-1}}\right\}$$

を満たすどんな実数 h に対しても，$(y+h)^n < x$ となる．そのとき，y が
上界だったとしても，$y+h \in E$ となり，矛盾である．

次に，$y^n > x$ のときに何が起こるのかを見てみよう．「y より小さいあ
る数が E の上界である」という矛盾を得るために，$y-k$ が E の上界であ
るような実数 $k > 0$ を見つけたい．$y-k$ は正であるべきだから，k は y
より小さくなければならないことに注意する．そこで，$y-k$ より大きい
どんな数も E に属さないこと，つまり $t > y-k \Rightarrow t^n \geq x$ であること
を証明したいのだ．

$t > y-k$ ととれば，

$$y^n - t^n < y^n - (y-k)^n$$

となるが，この右辺が $\leq y^n - x$ であることを示したい．そのとき，
$y^n - t^n \leq y^n - x$ となって，$x \leq t^n$ となる．分かっているように，
上の部分と同じ不等式を使うことができる！ $b = y$，$a = y-k$ を
$b^n - a^n < (b-a)nb^{n-1}$ に代入すると

$$y^n - (y-k)^n < kny^{n-1}$$

が得られる（要求されていたように $0 < a < b$ だから）．そのとき，

$$k = \frac{y^n - x}{ny^{n-1}}$$

は，$0 < k < y$ である限り，まさに必要だったものになる．決定的な仮定 $y^n > x$ を使えば，k が正になることが分かり，実際に k は，

$$k = \frac{y^n - x}{ny^{n-1}} < \frac{y^n}{ny^{n-1}} = \frac{y}{n} \leq y$$

を満たす．

こうして，$y - k$ より大きい数は E に属さないので，y が上限であるにもかかわらず，$y - k$ が上界になってしまうことが分かるが，これは矛盾である．

　第2段．フーゥ！考え出すにはたくさん掛かってしまったが，実際の証明はあまり長くない方がいい．以下の要約を読んでいくように，第1段の文章を参照して，それぞれの主張がその前の主張からどのように導かれるかをしっかりと理解するように．

$$E = \{t \in \mathbb{R} \mid t > 0 \text{ かつ } t^n < x\}$$

とおく．そのとき，

$$t = \frac{x}{x+1} \Rightarrow t^n \leq t \,(x < x+1 \text{ だから } t < 1 \text{ であるため})$$

$$\text{かつ } t < x \,(x < x + x^2 \text{ であるため})$$

$$\Rightarrow 0 < t^n \leq t < x$$

$$\Rightarrow t \in E$$

であるから，E は空でない．

　E は上に有界である．その理由は，$u = x + 1$ とおけば，

$$t > u \Rightarrow t^n \geq t \,(x < x+1 \text{ だから } t > 1 \text{ であるため})$$

66   第5章

$$\Rightarrow t^n \geq t > u > x$$

$$\Rightarrow t \notin E$$

$$\Rightarrow u \text{ は上界である}$$

となるからである．だから，最小上界性により，$y = \sup E$ は $\mathbb{R}$ の中に存在する．

どんな $0 < a < p$ に対しても，

$$b^n - a^n = (b - a) \sum_{k=1}^{n} b^{n-k} a^{k-1} < (b - a) n b^{n-1}$$

となることに注意する．$y^n < x$ と仮定し，$h > 0$ を

$$h < \min\left\{1, \frac{x - y^n}{n(y + 1)^{n-1}}\right\}$$

となるように選ぶ．すると，また正である h が存在して，$0 < y < y + h$ となって，

$$(y + h)^n - y^n < hn(y + h)^{n-1}$$
$$< hn(y + 1)^{n-1}$$
$$< x - y^n$$

が得られる．ここで，$(y + h)^n < x$ となったのだから，y が E の上界であったとしても $y + h \in E$ となる．矛盾が得られたので，$y^n \geq x$ でなければならない．

$y^n > x$ と仮定し，

$$k = \frac{y^n - x}{ny^{n-1}}$$

と選ぶ．すると，（上で示したように）$0 < k < y$ となるので，どんな $t > y - k$ に対しても

$$y^n - t^n < y^n - (y - k)^n$$

$$< kny^{n-1}$$

$$< y^n - x$$

となる．今度は $x < t^n$ となり，$t \notin E$ となるので，たとえ y が E の上限であっても，$y - k$ は E の上界である．矛盾が得られたので，$y^n \leq x$ となっていなくてはいけない．

したがって，y^n は x と等しくならねばならず，$\sqrt[n]{x} \in \mathbb{R}$ となる． □

系 5.9（根をとる演算は分配的である）

正の実数の根をとることは乗法に関して分配的である．

記号で書けば，

$$\forall a, b \in \mathbb{R} \text{ s.t. } a, b > 0, \ \forall n \in \mathbb{N}, \ (ab)^{\frac{1}{n}} = a^{\frac{1}{n}} b^{\frac{1}{n}}$$

である．

なぜ，この系が完全には明らかではないのだろうか？ 体の公理 M2 は $ab = ba$ というものなので，

$$(ab)^n = (ab)(ab)\cdots(ab) = (aa\cdots a)(bb\cdots b) = a^n b^n$$

となる．しかし覚えていてほしいのだが，ある数 x を n 乗することと n 乗根をとることとはまったく違うことなのだ．前者は単に掛け算をすることに対する略記法であり，後者は $y^n = x$ を満たす正の実数 y を見つけること（これまでは，できるかどうかもわからなかったこと）を表している

証明． 定理 5.8 により，$\sqrt[n]{a}$ と $\sqrt[n]{b}$ は存在するので，$a = (\sqrt[n]{a})^n$ かつ $b = (\sqrt[n]{b})^n$ となる．その時，公理 M2 により

$$ab = (\sqrt[n]{a})^n (\sqrt[n]{b})^n = (\sqrt[n]{a} \sqrt[n]{b})^n$$

となる．

定理 5.8 では一意性も主張している．$y^n = ab$ となるような正の実数 y も 1 つしか存在し得ないので，$(\sqrt[n]{a}\sqrt[n]{b})^n = ab$ という事実から $\sqrt[n]{a}\sqrt[n]{b} = \sqrt[n]{ab}$ が導かれる．この等式は $(ab)^{\frac{1}{n}} = a^{\frac{1}{n}} b^{\frac{1}{n}}$ と書くこともできる． □

実数体の特徴づけを終えるに際して，無限大の取り扱い方をはっきりさせておこう．元 $+\infty$ と $-\infty$ は実数ではないが，記号として導入して取り扱うことはできる．

定義 5.10（拡大実数系）

拡大実数系とは $\mathbb{R} \cup \{+\infty, -\infty\}$ のことである．$\mathbb{R}$ と同じ順序に，あらゆる $x \in \mathbb{R}$ に対して $-\infty < x < +\infty$ という規則を追加してある．

記号 $+\infty$ と $-\infty$ は以下の規約に従う．あらゆる $x \in \mathbb{R}$ に対して，

$$x + \infty = +\infty, \ x - \infty = -\infty,$$

$$\frac{x}{+\infty} = \frac{x}{-\infty} = 0,$$

$$x > 0 \Rightarrow x(+\infty) = +\infty, \ x(-\infty) = -\infty,$$

$$x < 0 \Rightarrow x(+\infty) = -\infty, \ x(-\infty) = +\infty.$$

注意すべきは

$$\infty - \infty, \ \frac{\infty}{\infty}, \ \frac{0}{\infty}, \ \infty \times \infty$$

を計算するような規約は与えられていないことである．これらはすべて未定義の量である．

拡大実数系は定義 5.3 の順序体の公理を満たすが，定義 5.1 の体の公理は満たさない（たとえば，∞ は乗法的逆元を持たないからである[6]）．拡大実数系は体ではないものの，とりあえずは便利に使うことができる．

1 つ面白い性質がある．拡大実数系のあらゆる部分集合は有界であるということだ．部分集合 $E \subset \mathbb{R}$ が $\mathbb{R}$ の中で上に有界でなければ，$\mathbb{R} \cup \{+\infty, -\infty\}$ の中では上に有界である．つまり，元 $+\infty$ によって上に有界である．$\mathbb{R}$ は最小上界性を持つので，E には上限がないといけないが，この上限は $+\infty$ である．同じように，$E \subset \mathbb{R}$ が $\mathbb{R}$ の中で下に有界でなければ，拡大実数系の中では下に有界であって，その下限は $-\infty$ である．

---

[6]［訳註］もちろん，ほかにも満たさないものがあるが，それは読者に残しておく．

実数体　69

　ここは強烈な章だったな！　しかし，実数体が何であるかをしっかりと
理解することは良い感じがするね．

　次は，$\mathbb{R}$ をベクトル空間 $\mathbb{R}^k$ に拡張してその性質を探索する．もしもあ
なたが「虚数」と何だろうかといつも疑問に思っていたなら，ページを
めくってほしい．……それとも，あなたの想像力を使ってみたらどうだ
ろう．

第6章　複素数とユークリッド空間

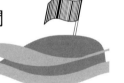

　実解析において，なぜ複素数のことを気にするのだろうか？ 実解析には，明らかに「実」数ではない「虚」数は含まれていない．「複素解析」と呼ばれる，まったく別の研究分野が無いのだろうか？ もちろん，存在する．しかし，複素数が2次元の実数に過ぎないこともまた本当である（いくつか特別な演算も施されるが）．

　(a,b) のような実の2ベクトルとして複素数を定義し，それらが体をなすことを証明することから始めよう．それから，これらの複素数が，これまでにあなたが見たことがあるかもしれない $a+bi$ の形の虚数と実際に同じものであることを示すことができる．複素数のいくつかの性質を証明した後で，任意のサイズの実ベクトルに対しても同じような性質を見つけることができる．それらのベクトルからユークリッド空間と呼ばれる集合を作ることができる．

定義 6.1（k ベクトル）
　k ベクトルまたは**k 次元ベクトル**とは，$(x_1, x_2, \ldots, x_k)$ と書かれる数の順序集合である．「順序」は $x_1 = x_2$ でない限り，$(x_1, x_2) \neq (x_2, x_1)$ であることを意味している．

　たとえば，実数の2次元ベクトルは (a,b) のことである．ここで，$a, b \in \mathbb{R}$ である．2つの2ベクトル $x=(a,b)$ と $y=(c,d)$ が等しいのは，$a=c$ かつ $b=d$ のとき，かつその時に限る．

定義 6.2（複素数）
　複素数は実数の2ベクトルで，加法と乗法を次のように定義したもののことである．

$$x + y = (a+c, b+d),$$

$$xy = (ac - bd, ad + bc).$$

すべての複素数の作る集合を $\mathbb{C}$ と書く．複素加法と複素乗法の演算を持たない複素数全体の集合は単なる 2 次元の実数の集合で，$\mathbb{R}^2$ と書かれる．

有理数と同じように，複素数が順序対であることに注意すること．しかし，(a,b) と (c,d) が等しいのは，$a = c$ かつ $b = d$ のとき，かつその時に限るのであって，有理数では，たとえば，$a = 2c, b = 2d$ であれば $\frac{a}{b}$ と $\frac{c}{d}$ が等しいというのとは異なっている．

違い．複素数 $(-3, 3)$ は開区間 $(-3, 3)$ と同じではない．前者は 2 つの実数 -3 と 3 の対であるが，後者は -3 と 3 の間のすべての実数の作る集合である．このあいまいさは不必要な混乱を招くように見えるが，実際には問題は起こらない．文脈から，開区間ではなく複素数であることが分かるはずである．

定理 6.3（$\mathbb{C}$ は体である）
すべての複素数の作る集合は体である．

特に，$(0, 0)$ は加法の恒等元であり，$(1, 0)$ は乗法の恒等元である．どんな複素数 $x = (a, b)$ に対しても，$-x = (-a, -b)$ はその加法に関する逆元である．もし $x \neq (0, 0)$ であれば，$\frac{1}{x} = \left(\frac{a}{a^2+b^2}, \frac{-b}{a^2+b^2}\right)$ は乗法に関する逆元である．

証明．定理の中で定義された恒等元と逆元を使って，体の公理がそれぞれ $\mathbb{C}$ に対して真であることを示したい．それぞれの公理の証明において，$\mathbb{R}$ が同じ公理を満たしていることを使うことに注意する．$x = (a, b), y = (c, d), z = (e, f)$ を複素数とする．

A1. （加法の下で閉じている）$x + y = (a + c, b + d)$．$\mathbb{R}$ は加法の下で閉じているので，$a + c \in \mathbb{R}, b + d \in \mathbb{R}$ であるので，実際に

$$(a + c, b + d) \in \mathbb{C}$$

A2. （加法の下で可換）

72　第6章

$$x + y = (a + c, b + d)$$
$$= (c + a, d + b) = y + x.$$

A3.　（加法の下で結合的）

$$(x + y) + z = (a + c, b + d) + (e, f)$$
$$= (a + (c + e), b + (d + f))$$
$$= ((a + c) + e, (b + d) + f)$$
$$= (a, b) + (c + e, d + f) = x + (y + z)$$

A4.　（加法の恒等元）

$$x + 0 = (a, b) + (0, 0)$$
$$= (a, b) = x.$$

A5.　（加法の逆元）

$$x + (-x) = (a, b) + (-a, -b)$$
$$= (0, 0) = 0.$$

M1.　（乗法の下で閉じている）$xy = (ac - bd, ad + bc)$. $\mathbb{R}$ は加法と乗法の下で閉じているので，$ac - bd \in \mathbb{R}$ かつ $ad + bc \in \mathbb{R}$ であるから，実際に

$$(ac - bd, ad + bc) \in \mathbb{C}$$

である．

M2.　（乗法の下で可換）

$$xy = (ac - bd, ad + bc)$$
$$= (ca - db, cb + da) = yx.$$

複素数とユークリッド空間　73

M3.　（乗法の下で結合的）

$$(xy)z = (ac - bd, ad + bc)(e, f)$$

$$= (ace - bde - adf - bcf, acf - bdf + ade + bce)$$

$$= (a, b)(ce - df, cf + de) = x(yz).$$

M4.　（乗法の恒等元）

$$1x = (1, 0)(a, b)$$

$$= (a - 0, b + 0) = x.$$

M5.　（乗法の逆元）

$$x\frac{1}{x} = \left(a\frac{a}{a^2 + b^2} - b\frac{-b}{a^2 + b^2}, a\frac{-b}{a^2 + b^2} + b\frac{a}{a^2 + b^2} \right)$$

$$= \left(\frac{a^2 + b^2}{a^2 + b^2}, \frac{-ab + ab}{a^2 + b^2} \right)$$

$$= (1, 0) = 1.$$

D.　（分配法則）

$$x(y + z) = (a, b)(c + e, d + f)$$

$$= (ac + ae - bd - bf, ad + af + bc + be)$$

$$= (ac - bd, ad + bc) + (ae - bf, af + be) = xy + xz.$$

□

　どんな $a, b \in \mathbb{R}$ に対しても $(a, 0) + (b, 0) = (a + b, 0)$ かつ $(a, 0)(b, 0) = (ab, 0)$ となる．だから，$(a, 0)$ という形の複素数は，加法と乗法について，対応する実数 a と同じように振舞う．$a \in \mathbb{R}$ に $(a, 0) \in \mathbb{C}$ を対応させると，複素数体の部分体としての実数体が得られる．（**部分体**とは，別の体の部分集合でもある体のことである．）

74　第6章

　しかし，複素数体は順序体では**ない**．公理 O2 が成り立たないのだ．な
ぜなら，$x = (0, 1)$ に対して，$x \neq 0$ だが，

$$x^2 = (0 - 1, 0 + 0)$$
$$= (-1, 0)$$
$$= (0 - 1, 0 - 0)$$
$$= 0 - 1$$
$$= -1 < 0$$

となるためである．

　われわれの複素数 (a, b) という定義は，虚数 $i = \sqrt{-1}$ を使う $a + bi$ と
いうより一般的な定義とまったく同じであることが分かる．どんな実数 a
に対しても $(a, 0)$ と対応させるとともに $i = (0, 1)$ と定義する．そのとき，
実際に，

$$i^2 = (0, 1)(0, 1)$$
$$= (-1, 0)$$

となる．さらに，

$$a + bi = (a, 0) + (b, 0)(0, 1)$$
$$= (a, 0) + (0 - 0, b + 0) = (a, b)$$

となる．

　今や，複雑な情報の規則 $(a, b)(c, d) = (ac - bd, ad + bc)$ の背後にある
動機づけを理解することができる．$a + bi$ の形の複素数を掛けると，

$$(a + bi)(c + di) = ac + adi + bci + bd(i^2)$$
$$= ac - bd + adi + bci = (ac - bd, ad + bc)$$

となる．

複素数とユークリッド空間　75

定義 6.4（複素共役）

任意の $a, b \in \mathbb{R}$ に対して $z = a + bi$（だから $z \in \mathbb{C}$）とおく．a を z の実部と呼んで $a = \mathrm{Re}(z)$ と書く．b を z の虚部と呼んで $b = \mathrm{Im}(z)$ と書く．

$\bar{z} = a - bi$ と定義すると $\bar{z}$ も複素数であり，それを z の**複素共役**（または単に**共役**）と呼ぶ．

定理 6.5（共役の性質）

$z = a + bi$ と $w = c + di$ を複素数とすると，以下の性質が成り立つ．

性質 1.　$\overline{z + w} = \bar{z} + \bar{w}$.

性質 2.　$\overline{zw} = \bar{z}\bar{w}$.

性質 3.　$z + \bar{z} = 2\mathrm{Re}(z),\ z - \bar{z} = 2i\mathrm{Im}(z)$.

性質 4.　$z\bar{z} \in \mathbb{R}$，かつ（$z = 0$ でなければ）$z\bar{z} > 0$.

証明．こんなことは朝飯前にできる．$a + bi$ 形式の複素数だけを使うけれど，(a, b) 形式を使っても計算はまったく同じである．

性質 1.　共役をとることは加法に関して分配的である．なぜなら，

$$\overline{z + w} = \overline{(a + c) + (b + d)i}$$
$$= (a + c) - (b + d)i$$
$$= (a - bi) + (c - di) = \bar{z} + \bar{w}.$$

性質 2.　共役をとることは乗法に関して分配的である．なぜなら，

$$\overline{zw} = \overline{(ac - bd) + (ad + bc)i}$$
$$= (ac - bd) - (ad + bc)i$$
$$= (a - bi)(c - di) = \bar{z}\bar{w}.$$

性質 3.　　$z + \bar{z} = a + bi + (a - bi) = 2a = 2\mathrm{Re}(z)$ であり，同じように

$$z - \bar{z} = a + bi - a - bi) = 2bi = 2i\mathrm{Im}(z)$$

である．

76　第6章

性質 4.
$$z\bar{z} = (a + bi)(a - bi) = a^2 - (i^2)b^2 = a^2 + b^2$$
であり，これは実数である．明らかに，$z \neq 0$ である限り正である（$z = 0$ のときは 0 になる）．　　　　　　　　　　　　□

定義 6.6（絶対値）

　任意の $z \in \mathbb{C}$ に対して，$z\bar{z}$ の正の平方根を z の**絶対値**と定義する．記号では，
$$|z| = +\sqrt{z\bar{z}}$$
とする[1]

　もちろん，絶対値はいつも $z\bar{z}$ の正の平方根である．すぐ上の定理から，$z\bar{z}$ は ≥ 0 である実数であるから，定理 5.8 によって，どんな複素数の絶対値の存在と一意性は保証されている．

　この絶対値の定義は実数に対するよく知られたものに対応している．どんな $x \in \mathbb{R}$ に対しても $x = \bar{x}$ であるから，$|x| = +\sqrt{x^2}$ である．こうして

$$|x| = \begin{cases} x & x \geq 0 \text{ のとき} \\ -x & x < 0 \text{ のとき} \end{cases}$$

となるので，$|x| = \max\{x, -x\}$ である．

定理 6.7（絶対値の性質）

　$z = a + bi$ と $w = c + di$ を複素数とする．

性質 1.　$z \neq 0$ ならば $|z| > 0$ であり，$z = 0$ ならば $|z| = 0$ である．

性質 2.　$|\bar{z}| = |z| > 0$.

性質 3.　$|zw| = |z||w|$.

性質 4.　$|\mathrm{Re}(z)| \leq |z|$ かつ $|\mathrm{Im}(z)| \leq |z|$ である．

---

[1] ［訳註］原著では，$+\sqrt{z\bar{z}}$ と $+(z\bar{z})^{\frac{1}{2}}$ を断りなく同じものとして使っている．以下の議論では正の実数に対する正の平方根（それは一意的に定まる）というのが推論の根拠なので，ここでは $+\sqrt{z\bar{z}}$ の方がいいと思う．複素数の範囲では，正の実数の n 乗根でも n 個の複素数が候補となり，安易に使ってはいけない．系 5.9 の後での議論は，正の実数の正の n 乗根に限定したものである．

複素数とユークリッド空間　77

性質 5. $|z + w| \leq |z| + |w|$.

　性質 5 は**三角不等式**と呼ばれている．$z, w, z + w$ を三角形の辺と考えれば，これは，三角形の主要な性質「どんな辺も他の 2 辺の和よりも小さい」を表している．

　証明．これらの証明のほとんどはすぐ上の定理で見た共役の性質を使う．

性質 1.　$|z|$ は $z\bar{z}$ の正の平方根であるから，z が 0 でない限り，正である．もし $z = 0$ ならば $|z| = (0\bar{0})^{\frac{1}{2}} = 0$ である．

性質 2.　一般に，

$$\bar{\bar{z}} = \overline{a - bi}$$

$$= a + bi = z$$

であるから，

$$|\bar{z}| = (\bar{z}\bar{\bar{z}})^{\frac{1}{2}}$$

$$= (\bar{z}z)^{\frac{1}{2}} = |z|$$

となる．

性質 3.　$\mathbb{C}$ の体の公理 M2 によって

$$|zw| = (zw\overline{zw})^{\frac{1}{2}} = (z\bar{z}w\bar{w})^{\frac{1}{2}}$$

である．$z = 0$ か $w = 0$ であれば，明らかに $|zw| = 0 = |z||w|$ である．一方，定理 6.5 の性質 4 から，$z\bar{z}$ と $w\bar{w}$ はともに実数であって正であるので，系 5.9 により

$$(z\bar{z}w\bar{w})^{\frac{1}{2}} = (z\bar{z})^{\frac{1}{2}}(w\bar{w})^{\frac{1}{2}}$$

となって，$|zw| = |z||w|$ となる．

78   第6章

性質 4.

$$|\mathrm{Re}(z)| = |a|$$
$$= \sqrt{a^2}$$
$$\leq \sqrt{a^2 + b^2} \quad (b^2 \geq 0 \, \text{だから})$$
$$= \sqrt{z\bar{z}} = |z|$$

であり，同じように

$$|\mathrm{Im}(z)| = |b|$$
$$= \sqrt{b^2}$$
$$\leq \sqrt{a^2 + b^2} \quad (a^2 \geq 0 \, \text{だから})$$
$$= \sqrt{z\bar{z}} = |z|$$

である．

性質 5. $\overline{\bar{z}w} = \bar{\bar{z}}\bar{w} = z\bar{w}$ だから，$\bar{z}w$ は $z\bar{w}$ の共役である．定理6.5の性質 3により，このことから $z\bar{w} + \bar{z}w = 2\mathrm{Re}(z\bar{w})$ がわかる．次の不等式の中でこの事実を使うと，

$$|z + w|^2 = (z + w)\overline{(z + w)}$$
$$= (z + w)(\bar{z} + \bar{w})$$
$$= z\bar{z} + z\bar{w} + \bar{z}w + w\bar{w}$$
$$= |z|^2 + 2\mathrm{Re}(z\bar{w}) + |w|^2$$
$$\leq |z|^2 + 2|z\bar{w}| + |w|^2 \, (\text{性質4により})$$
$$= |z|^2 + 2|z||w| + |w|^2 \, (\text{性質2と3により})$$
$$= (|z| + |w|)^2$$

となる．

さて，この不等式の両辺は実数で ≥ 0 であるから，平方根をとれば $|z + w| \leq |z| + |w|$ が得られる． □

定理 6.8（コーシー・シュヴァルツの不等式）

どんな $a_1, a_2, \ldots, a_n \in \mathbb{C}$ と $b_1, b_2, \ldots, b_n \in \mathbb{C}$ に対しても次の不等式が成り立つ．

$$\left| \sum_{j=1}^{n} a_j \overline{b_j} \right|^2 \leq \left(\sum_{j=1}^{n} |a_j|^2 \right) \left(\sum_{j=1}^{n} |b_j|^2 \right).$$

この不等式は一体どんな意味なのだろうか？ 和の記号は混乱を招くことがあるので，和記号の代わりに次のように書く方が分かりやすいかもしれない．

$$|a_1 \overline{b_1} + a_2 \overline{b_2} + \cdots + a_n \overline{b_n}|^2$$
$$= (|a_1|^2 + |a_2|^2 + \cdots + |a_n|^2)(|b_1|^2 + |b_2|^2 + \cdots + |b_n|^2).$$

左辺にある共役は少し紛らわしい．b_j に $\overline{b_j}$ を代入すると不等式は簡単にできる（a_j と b_j は任意の複素数だから）ので，

$$|a_1 \overline{\overline{b_1}} + a_2 \overline{\overline{b_2}} + \cdots + a_n \overline{\overline{b_n}}|^2$$
$$= (|a_1|^2 + |a_2|^2 + \cdots + |a_n|^2)(|\overline{b_1}|^2 + |\overline{b_2}|^2 + \cdots + |\overline{b_n}|^2)$$

となり，整理すると

$$|a_1 b_1 + a_2 b_2 + \cdots + a_n b_n|^2$$
$$= (|a_1|^2 + |a_2|^2 + \cdots + |a_n|^2)(|b_1|^2 + |b_2|^2 + \cdots + |b_n|^2)$$

となる．

これは三角不等式の変種のように見える．そうだよね？ すぐにわかるように，その多くの応用の 1 つは，任意のサイズの実ベクトルに対する三角不等式を証明するのに使うことができることである．

証明．コーシー・シュヴァルツの不等式の両辺は実数で ≥ 0 である．もし $(\sum_{j=1}^{n} |a_j|^2)(\sum_{j=1}^{n} |b_j|^2) = 0$ であれば，$a_1 = a_2 = \cdots = a_n = 0$ であるか $b_1 = b_2 = \cdots = b_n = 0$ であるかであり（両方かもしれないが），だ

80　第6章

から明らかに $|\sum_{j=1}^{n} a_j \overline{b_j}|^2$ も $=0$ となって，終わりになる．そこで，証明する必要があるのは不等式の両辺が正である場合だけとなる．

　和の範囲が1からある自然数 n までなので，帰納法を使うことができる．まず $\sum_{j=1}^{1}$ に対して不等式が成り立つことを証明する．それから $\sum_{j=1}^{n-1}$ に対して成り立つことを仮定して，$\sum_{j=1}^{n}$ に対して成り立つことを証明する．

基底の場合. $n = 1$ に対しては

$$\left| \sum_{j=1}^{1} a_j \overline{b_j} \right|^2 = |a_1 \overline{b_1}|^2 = \left(\sum_{j=1}^{1} |a_j|^2 \right) \left(\sum_{j=1}^{1} |b_j|^2 \right)$$

となる．

帰納法のステップ. 帰納法の仮定は

$$\left| \sum_{j=1}^{n-1} a_j \overline{b_j} \right|^2 \leq \left(\sum_{j=1}^{n-1} |a_j|^2 \right) \left(\sum_{j=1}^{n-1} |b_j|^2 \right)$$

である．

　気にかける必要があるのは両辺が正の場合だけだったので，平方根をとることができて，

$$\left| \sum_{j=1}^{n-1} a_j \overline{b_j} \right| \leq \sqrt{\sum_{j=1}^{n-1} |a_j|^2 \sum_{j=1}^{n-1} |b_j|^2}$$

となる．こうして，

$$\left| \sum_{j=1}^{n} a_j \overline{b_j} \right| = \left| \left(\sum_{j=1}^{n-1} a_j \overline{b_j} \right) + a_n \overline{b_n} \right|$$

$$\leq \left| \sum_{j=1}^{n-1} a_j \overline{b_j} \right| + |a_n \overline{b_n}| \quad （三角不等式による）$$

$$\leq \sqrt{\sum_{j=1}^{n-1} |a_j|^2 \sum_{j=1}^{n-1} |b_j|^2} + |a_n \overline{b_n}| \quad （帰納法の仮定による）$$

$$= \sqrt{\sum_{j=1}^{n-1} |a_j|^2} \sqrt{\sum_{j=1}^{n-1} |b_j|^2} + |a_n||b_n|$$

となる.

ここでちょっと行き詰まりになった．$|a_n|$ と $|b_n|$ を 2 乗して，それぞれの 2 乗和の平方根の中に入れ込みたいのだ．もし

$$a = \sqrt{\sum_{j=1}^{n-1} |a_j|^2}, \ b = \sqrt{\sum_{j=1}^{n-1} |b_j|^2}, \ c = |a_n|, \ d = |b_n|$$

という名前を付けるとき，

$$ab + cd \le \sqrt{a^2 + c^2}\sqrt{b^2 + d^2}$$

ということが言えてほしいのだ．実際，それは言える！この不等式は，どんな $a, b, c, d \in \mathbb{R}$ に対しても常に真である．なぜなら，

$$
\begin{aligned}
0 &\le (ad - bc)^2 = a^2 d^2 - 2abcd + b^2 c^2 \\
&\implies 2abcd \le a^2 d^2 + b^2 c^2 \\
&\implies a^2 b^2 + 2abcd + c^2 d^2 \le a^2 b^2 + a^2 d^2 + b^2 c^2 + c^2 d^2 \\
&\implies (ab + cd)^2 \le (a^2 + c^2)(b^2 + d^2)
\end{aligned}
$$

となるからである．不等式の両辺は正の実数なので，平方根をとることができる．

$$
\begin{aligned}
\left| \sum_{j=1}^{n} a_j \overline{b_j} \right| &\le \sqrt{\sum_{j=1}^{n-1} |a_j|^2} \sqrt{\sum_{j=1}^{n-1} |b_j|^2} + |a_n||b_n| \\
&\le \sqrt{\sum_{j=1}^{n-1} |a_j|^2 + |a_n|^2} \sqrt{\sum_{j=1}^{n-1} |b_j|^2 + |b_n|^2} \\
&= \sqrt{\left(\sum_{j=1}^{n} |a_j|^2 \right) \left(\sum_{j=1}^{n} |b_j|^2 \right)}
\end{aligned}
$$

82　第 6 章

この両辺を 2 乗すれば帰納法の段階が完成する.　　　　　　　　□

　今，複素数についてのいくつかのアイデアを任意のサイズの実ベクトル
に一般化することができる.

定義 6.9（ベクトル空間 $\mathbb{R}^k$）

　実数のすべての k 次元ベクトルの集合を $\mathbb{R}^k$ と書く.　$\mathbb{R}^k$ の各元は点と
も呼ばれ，$\mathbf{x} = (x_1, x_2, \ldots, x_k)$ と書く.　ここで，$x_1, x_2, \ldots, x_k \in \mathbb{R}$ は $\mathbf{x}$
の**座標**と呼ばれる.

　$x, y \in \mathbb{R}^k$ と $\alpha \in \mathbb{R}$ に対して，ベクトルの加法を

$$x + y = (x_1 + y_1, x_2 + y_2, \ldots, x_k + y_k)$$

と，スカラー倍を

$$\alpha \mathbf{x} = (\alpha x_1, \alpha x_2, \ldots, \alpha x_k).$$

と定義する.　ベクトル $\mathbf{0} \in \mathbb{R}^k$ を $\mathbf{0} = (0, 0, \ldots, 0)$ と定義する.

　実数全体の集合 $\mathbb{R}$ を**実直線**，2 次元の実数の集合 $\mathbb{R}^2$ を**実平面**と呼ぶ.

　常に $\mathbf{x} + \mathbf{y} \in \mathbb{R}^k$ かつ $\alpha \mathbf{x} \in \mathbb{R}^k$ となるので，ベクトルの和とスカラー倍
の下で閉じていることに注意する.　この 2 つの演算は結合的で，可換で，
分配的でもある.　これらの条件を満たす演算を持つ集合は**ベクトル空間**と
呼ばれ，体とは異なるもう 1 つの代数構造であって，通常は線形代数で研
究される.　こうして $\mathbb{R}^k$ は実数体上のベクトル空間である（2 つのベクト
ルを掛ける方法がないので，$\mathbb{R}^k$ は体ではない）.

定義 6.10（ユークリッド空間）

　どんな $\mathbf{x}, \mathbf{y} \in \mathbb{R}^k$ に対しても，$\mathbf{x}$ と $\mathbf{y}$ の**内積**（または**スカラー積**）が

$$\mathbf{x} \cdot \mathbf{y} = \sum_{i=1}^{k} x_i y_i = x_1 y_1 + x_2 y_2 + \cdots + x_k y_k$$

と定義される.　$\mathbf{x}$ の**ノルム**は

$$|\mathbf{x}| = +\left(\sum_{i=1}^{k} x_i^2 \right)^{\frac{1}{2}} = +\sqrt{x_1^2 + x_2^2 + \cdots + x_k^2}$$

複素数とユークリッド空間　83

と定義される.

　内積とノルム演算を備えたベクトル空間 $\mathbb{R}^k$ は k 次元**ユークリッド空間**である.

　違い. スカラー積とスカラー倍は同じではないことに注意する. どちらの場合でも,**スカラー**というのは 1 次元ベクトル（単なる実数）のことを表す. スカラー積 $\mathbf{x} \cdot \mathbf{y} \in \mathbb{R}$ は 2 つのベクトルを掛けてスカラーを与える方法である. スカラー倍 $\alpha\mathbf{x} \in \mathbb{R}$ はベクトルにスカラーを掛けてベクトルを与える方法である.

　また. 実 2 ベクトルに対して, スカラー積は複素数の積と同じではない. 複素数 $z = (a, b)$ と $w = (c, d)$ に対して, $z \cdot w = ac + bd$ がスカラー積で, $zw = (ac - bd, ad + bc)$ が複素数の積である. 2 よりも高い次元の実ベクトルに対しては複素数の積に当たるものは定義せず, $\mathbb{R}^k$ が体ではないことに注意する（2 つのベクトルを掛けて 1 つの**ベクトル**を得る方法が必要なのである）.

　ノルムはもちろん常に $\mathbf{x} \cdot \mathbf{x}$ の正の平方根である. $\mathbf{x}$ とそれ自身とのスカラー積は常に実数であるから, 定理 5.8 はどんな実ベクトルでもそのノルムの存在と一意性を保証してくれる.

　$(a, b) \in \mathbb{C}$ の絶対値は

$$|(a, b)| = \sqrt{(a, b)(a, -b)} = \sqrt{a^2 + b^2}$$

と定義されていたのだった. だから, 複素数のノルムも実数のノルムもまさにその絶対値である.

定理 6.11（ノルムの性質）
　$\mathbf{x}, \mathbf{y}, \mathbf{z} \in \mathbb{R}^k$ として, $\alpha \in \mathbb{R}$ とする. そのとき, 次の性質が成り立つ.

性質 1.　$\mathbf{x} \neq \mathbf{0}$ ならば $|\mathbf{x}| > 0$ であり, $\mathbf{x} = \mathbf{0}$ ならば $|\mathbf{x}| = 0$ である.
性質 2.　$|\alpha\mathbf{x}| = |\alpha||\mathbf{x}|$.
性質 3.　$|\mathbf{x} \cdot \mathbf{y}| \leq |\mathbf{x}||\mathbf{y}|$.
性質 4.　$|\mathbf{x} + \mathbf{y}| \leq |\mathbf{x}| + |\mathbf{y}|$.
性質 5.　$|\mathbf{x} - \mathbf{z}| \leq |\mathbf{x} - \mathbf{y}| + |\mathbf{y} - \mathbf{z}|$.

84   第6章

性質6. $|\mathbf{x} - \mathbf{y}| \geq |\mathbf{x}| - |\mathbf{y}|$.

  この定理は $|\mathbf{x}| \geq 0$ であると言っているが，$\mathbf{x} \geq \mathbf{0}$ のようなことを書くことには意味がない．というのも，$\mathbb{R}^k$ の元に対してはどんな順序も定義されないからである．

性質4はユークリッド空間に対する三角不等式である．（実際には，性質5の方がより「三角不等式」という名に値するものである．なぜなら，$\mathbf{x}, \mathbf{y}, \mathbf{z}$ を三角形の3頂点と考えれば，$|x-z|, |x-y|, |y-z|$ はその三辺の長さを表しているからである．）

証明． これらの性質のほとんどは，定理6.7の絶対値に対する対応物に，同じではないが，似ている．

性質1.　$|\mathbf{x}|$ は $\mathbf{x} \cdot \mathbf{x}$ の正の平方根だから，$\mathbf{x}$ が $\mathbf{0}$ でない限り正である．それから，
$$|\mathbf{0}| = (\mathbf{0}, \mathbf{0})^{\frac{1}{2}} = \sqrt{0 + 0 + \cdots + 0} = 0$$
である．

性質2.
$$\begin{aligned} |\alpha \mathbf{x}| &= \sqrt{\alpha \mathbf{x} \cdot \alpha \mathbf{x}} \\ &= \sqrt{\alpha^2 x_1^2 + \alpha^2 x_2^2 + \cdots + \alpha^2 x_k^2} \\ &= \sqrt{\alpha^2}\sqrt{\mathbf{x} \cdot \mathbf{x}} = |\alpha||\mathbf{x}|. \end{aligned}$$

性質3.　$a_1 = x_1, a_2 = x_2, \ldots, a_k = x_k$ かつ $\overline{b_1} = y_1, \overline{b_2} = y_2, \ldots, \overline{b_k} = x_k$ とおく．$\mathbf{x}$ と $\mathbf{y}$ の座標は実数で，それは $(a, 0)$ の形の複素数なのだから，あらゆる a_i と b_i は複素数である．
すると，コーシー・シュヴァルツの不等式によって
$$|\mathbf{x} \cdot \mathbf{y}|^2 = \left|\sum_{i=1}^{k} x_i y_i\right|^2$$
$$= \left|\sum_{i=1}^{k} a_i \overline{b_i}\right|^2$$

$$\leq \left(\sum_{i=1}^{k} |a_i|^2 \right) \left(\sum_{i=1}^{k} |b_i|^2 \right)$$

$$= \left(\sum_{i=1}^{k} |x_i|^2 \right) \left(\sum_{i=1}^{k} |y_i|^2 \right)$$

$$= |\mathbf{x}|^2 \, |\mathbf{y}|^2$$

となる．両辺は正だから，平方根をとることができる．

性質 4. 上の性質を使えば，

$$|\mathbf{x} + \mathbf{y}|^2 = (\mathbf{x} + \mathbf{y}) \cdot (\mathbf{x} + \mathbf{y})$$

$$= \sum_{i=1}^{k} (x_i + y_i)(x_i + y_i)$$

$$= \sum_{i=1}^{k} (x_i^2 + 2x_i y_i + y_i^2)$$

$$= \mathbf{x} \cdot \mathbf{x} + 2\mathbf{x} \cdot \mathbf{y} + \mathbf{y} \cdot \mathbf{y}$$

$$\leq |\mathbf{x} \cdot \mathbf{x}| + 2|\mathbf{x} \cdot \mathbf{y}| + |\mathbf{y} \cdot \mathbf{y}|$$

$$\leq |\mathbf{x}||\mathbf{x}| + 2|\mathbf{x}||\mathbf{y}| + |\mathbf{y}||\mathbf{y}|$$

$$= (|\mathbf{x}| + |\mathbf{y}|)^2$$

となる．両辺は正だから，平方根をとることができる．

性質 5. これは実際にはすぐ上の性質と同じである．$\mathbf{x}$ に $\mathbf{x} - \mathbf{y}$ を，$\mathbf{y}$ に $\mathbf{y} - \mathbf{z}$ を代入すればよい．

性質 6. すぐ上の性質で $\mathbf{z} = \mathbf{0}$ と置き，両辺から $\mathbf{y}$ を引けばよい． □

なぜ虚数なんか気にするのだろうか？ すでに学んだように，複素数は $\mathbb{R}^2$ に特別な加法と乗法を追加しただけのものである．新しい集合，体，ベクトル空間の取り扱いを学ぶことは実解析の重要な部分なのである．

間もなく，集合論におけるさらに重要な概念を導入することによってト

ポロジーの研究を始める．関数と，全単射と呼ばれる特別なタイプの関数である．

第III部
トポロジー

第7章　全単射

　基本的なレベルでは，**トポロジー**という分野は集合とその元の性質に関するものである．第9章でトポロジーの多くの定義を学ぶことになるが，まず**可算性**の概念を理解したい．それをするために，**全単射**の定義に向かって構築するという目的をもって，関数が持ちうるいくつかの重要な性質を調べるために本章を使う必要がある．

　関数という言葉を目にしたあなたは，うめき声を挙げているんじゃないかと思う[1]．多分あなたは数学の授業で何度も何度も関数という言葉を見，定義され，再定義されるのを見てきただろう．しかしなお，関数を形式的に定義し，集合の記号と両立するようにする必要がある．関数がなかったら，微積分なんて，まして実解析なんて，やりようがないんだから．

定義 7.1（関数）
　もし集合 A の各元 x に対して，集合 B の元 $f(x)$ が一意的に対応していれば，関係 f は**関数**である（または**写像**と呼ばれる[2]）．f は A を B に写す（または**写像する**）と言い，

$$f : A \to B, \quad f : x \mapsto f(x)$$

と書く．A は f の**定義域**と呼ばれ，B は f の**値域**（または**余域**）と呼ばれる．

---
[1] ［訳註］さすがに日本では，本書を手にするような人で，関数という言葉だけでうめくなどということはないと思うのだが．
[2] ［訳註］一般的な数学用語としては，B が一般の集合のときには写像 (mapping) と言い，数からなる集合のとき，つまり，$\mathbb{N}, \mathbb{Z}, \mathbb{Q}, \mathbb{R}, \mathbb{C}$ の部分集合のとき関数 (function) ということが多い．本章の場合，概念としては一般の集合として取り扱うが，例としては数しか扱わないので，どちらの術語を使うのが適当なのか決めにくい．しかも原著は一貫して function を使いながら，動詞としては写像する (map) を使っている．

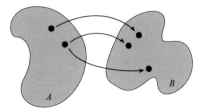

図 7.1 この図の関係は関数 $f: A \to B$ ではない．なぜなら，同じ元が B の異なる 2 元に写されているからである．

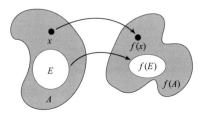

図 7.2 関数 f は A 上に働いている．その像は $f(A)$ である．元 x を元 $f(x)$ に写し，集合 E を集合 $f(E)$ に写している．その両方ともが像 $f(A)$ に含まれている．

例 7.2（関数）

図 7.1 は関数ではない関係を示している．

次のものは，定義域が $A = \mathbb{R}$ で，値域が $B = \mathbb{R}$ である関数である．

$$f: \mathbb{R} \to \mathbb{R}, \quad f: x \mapsto x^2.$$

この関数のことを簡単に $f(x) = x^2$ と書くことができる．定義域がはっきりと書かれていないので，あいまいさの残る書き方である．$f: \mathbb{Q} \to \mathbb{Q}$ かもしれないし，$f: \{1, 2, 3\} \to \{1, 4, 9\}$ かもしれない．どういう集合を写像するかが必要な時はいつでも，それをはっきりと書かないといけない．

$$f: x \mapsto 1, \quad \forall x \in \mathbb{N}$$

も例になっている．これは定義域が $A = \mathbb{N}$ であるような関数である．ここでは値域は特定されていない．

一方，

$$f : x \mapsto \sqrt{x}, \quad \forall x \in \mathbb{R}$$

は関数ではない. というのは, 同じ x が複数の値, つまり $+\sqrt{x}$ と $-\sqrt{x}$ に写像されるからである. $f(x) = +\sqrt{x}$ と $g(x) = -\sqrt{x}$ はともに関数であることに注意する[3].

定義 7.3（像）

どんな関数 $f : A \to B$ とどんな $E \subset A$ に対しても, $f(E)$ は, E のある元を f で写した先の元の全体からなる集合のことであり, E の f の下での（または f による）**像**と呼ばれる.

記号で書けば, f の下での E の像は集合

$$f(E) = \{ f(x) \mid x \in E \}$$

である. 集合 $f(A)$ は f の像である[4].

例 7.4（像）

図 7.2 は集合の像と関数の像（値域）を示している.

$E = (-3, 3)$ であり,

$$f : \mathbb{R} \to \mathbb{R}, \quad f : x \mapsto x^2$$

であれば, f の下での E の像は半開区間 $f(E) = [0, 9)$ である. f の像が $[0, \infty)$ であるのはあらゆる正の実数がある実数の 2 乗だからである.

$E = \{1, 2, 3\}$ で,

$$f : x \mapsto 1, \quad \forall x \in \mathbb{N}$$

であれば, f における E の像は集合 $f(E) = \{1\}$ である. 実際, f の像もまた集合 $\{1\}$ である.

---

[3]［訳註］著者に混乱があるようだ. 最初の「関数ではない」と言っているとき, $\sqrt{x}$ を $y^2 = x$ となるすべての y を表す多価関数と扱い, 以下の説明文では, $\sqrt{x}$ を正の x に対する正の平方根の意味で使っている. 要するに, 一価でないと関数とは言えないと言っているだけである.

[4]［訳註］この像を値域ということもある. 原著では E が定義域 A の部分集合のときに E の像（image）という言い方をし, 定義域全体の場合には単に, f の像（range）という言い方をしている. range はむしろ値域に使うことが多いのだが, $f(A)$ と B とを混同することを考え, 訳語を選ぶことにした.

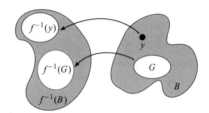

図 7.3　関数 f の下での，G と B と $\{y\}$ の原像.

定義 7.5（原像）

どんな関数 $f: A \to B$ とどんな $G \subset B$ に対しても，$f^{-1}(G)$ は，f の下での像が G に含まれるような A の元全体の集合である．$f^{-1}(G)$ を f の下での G の**原像**であると言う[5]．

記号では，f の下での G の原像は集合

$$f^{-1}(G) = \{x \in A \mid f(x) \in G\}$$

のことである．

どんな $y \in B$ に対しても，$f^{-1}(y)$ は，その像が y であるようなすべての A の元の作る集合である．

記号では，どんな $y \in B$ に対しても

$$f^{-1}(y) = \{x \in A \mid f(x) = y\}$$

となる．

例 7.6（原像）

図 7.3 には関数 f と，いくつかの集合の原像が示してある．

関数 $f(x) = x^2$, $\forall x \in \mathbb{Z}$ は $\mathbb{Z} \to \mathbb{N} \cup \{0\}$ と写像する．f の下での集合 $\mathbb{N}$ の原像は，その像が自然数となる整数全体の集合であり，$f^{-1}(\mathbb{N}) = \mathbb{Z} \setminus \{0\}$ となる．1つの数 16 からなる集合の f の下での原像は $f^{-1}(16) = \{4, -4\}$ である．このことから，（1の元を2つの異なる元に写すので）f^{-1} は関数にはならないことに注意する．

---

[5]［訳註］f^{-1} と書いてしまうとそれが関数である感じがする．しかも f^{-1} が関数になるときには逆関数という言い方をしている．そのときには逆関数 f^{-1} の像という意味で $f^{-1}(G)$ を**逆像**と言って強調することが多い．

定義 7.7（逆関数）

どんな関数 $f: A \to B$ に対しても，もし関係 $f^{-1}: B \to A$ が関数であるなら，f^{-1} を f の**逆関数**と言う．そのような逆関数が存在するなら，f は**可逆**であると言われる．

例 7.8（逆関数）関数

$$f: \mathbb{R} \to \mathbb{R}, \quad f: x \mapsto x^2$$

は可逆でない．逆 $f^{-1}(x) = \sqrt{x}$ が逆関数でないからである（f^{-1} は $+\sqrt{x}$ と $-\sqrt{x}$ の双方へ移すから）．

一方，関数

$$f: x \mapsto 2x, \quad \forall x \in \mathbb{R}$$

は可逆である．逆の $f^{-1}(y) = \frac{y}{2}$ が関数だからである．

$f^{-1}(x) = \frac{x}{2}$ と書く代わりに $f^{-1}(y) = \frac{y}{2}$ と書いていることに注意する．それは同じことを意味するのだけれど，$f: A \to B$ に対して，f^{-1} が B の元 y に働くのであって，A の元 x に対してではないということをはっきりさせたかったからである．

またこの例で，f の定義域を集合 $\mathbb{N}$ に制限したとすれば，$f^{-1}(3) = \frac{3}{2}$ が自然数でないので，f は可逆にならなくなる．

どの関数が可逆であるかを理解するには，**全射**と**単射**という 2 つの特別なタイプの関数について学ぶ必要がある．

定義 7.9（上への関数）

関数 $f: A \to B$ に対して，あらゆる $y \in B$ に対して，$f^{-1}(y)$ が少なくとも 1 つの A の元を含むならば，f は A から B の**上への関数**である．上への関数を**全射**と言うこともある．

余域 B のあらゆる元が，定義域 A のある元から写されてくるなら，関数は全射である．

例 7.10（上への関数）

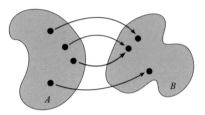

図 7.4 もし B が図にあるように 3 つの元しか含んでいなければ，この関数は上への関数または全射である（B のあらゆる元は少なくとも 1 つの A の元から写されている）．

図 7.4 は上への関数を示している．
もし $B = \{1\}$ であるなら，関数

$$f : \mathbb{N} \to B, \quad f : x \mapsto 1$$

は上への関数である．しかし，$B \neq \{1\}$ であるなら，f は上への関数ではない．f の下で原像が空集合である B の元があるからである．

上への関数でないものは可逆にはなれない．f^{-1} が B のすべての元に対して定義できないからである．

しかし，逆の命題は必ずしも真ではない．可逆ではないが，上への関数であるものが存在するからである．たとえば，関数

$$f : \{1, 2\} \to \{1\}, \quad f : x \mapsto 1$$

は，B のあらゆる元（つまり元は 1 つしかない）は f によって写されている．しかし，$f^{-1}(1)$ は A の異なる 2 つの元となるので，可逆ではない．

定義 7.11（1 対 1 関数）

関数 $f : A \to B$ に対して，あらゆる $y \in B$ に対して $f^{-1}(y)$ が A の元を高々 1 つしか持たないならば，f は A から B への **1 対 1 写像**である．1 対 1 写像はまた，**単射**とも言われる．

余域 B のあらゆる元が定義域 A の 1 つよりも多くの元から写されることがないなら，その関数は単射である．言い換えれば，異なる元のあらゆる対 $x_1, x_2 \in A$（**異なる**とは $x_1 \neq x_2$ ということ）に対して，$f(x_1) \neq f(x_2)$ でなければならない．

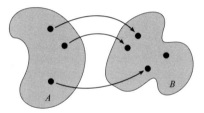

図 7.5 もし A が図にあるように 3 つの元しか含んでいなければ, この関数は 1 対 1 もしくは単射である (B のあらゆる元は A の高々 1 つの元から写されている).

例 7.12（1 対 1 関数）

図 7.5 は 1 対 1 関数を示している.

関数
$$f : x \mapsto 2x, \quad \forall x \in \mathbb{R}$$
は, $x_1 \neq x_2 \Rightarrow 2x_1 \neq 2x_2$ であるから, 1 対 1 である.

一方, 関数
$$f : x \mapsto x^2, \quad \forall x \in \mathbb{R}$$
は, たとえば, 数 4 は 2 つの原像 -2 と 2 を持つから, 1 対 1 ではない.

全射でない関数のときと同様に, 単射でない関数もまた可逆ではない. B のある元が少なくとも 2 つの A の元から写されるなら, f^{-1} は関数ではないからである.

逆命題はまたしても, 必ずしも真ではない. 可逆ではないが単射である関数が存在するからである. たとえば, 関数
$$f : \{1\} \to \{1, 2\}, \quad f : x \mapsto 1$$
は単射である. A の 1 つより多くの元から写される B の元がないからである. しかし, $f^{-1}(2)$ が定義されないので, f は可逆ではない.

定義 7.13（全単射） **全単射**とは, 全射かつ単射である関数のことである.

例 7.14（全単射）

図 7.6 は全単射を示している. これと図 7.4 と 7.5 とを対比してみると, この 2 つはどちらも全単射を示してはいない.

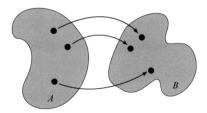

図 7.6 もし A と B がそれぞれ図にあるように 3 つの元しか含んでいなければ，この関数は全単射である（B のあらゆる元は A のちょうど 1 つの元から写されている）．

これまでに見てきた関数からは，

$$f : x \mapsto 2x, \quad \forall x \in \mathbb{R}$$

だけが全単射である．

定理 7.15（全単射 $\Leftrightarrow$ 可逆）

関数 f が全単射であるのは，f が可逆のとき，かつそのときに限る．

証明． 全単射が可逆であるのを示すことから始めよう．f^{-1} が存在するためには，B のあらゆる元に対してそれが定義されなければならず，B のそれぞれの元は A の 1 つの元にだけ写されねばならない（もし A の異なる 2 つの元に写されたなら，f^{-1} は関数でなくなる）．この証明は定義の中に隠れている！ f は全射だから，B のあらゆる元は A のある元から写されてきて，だから f^{-1} は B のあらゆる元に対して定義される．f は単射だから，B の同じ元に写される A の元はないので，$\forall y \in B$ に対して，$f^{-1}(y)$ の値はそれぞれ一意的である．

逆向きも非常に似通っている．f が可逆なら，f^{-1} は B のあらゆる元に対して定義される．だから，f は B のあらゆる元に A のある元から写されていなければならず，だから f は全射である．また，f^{-1} は関数であるので，それぞれの元 $x \in A$ は $f(x) \in B$ を 1 つしか持たないので，f は単射になる． □

実際に，全単射の逆関数が存在するだけでなく，逆関数もまた常に全単射である！！

全単射

定理 7.16（全単射の逆関数）

$f: A \to B$ が全単射なら，$f^{-1}: B \to A$ もまた全単射である．

証明．これくらい，あなたならできる！ ボックス 7.1 の中の空白を埋めよ．

ボックス 7.1

定理 7.16 を証明する．

f は単射だから，B の各元は f によって A の高々 1 つの元から写される．だから f^{-1} は＿＿＿＿である．f は＿＿＿のあらゆる元に対して定義されていなければならないから，集合 A は＿＿＿＿＿＿の像である．

f は全射だから，B のあらゆる元は f によって＿＿＿＿＿1 つの A の元から写されるので，＿＿＿は f^{-1} の定義域である．

f は関数なので，A の各元は B の 1 つの元にだけ写すことができるから，f^{-1} は＿＿＿＿．

こうして，f^{-1} は単射かつ全射なので，＿＿＿＿＿＿＿である．

□

定義 7.17（関数の合成）

2 つの関数 $f: A \to B$ と $g: B \to C$ の**合成**とは次の関数のことである．

$$g \circ f: A \to C, \quad g \circ f: x \to g(f(x))$$

例 7.18（関数の合成）

合成はかなり簡単なことで，1 つの関数を施した後，もう 1 つの関数を施せばよい．もし，$f(x) = 2x$ で $g(x) = x^2$ であれば，

$$(g \circ f)(x) = g(f(x)) = (2x)^2 = 4x^2$$

となる．

2 つの関数 $f: A \to B$ と $g: B \to C$ を合成するには，f の余域 B と g の

98 第7章

定義域が同じでなければならないことを，常に忘れないようにすること．合成の順序を逆にして $f \circ g$ を計算したい場合は $C = A$ でなければならない．

関数とその逆関数の合成（どちらの順序でも）は恒等写像 $x \mapsto x$ に他ならない．なぜなら

$$(f^{-1} \circ f)(x) = f^{-1}(f(x)) = x = f(f^{-1}(x)) = (f \circ f^{-1})(x)$$

だからである．

次の章では，全単射は無限集合の意味をよりよく理解するために用いられる．あなたがこれまでに聞いたことがあるかもしれないように，複数のタイプの無限があり，そのことがわれわれの人生をより複雑にする（が，より面白くしてくれる，だよね？！）．

第 8 章　可算性

　約束したように，**可算**と**非可算**の 2 つの異なるタイプの無限集合を見ていくことにしよう．それぞれの例を調べていくが，まず $\mathbb{Q}$ は可算だが，$\mathbb{R}$ は非可算である．これらの定義は，同値関係の一種である，濃度の計測に基づいている．

定義 8.1（同値関係）
　2 つの対象 a と b の間の関係 $\equiv$ が次の 3 つの性質を満たすとき**同値関係**と言われる．

性質 1.（反射律）$a \equiv a$.
性質 2.（対称律）$a \equiv b$ ならば $b \equiv a$.
性質 3.（推移律）$a \equiv b$ かつ $b \equiv c$ ならば $a \equiv c$.

　この定義の中で，$\equiv$ は任意の関係の記号の代わりに使われている．

例 8.2（同値関係）明らかに，$=$ と書かれる等しいという関係は数と集合の元に対する同値関係である．集合自体に対しても同値関係になっている．それは，どんな集合 A に対しても

$$A = A; \quad A = B \Rightarrow B = A; \quad A = B, B = C \Rightarrow A = C$$

であるからである．

定義 8.3（濃度）
　関係 $\sim$ を次のように定義する．2 つの集合 A と B に対して，$A \sim B$ とは，全単射 $f : A \to B$ が存在するときとする．
　$A \sim B$ であれば，A と B は **1 対 1 対応**にあると言い，A と B は同じ**濃度**を持つと言う．

違い．「1対1対応」という語句は1対1関数とは同じではない．1対1対応は，1対1かつ全射であるような関数によって関係づけられている2つの集合に対して使われる．

定理 8.4（濃度は同値関係である）

関係 ~ は同値関係である．

証明．同値関係の3つの性質のそれぞれに対し，その性質を満たす全単射 f が存在することを示す必要がある．

性質 1. $A \sim A$.

どんな集合 A でも，自分自身に全単射に写す（これはちゃんとした言葉だろうか？ 私にはそう思えないのだが）関数 f が必要である．全単射 $A \to A$ は何だと思いますか？

多分 $f : x \mapsto x$ だろうと思う．（私はこの本を書いたのだから，多分私は正しいのだろう．）確かめてみよう．f は A のあらゆる元を A の同じ（1つの）元に写すので，余域のあらゆる元は f によって，定義域のただ1つの元から写される．だから，f は $A \to A$ と写す全単射である．

性質 2. $A \sim B \Rightarrow B \sim A$.

$f : A \to B$ が全単射であると仮定すると，全単射 $B \to A$ が必要となる．

定理 7.16 を思い出してみれば，f^{-1} がまさに欲しかったものである．

性質 3. $A \sim B,\ B \sim C \Rightarrow A \sim C$.

$f : A \to B$ が全単射であり，$g : B \to C$ が全単射であると仮定する．

一般に，2つの全単射の合成はまた全単射である．なぜなら，f と g はともに単射だから，C のそれぞれの元は（g を通して）B の高々1つの元からくるし，その元は（f を通して）A の高々1つの元からくるので，$g \circ f$ もまた単射である．また，f と g はともに全射だから，C のそれぞれの元は（g を通して）B の少なく

とも 1 つの元からくるし，その元は（f を通して）A の少なくとも 1 つの元からくるので，$g \circ f$ もまた全射である．

こうして，$g \circ f$ は全単射である．これが必要なことだった．□

 ちょっと待って．「A は B に等しい」という言明は，A と B がまったく同じだけの元を持つことを意味していて，その間に全単射があることだとは思っていなかった！ 同値と等しいということとの違いを忘れないように．等しいというのは集合の間の同値関係の一種であり，$\sim$ は別の種類の同値関係なのである．

後でわかることだが，有限集合に対しては，同じ濃度を持つ（つまり $\sim$ 同値な）2 つの集合は同じ個数の元を持つことになる．

定理 8.5（有限集合の濃度）

A と B を有限集合とする．そのとき $A \sim B$ であるのは，A と B が同じ個数の元を持つとき，かつそのときに限る．

証明． 有限集合 A と B に対して，両方向の証明をする．

$A \sim B$ であれば，関数 f があって，A の**あらゆる**元を（f がちゃんと定義された関数だから），高々 1 つの B の元に写し（f が単射だから），B のあらゆる元に A のある元が写されてくる（f が全射だから）．だから，A のあらゆる元に対して，B の対応する元があり，B のすべての元がこの対応によって覆われるので，A と B は同じ個数の元を持たねばならない．

A と B が同じ数 n 個の元を持てば，集合を $A = \{a_1, a_2, \ldots, a_n\}$ と $B = \{b_1, b_2, \ldots, b_n\}$ のように書くことができる．あらゆる $1 \leq i \leq n$ に対して，$f : a_i \mapsto b_i$ と，$f : A \to B$ を定義する．そのとき，f は 1 対 1 であり，f は全単射となる．全単射 $A \to B$ が見つかったので，$A \sim B$ である．□

すぐ後で見ることになるが，この 1 対 1 対応の解釈はまた無限集合に（まあ）移しかえられる．無限集合が別の無限集合と同じ「数」の元を持つというわけにはいかないが（双方の元の数は無限なので），同じ「タイプの無限」個の元を持つということは可能である．

102   第8章

定義8.6（可算性）

集合 A に対して，$A \sim \mathbb{N}$ であれば**可算**であると言う．A が有限か可算かであれば，**高々可算**であると言う．A が無限であるが可算でないなら，**非可算**であると言う．

この定義を理解するために，集合が有限であるとは何を意味するのかを考え直してみよう．A が有限個の元を持つのは，ある有限な $n \in \mathbb{N}$ に対して $A = \{a_1, a_2, \ldots, a_n\}$ と書くことができるとき，かつそのときに限ることを知っている．実際には，このことは数の集合 $\{1, 2, \ldots, n\}$ と集合 A との間に全単射があることを意味している．この全単射は

$$f : 1 \mapsto a_1, \ f : 2 \mapsto a_2, \ \ldots, f : n \mapsto a_n$$

のようなものであるので，

$$A \text{ は有限集合} \quad \Leftrightarrow \quad A \sim \mathbb{N}_n$$

である（ここで，$\mathbb{N}_n$ は自然数のうち最初の n 個のものの作る部分集合を意味している）．

簡単に言ってしまえば，A が可算の無限であることは，自然数を使ってその元を「数える」ことができることを意味している．A の元はあるパターンで並べることができ，このパターンはある全単射を通して，自然数の集合に写像することができる．

無限集合には可算なものもあれば，そうでないものもある．それは，有限集合には4個の元を持つものもあれば3個の元を持つものもあるようなものである．同じ濃度を持つ2つの集合は，両方が同じ「タイプ」の個数（有限だったり，可算無限だったり，非可算無限だったり）の元を持つことを意味している．

定理8.7（濃度と可算性）

2つの集合 A と B に対して，$A \sim B$ ならば，A と B は有限集合で同じ数の元を持つか，A と B がともに可算集合であるか，A と B がともに非可算集合であるか，のどれかである．

可算性　103

証明．有限の場合（A と B は有限集合ならば，$A \sim B \iff A$ と B は同じ数の元を持つ）は既に定理8.5で証明してあるので，A と B が無限集合の場合を考えるだけでよい．

$A \sim B$ と仮定する．そのとき，A が可算ならば $A \sim \mathbb{N}$ であるから，定理8.4の性質2により $\mathbb{N} \sim A$ であって，定理8.4の性質3により $\mathbb{N} \sim B$ であるので，B もまた可算である．

A が非可算なら B もまた非可算でなければならない．なぜって？ B が可算だとすれば $B \sim \mathbb{N}$ である．その時，$\mathbb{N} \sim B$ であるから $\mathbb{N} \sim A$ となって矛盾である（A は非可算だと言ったのだから）．　　　　　　　　　□

もちろん，この定理の逆命題は部分的にしか真ではない．A と B がともに可算なら，$A \sim \mathbb{N}$ かつ $B \sim \mathbb{N}$ であるので，$A \sim B$ となる．しかし A と B がともに非可算なら，$A \sim$? で，? が $\mathbb{N}$ では**ない**ことしかわからない．これでは A と B が1対1対応にあるかどうかということについては何もわからない．B は，A よりも大きな無限個数の元を含むことがあり得るのだ．

この定理で取り上げるべきことは，濃度が本当には何を意味するのかを理解することである．濃度は，集合が有限であるか，可算であるか，非可算であるかを測るものである．

例 8.8（$\mathbb{Z}$ は可算である）　先に数えていくことができれば，後ろ向きに数えることもできるので，すべての整数の集合 $\mathbb{Z}$ が可算であると主張する．全単射 $f : \mathbb{N} \to \mathbb{Z}$ が存在することを示したい．（定理7.16により，代わりに逆方向に写像するものを見つけてもいいが，この向きの方がやさしいのだ）．

しかしながら，「$\mathbb{N}$ を前向きに無限大まで数えて，それから逆向きに負の無限大まで数えるというようにして，すべての整数をつくすように写像する」と言ってしまうことはできない．それだと1対2の写像になってしまう（それぞれの自然数がそれ自身とそれを負にしたものとに写される）ので，関数にならなくなる．

その代わりに，次のようにして，それぞれの整数を交互にしていく．

$$f: 2 \mapsto 1,\ f: 3 \mapsto -1,\ f: 4 \mapsto 2,\ f: 5 \mapsto -2,\ \ldots$$

この関数の定義を形式化することができれば，それが全単射であることを容易に証明できる

$$\begin{array}{ccccccc} 1 & 2 & 3 & 4 & 5 & 6 & 7 & \ldots \\ \downarrow & \downarrow & \downarrow & \downarrow & \downarrow & \downarrow & \downarrow & \\ 0 & 1 & -1 & 2 & -2 & 3 & -3 & \ldots \end{array}$$

あらゆる $n \in \mathbb{N}$ に対して

$$f(n) = \begin{cases} \frac{n}{2} & n \text{ が偶数のとき} \\ -\frac{n-1}{2} & n \text{ が奇数のとき} \end{cases}$$

とする．

関数 f はあらゆる $n \in \mathbb{N}$ に対して定義され，あらゆる自然数はただ1つの整数に写像されるので，$f: \mathbb{N} \to \mathbb{Z}$ はきちんと定義された関数である．同じ整数に写される2つの自然数がないので，f は単射である．あらゆる整数は，ある偶数 n に対して $\frac{n}{2}$ と書かれるか，ある奇数に対して $-\frac{n-1}{2}$ と書かれるかであるので，f は全射である．こうして，f は実際に全単射になる．

この例では $\mathbb{N} \sim \mathbb{Z}$ が示されたが，$\mathbb{N}$ は $\mathbb{Z}$ の真部分集合であることに注意しよう．この「真部分集合だが同値であるという関係」は，両方が無限集合だから可能なのである．もしどちらかが有限集合なら，定理8.5によって，同じ濃度を持つために元の個数が同じにならなければならず，一方が他方の真部分集合になることはできない．

実際，無限集合の形式な定義は次のようになる．

定義 8.9（無限集合）

無限集合とは，その少なくとも1つの真部分集合と同じ濃度を持つ集合のことである．

もちろん，＝という同値関係の下では，定義3.5で真部分集合を等しく

ない部分集合と定義しているので，どんな集合もその真部分集合と同値になることはできない（両方が無限集合であろうとも）．

例 8.10（非可算集合） これがあなたが待ち望んでいた，非可算集合の例である．定義 3.8 によって $(0,1)$ と書かれる，0 と 1 の間にあるすべての実数の集合 S を見ていこう．

S が非可算であることをどのように証明していこうか？　そうだな，もし S が非可算なら，S の可算な部分集合 E をとれば，S には属すが E には属さないような元があるはずだ，そうだよね？

だから，もし S のあらゆる可算な部分集合が真部分集合であることを示せたなら，S は非可算だということになる．なぜなら，S のあらゆる可算な部分集合が真部分集合であって，S が可算であったなら，S 自身が自分自身の真部分集合になってしまうが，これは不可能である．

基本的には，このことが意味することは，S の元をどのように数えてみても，常に数え残されるものがあるということである．

あらゆる実数は無限小数展開を持つという数の理論における定理が成り立っているとする．だから，S のあらゆる数は $0.d^1 d^2 d^3 d^4 \ldots$ と書くことができるということである．ここで，小数点以下の各桁 d^i は 0 から 9 までの整数である．

この場合，d^i は d の i 乗のことではなく，集合 $\{d^1, d^2, d^3, \ldots\}$ の i 番目の元を意味している．この紛らわしい書き方は確かに混乱を招くのだけれど，残念なことに常用されているので，慣れた方がいい．（上付きの添え字がベキを表しているか，単なる指数なのかは，普通は文脈からわかるはずだ．）

有限の小数展開を持つ有理数もあるが，後ろに無限個の 0 をつけることができる．

さて，可算な部分集合 $E \subset S$ をとる．E の元に $e_1, e_2, e_3, e_4, \ldots$ と番号をつけることができるので，順番に並べることができる．

106   第 8 章

$$e_1 = 0.\, d_1^1\, d_1^2\, d_1^3\, d_1^4\, \ldots$$

$$e_2 = 0.\, d_2^1\, d_2^2\, d_2^3\, d_2^4\, \ldots$$

$$e_3 = 0.\, d_3^1\, d_3^2\, d_3^3\, d_3^4\, \ldots$$

$$e_4 = 0.\, d_4^1\, d_4^2\, d_4^3\, d_4^4\, \ldots$$

$$\vdots$$

元 $s = 0.s^1 s^2 s^3 s^4 \ldots$ を次のように作る．d_1^1（e_1 の 1 番目の桁）が 0 ならば，s^1 は 1 とする．そうでなければ，$s^1 = 0$ とする．すると $s^1 \neq d_1^1$ であるので，s は e に等しくはなれない．このパターンを s のあらゆる桁で繰り返す．厳密にしようとすれば，次の規則で行う．あらゆる $i \in \mathbb{N}$ に対して

$$s^i = \begin{cases} 1 & d_i^i = 0 \text{ のとき} \\ 0 & d_i^i \neq 0 \text{ のとき} \end{cases}$$

と定義する．

たとえば，

$$e_1 = 0.\, 3\, 2\, 0\, 8\, \ldots$$

$$e_2 = 0.\, 9\, 0\, 6\, 6\, \ldots$$

$$e_3 = 0.\, 1\, 5\, 0\, 7\, \ldots$$

$$e_4 = 0.\, 2\, 4\, 2\, 7\, \ldots$$

$$\vdots$$

であれば，$s = 0.0110\ldots$ となる．

こうして，s は各 e_i と少なくとも 1 つの桁で，特に i 番目の桁ではっきりと異なっているので，s はどんな $i \in \mathbb{N}$ に対しても e_i と等しくなることはできない．E が可算であって，E のあらゆる元はある $i \in \mathbb{N}$ に対して e_i と書かれていたのだったから，$s \notin E$ であることが示された．しかし $s \in S$ であるので，E は S の真部分集合である．

E は任意だったので，S のあらゆる加算部分集合が真部分集合であることが証明されたのだった．したがって，S は非可算である．

この議論を最初に行った人がゲオルク・カントールだったので，**カントールの対角線論法**と呼ばれている．これがなぜ「対角線論法」と呼ばれるのだろうか？ それぞれの e_i の 1 つの桁と異なるようにして余分の元 s を作ったんだけど，そのやり方を覚えているかな．そうだね，s はそれぞれの e_i と i 番目の桁のところが違っているよね．気が付いていればだけど，だから使った図の対角線上の桁の所で，s は集合 E と違うようになっている．

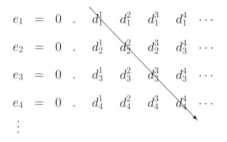

上の例は 2 つの理由で役に立っている．第 1 に，次の定理と組み合わせると，$\mathbb{R}$ が非可算であることが示される．

第 2 に，非可算とはどういう意味かということについてのより良い感覚が得られる．集合 S がうまく行かなかったのは，その元を順序良く並べることができなかったからである．どんなパターンで試しても，常にパターンから外れる元があるのである．（なぜなら，もしすべての元を含むパターンが見つかったとすれば，自然数をそのパターンに写す全単射が見つかってしまうので，その集合は可算になる．）

定理 8.11（部分集合と上位集合の濃度）

E を A の部分集合とする．A が高々可算であれば，E もまた高々可算である．E が非可算なら，A もまた非可算である．

証明． 最初に考えておくいくつかの場合では単純である．A を高々可算とすると，A は有限であるか，可算無限である．A が有限なら，明らかに

E も有限であるので，A が可算無限なら，E は有限であるか無限であるかである．E が有限ならば，またしても E は高々可算である．

こうして，証明の要点は，A が可算無限で，E が無限である場合になる．$A \sim \mathbb{N}$ だから，その元はある順序 $\{x_1, x_2, x_3, \ldots\}$ に並べることができる．明らかに，この列の中の元には E に属すものも属さないものもある．そのとき我々の目標は，A の元に対して成り立つこの順序を使って，E の元に適用することである．A の各元が E の元であるとは限らないので，A の最初の元を単に E の最初の元に写像することはできない．E の，たとえば 10 個の元に対する順序付けを考えつくには，「A の元で E に属すものを最初から 10 個見つけてきて，それを同じ順序で E の最初の 10 個とする」と言うことができる．

E にも属す A の元として E の元を書くことができるので，$E = \{x_{n_1}, x_{n_2}, x_{n_3}, \ldots\}$ となる．

　この記号は部分列を記述するときに使われる．第 15 章で部分列を使った演習問題をたくさん扱うが，今のところその表面的な価値を理解することだけにしておこう．各 n_k は自然数だから，どんな特定の k に対しても $i = n_k$ とできる．その k に対しては $x_{n_k} = x_i$ であり，これは集合 A のちゃんとした元である．

これがもう 1 つの全単射
$$g : \{n_1, n_2, n_3, \ldots\} \to E, \ n_k \mapsto x_{n_k}, \ \forall k \in \mathbb{N}$$
を与える．
$$(g \circ f)(k) = g(f(k)) = g(n_k) = x_{n_k}$$
に注意すると，$g \circ f : \mathbb{N} \to E$ となる．f と g はともに全単射だから，（定理 8.4 の性質 3 の証明により）$g \circ f$ は全単射である．したがって，$\mathbb{N} \sim E$ であるので，E は可算である．

定理の 2 つ目の言明を証明するために，最初の言明の対偶が「E が高々可算でないならば，A は高々可算でない」と読むことができることに注意する．定義により，「高々可算でない」というのはまさに非可算であるこ

可算性　109

とを意味しているので，E が非可算であれば A は非可算である，となる．
□

系 8.12（$\mathbb{R}$ は非可算である）

　実数の集合 $\mathbb{R}$ は非可算である．

　第 13 章で，この定理の別証を見ることになる．だが，今のところは定理 8.11 を例 8.10 に適用するだけのことである．

　証明． 例 8.10 により，開区間 $(0,1)$ は非可算である．しかしその開区間は実数の集合の部分集合であるので，定理 8.11 により，$\mathbb{R}$ もまた非可算である．
□

　これから可算集合はかなり頻繁に使うことになるので，記憶が新鮮なうちに（次章以降の数章における荘厳な数学に混乱してしまう前に），可算集合に関するいくつかの事実を確立しておくと役に立つだろう．

定理 8.13（可算集合の可算和は可算である）

　あらゆる $n \in \mathbb{N}$ に対して E_n を可算集合とする．$S = \bigcup_{n=1}^{\infty} E_n$ であれば S もまた可算である．

　証明． どんな $n \in \mathbb{N}$ に対しても E_n は可算なので，$E_n = \{x_n^1, x_n^2, x_n^3, \ldots\}$ と書くことができる．また，和集合の中の集合を $E_1, E_2, E_3, \ldots$ という順序で書くことができるという事実を利用する．

　これらの事実から，S の元をうまく数える方法が見つかる．最初の集合の最初の元 x_1^1 から始める．それから，最初の集合の 2 番目の元 x_1^2，その後で第 2 の集合の最初の元 x_2^1 とする．それから，最初の集合の 3 番目の元 x_1^3 とし，その次に 2 番目の集合の 2 番目の元 x_2^2，3 番目の集合の最初の元 x_3^1 とする．これを繰り返す．

　S の元を格子状に書けば，つまり，n 番目の行に E_n の元を並べると，この順序は素晴らしい視覚的表現になる．

$$
\begin{array}{rcl}
E_1 & = & \{x_1^1 \quad x_1^2 \quad x_1^3 \quad \cdots \quad \} \\
E_2 & = & \{x_2^1 \quad x_2^2 \quad x_2^3 \quad \cdots \quad \} \\
E_3 & = & \{x_3^1 \quad x_3^2 \quad x_3^3 \quad \cdots \quad \} \\
\vdots & &
\end{array}
$$

この対角線的な順序は次のように数えることと同じであるに注意する．まず，$i+j=2$ であるような S のすべての元 x_i^j を数え，次に $i+j=3$ であるようなすべての元 x_i^j を数え，それから $i+j=4$ であるような，などと続けていく．（$i+j=$ **ある数**であるようなすべての x_i^j が作る集合の中では，i が最小のものから始め，次に i が 1 つずつ大きくなるように数える）．

さて，全単射 $f:\mathbb{N}\to S$ が得られた．では，S は可算であるというのは，正しいだろうか？

$$
\begin{array}{cccccccccc}
1 & 2 & 3 & 4 & 5 & 6 & 7 & 8 & 9 & 10\ \ldots \\
\downarrow & \downarrow & \downarrow & \downarrow & \downarrow & \downarrow & \downarrow & \downarrow & \downarrow & \downarrow \\
x_1^1 & x_1^2 & x_2^1 & x_1^3 & x_2^2 & x_3^1 & x_1^4 & x_2^3 & x_3^2 & x_4^1\ \ldots
\end{array}
$$

間違っている！ たとえば，$x_1^2 = x_3^1$ だったらどうなるのだろうか？ そのとき f は 2 と 6 という異なる 2 つの自然数を S の同じ元に写すことになる．その代わりに，重複があったら跳ばすということを除いて f と同じである関数 g をとろう．だから，ある $m<n$ に対して $g(n)=g(m)$ となったら，g は n に対しては定義しないことにするのである．T を，g が定義されている $\mathbb{N}$ の部分集合とする．今度は $g:T\to S$ が得られ，g は実際に全単射になる．

定理 8.11 によって，$\mathbb{N}$ のどんな部分集合も高々可算であるので，T は高々可算である．g が全単射なので，$S\sim T$ である．そのとき，定理 8.7 により，S もまた高々可算である．S は有限にはなれないので（**無限集合** E_i の和集合だから），S は可算でなければならない． □

上の定理の証明で，和をとる数が可算であるという事実を使った．実際，可算集合の非可算個の和に対してはこの結果は偽になる（たとえば，

可算性　111

$S = \bigcup_{\alpha \in \mathbb{R}} \{\alpha\}$ ととれば，$S = \mathbb{R}$ は非可算である）．次の系は，可算集合の可算和がまた可算になることを示したものである（上の定理では和をとる添え字は自然数に対するものだけ示したのとは対照的に）．

系 8.14（可算集合の可算集合に添え字をとる和）

A を高々可算な集合とし，各 $\alpha \in A$ に対して E_α は高々可算であるとする．そのとき，$T = \bigcup_{\alpha \in A} E_\alpha$ もまた高々可算である．

証明． A が可算無限で，あらゆる E_α が可算無限である場合から始めよう．そのとき，A と自然数の集合との間には 1 対 1 対応があるので（定義 8.3 を思い出すこと．これは $A \sim \mathbb{N}$ の別の言い方に過ぎない），各 $\alpha \in A$ には $n \in \mathbb{N}$ が対応している．そのとき，和集合において，集合を対応する指数 $n \in \mathbb{N}$ を添え字としてもよいので，

$$T = \bigcup_{\alpha \in A} E_\alpha = \bigcup_{n \in \mathbb{N}} E_n = \bigcup_{n=1}^{\infty} E_n$$

となる．これにより，T は定理 8.13 の S と同じ形になるので，T は可算である．

さて，A と集合 E_α のどれもが，またはどれかが有限である場合を見ることができる．E_α にはそれを無限集合にするように元を付け加えることができる．つまり，E_α が有限であれば，$E'_\alpha = E_\alpha \cup \{1, 2, 3, \ldots\}$ とする．E_α が無限集合であれば，単に $E'_\alpha = E_\alpha$ とする．すると，それぞれで $E_\alpha \subset E'_\alpha$ となる．それぞれの E'_α が可算無限であることを示すために定理 8.13 を適用する．集合 F_n を，$F_1 = E_\alpha$, $F_2 = \{1\}$, $F_3 = \{2\}$, $F_4 = \{3\}$ などとおく．そうすると，$\bigcup_{n=1}^{\infty} F_n$ は可算である．さて，

$$T = \bigcup_{\alpha \in A} E_\alpha \subset \bigcup_{\alpha \in A} E'_\alpha$$

だから，上の場合と同じ論理を適用するだけで，$\bigcup_{\alpha \in A} E_\alpha = \bigcup_{n=1}^{\infty} E'_\alpha$ が得られる．

こうして，A が有限であっても可算無限集合であっても，T は定理 8.13 の S と同じ形のものの部分集合となるので，定理 8.11 によって，T は高々可算となる． $\square$

定理 8.15（可算集合の組）

A を可算集合とし，A^n を A のすべての n 組の集合とする．そのとき，A^n は可算である．

A^n という記号は $\mathbb{R}^n$ と同じ意味合いのものである．あらゆる元 $\mathbf{a} \in A^n$ は $\mathbf{a} = (a_1, a_2, \ldots, a_n)$ と書くことができる．ここで，1 と n の間のあらゆる i に対して $a_i \in A$ である．

証明．われわれが証明したい場合の数は，A^n の可能な次元の数だけあるので，（$n \in \mathbb{N}$ だから）可算無限であるから，帰納法で証明することができる．ボックス 8.1 の中の空白を埋めよ．

ボックス 8.1

定理 8.15 を帰納法で証明する．

基底の場合．$n = 1$ と仮定する．そのとき，A^1 は可算である．なぜなら，＿＿＿＿＿＿＿＿＿＿＿＿＿であるから．

帰納法のステップ．帰納法の仮定から，＿＿＿＿＿が可算であると仮定する．A^n のあらゆる元は，$\mathbf{a} = (a_1, a_2, \ldots, a_n)$ と書くことができる．ここで，$a_1, a_2, \ldots, a_n \in A$ であるが，同値な書き方として $\mathbf{a} = (\mathbf{b}, a_n)$, $\mathbf{b} = (a_1, a_2, \ldots, a_{n-1})$ と書くことができる．

$\mathbf{b}$ を固定すれば，全単射

$$f : \underline{}, \quad f : \mathbf{a} \mapsto (\mathbf{b}, a_n)$$

を考えることができる．だから，あらゆる $\mathbf{b} \in A^{n-1}$ に対して，$A \sim \{(\mathbf{b}, a_n) \mid a_n \in A\}$ となる．定理＿＿＿＿によって，A が可算だから，＿＿＿＿＿＿＿＿＿＿である．A^n を

$$A^n = \bigcup_{\mathbf{b} \in A^{n-1}} \{(\mathbf{b}, a_n) \mid a_n \in A\}$$

と書くことができるが，これは帰納法の仮定によって，可算集合の＿＿＿＿＿＿＿和集合であり，だから系＿＿＿＿によって，A^n は高々可算である．したがって，A が無限であるという事実によって，A^n は＿＿＿＿＿＿である．

定理 8.16（$\mathbb{Q}$ は可算である）

すべての有理数の集合は可算である．

証明． あらゆる有理数は $\frac{a}{b}$, $a,b \in \mathbb{Z}$ と書くことができるから，全射

$$f : \mathbb{Z} \times \mathbb{N} \to \mathbb{Q}, \quad f : (a,b) \mapsto \frac{a}{b}$$

が得られる．ここで $\mathbb{Z} \times \mathbb{N}$ は $(a \in \mathbb{Z}, b \in \mathbb{N})$ の形をした対の作る集合である（割り算で $b=0$ が起こる可能性を避けるために，より単純な $\mathbb{Z}^2$ を使うのではなく，こうする必要がある）．

しかしこの場合，またしても f は 1 対 1 ではない．なぜなら，たとえば，$(1,2) \in \mathbb{Z} \times \mathbb{N}$ と $(3,6) \in \mathbb{Z} \times \mathbb{N}$ はともに同じ有理数に写像されるからである．

これをどう回避しようか？ 定理 8.11 の証明と同じようにして，$\mathbb{Z} \times \mathbb{N}$ のある部分集合の上に働く，f の「全単射版」である g を定義する．分数を一意的にするために，最大公約数を与える gcd 関数を使って，

$$Z_n = \{k \in \mathbb{Z} \mid \gcd(k,n) = 1\}$$

とする[1]．だから，$Z_1 = \{1\}$ であり，Z_2 はすべての奇数の作る集合であり，Z_3 は 3 で割り切れないすべての整数の集合であり，などとなる．

$T_n = \{(z,n) \in \mathbb{Z} \times \mathbb{N} \mid z \in Z_n\}$ とする．言い換えれば，T_n は n で割り切れないすべての整数と n とを対にしたもののなす集合である．$T = \bigcup_{n \in \mathbb{N}} T_n$ とおけば，T は互いを割ることのできない，整数・自然数対全体の集合である．だから，関数

$$g : T \to \mathbb{Q}, \quad (z,n) \mapsto \frac{z}{n}$$

---

[1]［訳註］$\gcd(k,n)$ は k と n の最大公約数である．greatest common divisor という英語からと覚えておけば，この記号は忘れないだろう．ただし，整数論などこの記号を頻繁に使うときは，単に (k,n) と書いて gcd を省略することも多いので注意すること．

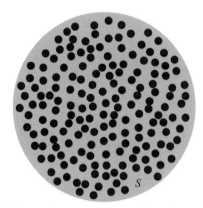

図 8.1　集合 S は有限であり，したがって高々可算である．

は全単射である．なぜって？ あらゆる分数は $\frac{z}{n}$ と書くことができるから g は全射であり，($\frac{z}{n}$ は約分できないので）そのような分数は一意的だから，g は単射でもあるからである．

例 8.8 から $\mathbb{Z}$ は可算であり，定理 8.15 によって $\mathbb{Z}^2$ も可算であり，だから定理 8.11 により，$\mathbb{Z}^2$ のどんな部分集合も可算である．T は $\mathbb{Z} \times \mathbb{N}$ の部分集合であり，$\mathbb{Z}^2$ の部分集合であるから，$\mathbb{Z}^2$ の可算な部分集合と $\mathbb{Q}$ の間に全単射が得られている．したがって，$\mathbb{Q}$ は可算である．　□

系 8.17（無理数は非可算である）

すべての無理数の作る集合は非可算である．

証明．I をすべての無理数が作る集合とすると，$\mathbb{R} = \mathbb{Q} \cup I$ である．矛盾による短い証明をする．

定理 8.16 により $\mathbb{Q}$ は可算である．だから，I がもし高々可算であれば，$\mathbb{R}$ は 2 つの高々可算な集合の和集合となるので，系 8.14 によって $\mathbb{R}$ は可算であることになる．

しかし，系 8.12 によって $\mathbb{R}$ は可算ではない．これは矛盾である．したがって，I は高々可算ではあり得ないので，無理数の集合は非可算である．
　□

可算性の概念はかなり抽象的なので，この章があまり視覚的にわかりや

可算性　115

すくなかったのではないかと思う．あなたは絵が好きかもしれないと思ったのでね．

　図 8.1 は，技術的に「高々可算」である集合がどうして欺瞞的な名前を持つのかということの良い例になっている．S の中のすべての点を数えてみてほしい．

　第 2 の考え方として，その代わりに何か生産的なことをしたらどうだろうか．

　この次はトポロジーの分野に飛び込むことにする．距離空間から始めて，そのほかの多くの定義に移っていく．いくつかの章で，そのような定義によって，集合が可算かどうかについてより多くを学ぶことになることが述べられるだろう．

第9章　トポロジーの定義

　第6章でみたように，ユークリッド空間は体ではない．体はすべて（加法や乗法のような）**演算**に関するものであり，ユークリッド空間は**空間**に関するものである．われわれは $\mathbb{R}^k$ よりも抽象的な空間で作業ができるようにしたいのだが，さらにどの2つの元も互いに関連づける方法がある．本章では，その目的のために**距離空間**について説明する．

　トポロジーから本当に必要なものである，コンパクト性と連結性の理論を引き出してくるために，まず距離空間の元と部分集合が持ちうる性質を理解する必要がある．本章では多くの定義で満たされているが，便利のためにここに表にしておこう．

9.1	距離空間	9.9	極限点	9.19	内点
9.3	有界集合	9.13	閉集合	9.21	開集合
9.7	近傍	9.16	稠密な集合	9.24	完全集合

定義 9.1（距離空間）　距離空間とは，集合 X を，X のどんな元 p, q, r に対しても以下の性質を満たすような関数 $d : X \times X \to \mathbb{R}$ とともに考えたものである．

性質 1.　（距離）$p \neq q$ ならば $d(p, q) > 0$ であり，一方 $d(p, p) = 0$ である．

性質 2.　（対称性）$d(p, q) = d(q, p)$.

性質 3.　（三角不等式）$d(p, q) \leq d(p, r) + d(r, q)$.

　X の元を**点**と呼び，d を**距離関数**または**計量**と呼ぶ．

トポロジーの定義　117

例 9.2（距離空間）

第 6 章で学んだことを使って，集合 $\mathbb{R}^k$ が距離関数 $d(\mathbf{p}, \mathbf{q}) = |\mathbf{p} - \mathbf{q}|$ を持つ距離空間であることを証明できる．

性質 1. 定義 6.10 により，$d(\mathbf{p}, \mathbf{q}) = |\mathbf{p} - \mathbf{q}|$ は実数である．$\mathbf{p} \neq \mathbf{q}$ ならば，定理 6.11 の性質 1 により $|\mathbf{p} - \mathbf{q}| > 0$ であり，

$$d(p, p) = |\mathbf{p} - \mathbf{p}| = |\mathbf{0}| = 0$$

である．

性質 2.
$$
\begin{aligned}
d(p, q) &= |\mathbf{p} - \mathbf{q}| \\
&= |(-1)(\mathbf{q} - \mathbf{p})| \\
&= |-1||(\mathbf{q} - \mathbf{p})| \quad \text{（定理 6.11 の性質 2 による）} \\
&= d(q, p).
\end{aligned}
$$

性質 3. 定理 6.11 の性質 5 の三角不等式から

$$d(p, q) = |\mathbf{p} - \mathbf{q}| \leq |\mathbf{p} - \mathbf{r}| + |\mathbf{r} - \mathbf{q}| = d(p, r) + d(r, q)$$

が分かる．

$k = 1$ とおけば，$\mathbb{R}$ が距離空間になることが分かる．一般に，「距離空間 $\mathbb{R}$」と言うときは，実際に「距離関数 $d(p, q) = |p - q|$ を伴った順序体 $\mathbb{R}$」のことを意味している．

距離空間 X の部分集合 Y は，同じ距離関数 d をとれば距離空間になる．なぜだって？ まあね，$p, q \in Y$ ならば $p, q \in X$ なんだから，$d(p, q)$ は計量の 3 つの性質を満たすってことだね．

定義 9.3（有界集合）

距離空間 X の部分集合 E が**有界**であるとは，X の点 q があって，q と E の任意の点との間の距離がある固定された有限の実数 M より小さい時である．

記号で書けば，$E \subset X$ が有界なのは

$$\exists q \in X, \ \exists M \in \mathbb{R} \ \text{s.t.} \ \forall p \in E, \ d(p, q) \leq M$$

であるときである．

　有界でない集合は**非有界**であると言われる．

　違い．この意味での有界は定義 4.5 で使ったものとは違っている．上に有界とか下に有界であるというのは順序体の部分集合の性質だが，この定義での有界は距離空間の部分集合の性質である．

　もちろん，どんな順序体も距離関数 $d(p,q)=|p-q|$ を使えば距離空間でもある．順序体でも距離空間でもある $\mathbb{R}$ では，たとえば集合 $(-\infty,3]$ は（3 以上のどんなものによっても）上に有界であるが，次に例でみるように，今の定義の意味では有界で**ない**．定理 9.6 で，2 つの異なる定義を関係づける具体的な方法を与える．

例 9.4（有界集合）

　距離空間 $\mathbb{R}$ における集合 $[-3,3]$ は，そして距離空間 $\mathbb{Q}$ における集合 $[-3,3]$ も同様に，点 $q=3$ と数 $M=6$ によって有界である．というのは，$[-3,3]$ の中には，3 から 6 よりも大きい距離の点がないからである．点 3 と数 $M=100$ によってと言うこともできるが，普通は，M をできるだけ小さく選んだ方が役に立つ．$[-3,3]$ は，点 -3 と同じ数 $M=6$ によって有界であり，点 0 と $M=3$ によっても有界であるし，ほかにも多くの選び方がある．

　有界性は集合が無限に向けて広がっているかどうかの問題に過ぎないと思うかもしれない．集合 $[-3,3]$ が有界なのは，その集合の中に 3 より大きい数がなく，-3 より小さい数がないからである．しかしながら，$(-\infty,3]$ にはそれを有界にするような数 $q\in\mathbb{R}$ がないので，有界ではない．どんな M を選んでも，$d(p,q)>M$ であるような $p\in(-\infty,3]$ をいつでも何か見つけることができるからである．基本的に，$(-\infty,3]$ は無限に向かって伸びているので，q からはるか離れた点が常にあるのである．

　距離空間 $\mathbb{R}$ の集合 $(-3,3)$ は，そして距離空間 $\mathbb{Q}$ の集合 $(-3,3)\cap\mathbb{Q}$ も同様に，点 $q=3$ と数 $M=6$ によって有界である．q は（距離空間）X に属していないといけないが，（部分集合）E に属している必要はないことを覚えておいてほしい．

　一方，距離空間 $\mathbb{R}$ の集合 $\mathbb{Q}$ は非有界である．なぜなら，ある有理数から

距離が M だけ離れているどんな $\mathbb{R}$ の点 q に対しても，q から M より遠くにある別の有理数をいつでも見つけることができるからである．

定理9.5（有界集合の和）
距離空間 X の部分集合の集まり $\{A_i\}$ に対して，もし1からnまでの各 i に対して A_i が有界であれば，その有限和 $\bigcup_{i=1}^{n} A_i$ もまた有界である．

証明．有限和であることを使って，どんな $q \in X$ に対しても，$d(p, q)$ が一番遠くにある p_i まで距離である M_i 以下であることを示すことができる．

それぞれの A_i に対して，点 $q_i \in X$ と数 $M_i \in \mathbb{R}$ があって，$p_i \in A_i$ に対して $d(p_i, q_i) \leq M_i$ となっている．どんな点 $p \in \bigcup_{i=1}^{n} A_i$ も1からnまでのある i に対して $p \in A_i$ となっているので，

$$d(p, q_1)$$
$$\leq d(p, q_i) + d(q_i, q_1)$$
$$\leq M_i + d(q_1, q_i)$$
$$\leq \max\{M_1, M_2, \ldots, M_n\} + \max\{d(q_1, q_1), d(q_2, q_1), \ldots, d(q_n, q_1)\}$$

となる．そこで，

$$q = q_1, \quad M = \max_{1 \leq i \leq n} M_i + \max_{1 \leq i \leq n} d(q_1, q_i)$$

とおけば，$p \in \bigcup_{i=1}^{n} A_i$ に対しても $d(p, q) \leq M$ となる． □

この証明は無限和 $\bigcup_{i=1}^{\infty} A_i$ に対しては成り立たないことに注意する．というのは，$\{M_1, M_2, M_3, \ldots\}$ のような無限集合には必ずしも最大値はないからである．

定理9.6（有界 $\Leftrightarrow$ 上に有界かつ下に有界）
順序体 F の部分集合 E に対して，E が有界であるのは，上に有界かつ下に有界であるとき，かつそのときに限る．

この定理の言明では，順序体 F は距離関数 $d(p,q) = |p-q|$ をもつ距離空間でもあると理解されている．

証明． E が有界であれば，$q \in F$ と $M \in \mathbb{R}$ が存在して，あらゆる $p \in E$ に対して

$$|p - q| \leq M \Rightarrow -M \leq p - q \leq M$$
$$\Rightarrow q - M \leq p \leq q + M$$

となる．したがって，$q - M$ は E の下界であり，$q + M$ は E の上界である．

E が上にも下にも有界ならば，あらゆる $p \in E$ に対して $\beta \leq p \leq \alpha$ であるような $\alpha, \beta \in F$ が存在する．

$$M \geq \max\{|\alpha|, |\beta|\}$$

であるように選べば，$M \geq |\alpha| \geq \alpha$ であり，$-M \leq |\beta| \leq \beta$ となる．F は順序体なので，加法の恒等元 0 が存在する．$q = 0$ とおけば，$q - M \leq p \leq q + M$ となるので，$|p - q| \leq M$ となる． □

定義 9.7（近傍）

距離空間 X の点 p のまわりの半径 $r > 0$ の**近傍** $N_r(p)$ は，p からの距離が r より小さい X のすべての点の作る集合である[1]．

記号では，次のようになる．

$$N_r(p) = \{q \in X \mid d(p,q) < r\}$$

例 9.8（近傍）

距離空間 $\mathbb{R}$ では，集合 $(-3, 3)$ は点 0 のまわりの半径 3 の近傍である．集合 $(99, 100)$ は点 99.5 のまわりの半径 0.5 の近傍である．集合 $[3,3], [-3,3), (-3,3]$ は点 0 のまわりの半径 3 の近傍ではない．というのは -3 と 3 が 0 からの距離が 3 である（半径と等しい）からである．

---

[1] ［訳註］後の近傍と呼ばれるものと区別するために，単に近傍というのではなく「r 近傍」と言う方が混乱しにくく，そういう定義をする教科書も多い．

$\mathbb{R}^2$ において，どんな円の内部もその中心のまわりの近傍である．どんな k 次元の球の内部も，$\mathbb{R}^k$ において，その中心のまわりの近傍である（これらの集合は**開球**とも呼ばれる）．

すべての近傍は数 $M = r$ によって有界であることに注意する．というのは，近傍の中には，中心から r だけ離れている点がないからである．

定義 9.9（極限点）

点 p が距離空間 X の部分集合 E の**極限点**であるのは，p のあらゆる近傍が少なくとも 1 つの（p 自身とは異なる）点を含むときである．

記号では，p が E の極限点であるのは，次が成り立つときである．

$$\forall r > 0, \ N_r(p) \cap E \neq \{p\} \text{ でありかつ} \neq \emptyset \text{ である．}$$

極限点は**集積点**とも**収積点**とも呼ばれる．極限点ではない E の点は**孤立点**と呼ばれる．

例 9.10（極限点）

集合 $[-3, 3]$ と $(-3, 3)$ のあらゆる点はその集合の極限点である．なぜって？ $\mathbb{Q}$ が $\mathbb{R}$ において稠密であるという性質により，あらゆる $p \in \mathbb{R}$ とあらゆる $r > 0$ に対して $p - r < q < p + r$ を満たす点 q があるからだ．したがって，q は $N_r(p)$ に属している．さて，$q \in (-3, 3)$ を保証する方法が必要である．稠密性を使って，代わりに，$\max(p - r, -3) < q_1 < \min(p + r, 3)$ を満たす q_1 を見つける．すると，$q_1 \in N_r(p)$ である．なぜなら

$$-3 \leq \max(p - r, -3) < q_1 < \min(p + r, 3) \leq 3$$

であるからであり，また $-3 < q_1 < 3$ であるから $q_1 \in (-3, 3)$ である．

同じ論理によって，-3 と 3 もまた（それらの点がその区間に属さなくても）開区間 $(-3, 3)$ の極限点である．

定義により，極限点 $p \in E$ のあらゆる近傍には，p 以外の E の点が少なくとも 1 つある．実際にはもっと多くのことを言うことができる．つまり，p のあらゆる近傍には無限個の数が含まれるのである．ここにはかなり大きなギャップがあるように見える．そうだね？ E の点が 1 つあるこ

とが分かったら，E の点が無限個あることが分かるというように進む．しかしここで鍵になるのは，p のあらゆる近傍が E の点を含むということである．無限に多くの近傍があるので，そのそれぞれが無限に多くの点を持つことになるのである．

定理 9.11（極限点の無限の近傍）

p が距離空間 X の部分集合 E の極限点ならば，どんな $r > 0$ に対しても，$N_r(p)$ は E の無限個の点を含む．

証明．対偶による証明をしよう．$A \Rightarrow B$ を示す代わりに $\neg B \Rightarrow \neg A$ を示す．この場合，B は「p のあらゆる近傍には E の無限個の点がある」なので，$\neg B$ は「p のある近傍は E の有限個の点しか含まない」となる．基本的なアイデアは，点の数が有限ならば，その距離よりも小さい半径の近傍には点 p だけが含まれ，ほかには何も含まれていないことになる．
ボックス 9.1 の空白を埋めよ．

ボックス 9.1

定理 9.11 の対偶を証明する．

$N_r(p) \cap E$ が＿＿＿個の E の点しか含まないような $r > 0$ が存在すると仮定する．そのとき，$Q = (N_r(p) \cap E) \setminus \{p\}$（近傍から p を除いたもの）もまた有限個の点しか含まない．Q が空集合なら，もう終わり（この証明の最後の行に行けばよい）．そうでなければ，Q のすべての点に $\{q_1, q_2, \ldots, q_n\}$ と番号をつけて，集合
$$D = \{d(p, q_1), d(p, q_2), \ldots, d(p, q_n)\}$$
を考える．Q は有限だから，D も有限で，最小値をとることができる．

$h = \frac{1}{2}$ ＿＿＿＿とする．D のあらゆる元は正なので，h もまた＿＿＿である．すると，$N_h(p) \cap Q =$ ＿＿である．

$h \leq r$ だから，$N_h(p) \subset N_r(p)$ であることが分かるので，
$$N_h(p) \cap E = (N_h(p) \cap N_r(p)) \cap E = N_h(p) \cap (N_r(p) \cap E)$$

$$= N_h(p) \cap Q = \underline{}$$

となる．（p自身以外の）Eの点を含まないpの近傍が見つかったので，pはEの\underline{}ではない． □

系 9.12（有限集合は極限点を持たない）

距離空間の有限部分集合は極限点を持たない．

証明． 有限集合 $E \subset X$ が極限点pを持てば，定理9.11により，どんな $r > 0$ に対しても，$N_r(p)$ は E の無限個の点を含むことになる．そのとき，E は無限個の点を持たねばならないので，矛盾である． □

定義 9.13（閉集合）

距離空間の部分集合が**閉集合**であるのは，その極限点をすべて含むときである．

記号で書けば，

$$\{p \in X \mid p \text{ は } E \text{ の極限点}\} \subset E$$

であるとき，$E \subset X$ は閉集合である．

違い． ここでの**閉じている**という意味は定義5.1で使われたものとは異なっている．体は加法と乗法の下で閉じている．距離空間の部分集合では，その極限点をすべて含んでいるものだけが閉じているのである．

例 9.14（閉集合）

閉区間 $[-3, 3]$ は閉集合である．（今やあなたにもついになぜ「閉区間」と呼んだのかがわかっただろう！）$[-3, 3]$ の極限点であるような，$[-3, 3]$ の外の点 p がないのは，

$$r = \frac{\min\{|-3-p|, |3-p|\}}{2}$$

のとき，$N_r(p)$ は $[-3, 3]$ のどんな点も含まないからである．

しかしながら, $(-3, 3)$ は閉集合ではない. 例 9.10 により, 点 -3 と 3 は開区間 $(-3, 3)$ の極限点であることがわかっているが, -3 と 3 はその集合には含まれない.

系 9.15（有限部分集合は閉集合である）
距離空間の有限部分集合は閉集合である.

証明. 系 9.12 により, 有限部分集合 $E \subset X$ は極限点を持たない. したがって, E はすべての極限点を含む[2] ので, 閉集合である. □

定義 9.16（稠密な集合）
距離空間 X の部分集合 E が X において**稠密**であるとは, X のあらゆる点が, E の点であるか, E の極限点であるかのときである.

記号では, $E \subset X$ が X で稠密なのは,

$$\forall x \in X, \ x \in E \text{ もしくは } x \text{ は } E \text{ の極限点である}$$

を満たすときである.

稠密性は**相対的な**性質であることに注意する. 集合は単に「稠密である」ことはできない. 集合がある距離空間**の中で**稠密であるということに意味があるだけである.

例 9.17（稠密な集合）
あらゆる距離空間は自分自身の中で稠密であることに注意する.

集合 E が距離空間 X の中で閉じていれば, E はその極限点をすべて含むので, E が X の中で稠密であると言うことは, あらゆる X の点が E の点であること, つまり $X \subset E$ であると言うことと同じである. しかし, $E \subset X$ であるので, 「距離空間 X のどんな閉集合 E に対しても, E が X

---

[2] [訳註] 数学っぽく言い換えると, 「E のすべての極限点は E に含まれる」となる. 条件から「E の極限点の集合は空集合」となる. 「空集合はすべての集合に含まれる.」ここまで分解すればわかるだろう. 何度もやっているうちに自然にできるようになる. わからないときはやってみる, と繰り返すことが上達の道である.

で稠密であるのは，$E = X$ であるとき，かつそのときに限る」という規則が成り立つ．

違い． この**稠密**の意味は定理 5.6 で使われているものとは異なっている．たとえば，この定義によれば，どんな集合 E も自分自身の中では稠密である（が，定理 5.6 の定義に従えば，$\mathbb{N}$ では真でない）．

しかしながら，この言葉の古い意味でも新しい意味でも，$\mathbb{Q}$ は $\mathbb{R}$ の中で稠密である．

定理 9.18（$\mathbb{Q}$ は $\mathbb{R}$ の中で稠密である）
有理数の集合 $\mathbb{Q}$ は距離空間 $\mathbb{R}$ の中で稠密である．

証明． あらゆる実数は，有理数であるか，または有理数の集合の極限点であることを示したい．まあ，有理数でないあらゆる実数は無理数なので，示す必要があるのは，あらゆる無理数が $\mathbb{Q}$ の極限点であることである．言い換えれば，I をすべての無理数が作る集合とすれば，

$$p \in I \Rightarrow \forall r > 0,\ N_r(p) \cap \mathbb{Q} \neq \{p\} \text{ かつ } \neq \emptyset$$

であることを示さねばならない．

実数直線上では，近傍はまさに開区間のことであることを思い出そう．$p \in I$ に対しては $N_r(p) = (p-r, p+r)$ であることを意味するので，必要なのは，$p - r < q < p + r$ であるようなある $q \in \mathbb{Q}$ があることである．$p - r$ と $p + r$ は実数だから，定理 5.6 はそのような有理数が存在することを保証してくれている． □

次の定義は，ある意味，閉集合の反対概念である開集合を導入する助けになる．

定義 9.19（内点）
点 p が距離空間 X の部分集合 E の**内点**であるのは，p のある近傍が E に含まれるときである．

記号で書けば，

$$\exists r > 0 \text{ s.t. } N_r(p) \subset E$$

126   第 9 章

を満たすとき，p は E の内点である．

例 9.20（内点）

$(-3, 3)$ のあらゆる点はこの集合の内点である．なぜって？ $(-3, 3)$ の
どんな p に対しても

$$r = \min\{|-3 - p|, |3 - p|\}$$

とおけば，$N_r(p) \subset (-3, 3)$ となるからである．

$[-3, 3]$ の，-3 と 3 を除いたあらゆる点はこの集合の内点である．なぜ
この 2 点は内点ではないのだろうか？ あらゆる $r > 0$ に対して，$N_r(-3)$
は -3 より小さい点を含むので，-3 のどんな近傍も $[-3, 3]$ の部分集合に
なれないから．同じように，3 のあらゆる近傍には 3 より大きい点が含ま
れる．

定義 9.21（開集合）

距離空間の部分集合が開集合であるのは，その点のすべてがその集合の
内点であるときである．

記号では，

$$\forall p \in E, \ \exists r > 0 \text{ s.t. } N_r(p) \subset E$$

ならば，$E \subset X$ は開集合である．

例 9.22（開集合）

上の例で，$(-3, 3)$ は開集合だが，$[-3, 3]$ は開集合でない．

次に，すべての近傍が開集合であることを証明する．$[-3, 3]$ は閉集合
だが開集合ではなく，$(-3, 3)$ は開集合だが閉集合ではないことが，**開集
合 ⇒ 閉集合ではない**ということも，その逆も意味しないことに注意する．
これから先，開集合でも閉集合もない集合の例や，開でも閉でもある集合
の例をみることになる．

定理 9.23（近傍は開集合）

距離空間 X のあらゆる近傍 $N_r(p)$ は開集合である．

証明. まず，問題の要点が何なのかを把握するために，定義を使って証明を段階的に分解する．第2に，われわれが手にしているものをとり，それを素敵で真っすぐな仕方で書き上げる．

第1段. 定義を適用して証明する必要があるものを絞り込んでみよう．

- ↪ あらゆる近傍が開集合であることを証明したい．
- ↪ 近傍 $E = N_r(p)$ をとり，あらゆる $q \in E$ が内点であることを証明する．
- ↪ $\forall q \in E, \exists k > 0$ s.t. 近傍 $F = N_k(q)$ が E に含まれることを示す．
- ↪ $\forall s \in F, s \in E$ を示す．
- ↪ $\forall s \in F, d(p,s) < r$ を示す．

この最後の言明が真になるような近傍 F に対する半径 k を見つけることができれば終わりである．（q が内点であるためには，E の内部に収まるような近傍が1つ必要なだけだから，うまくいくような $k > 0$ を選ぶことができる．）

始める前に，役に立ちそうな事実で，まだ使っていないものを考えてみよう．

1. X は距離空間 $\Rightarrow$ 三角不等式が成り立つ．
2. $q \in E$ だから，$d(p,q) < r$．

したがって，$d(p,s) \le d(p,q) + d(q,s) < r + k$ である．

k は任意の実数だが，> 0 でないといけない．だから，完全に終わっているわけではない．0より大きい何か t があって，$d(p,s) < r + t$ となっているだけで，$d(p,s) < r$ となるわけではないからである．

もう一度，第2の事実を見てみよう．$d(p,s) < r$ であれば，$d(p,s) + h = r$ となるような $h > 0$ が存在する．そのとき

$$d(p,s) \le r - h + d(q,s) < r - h + k$$

となる．今度は図9.1を見てみれば，明らかじゃないか！ $k = h$ とおくだけで，$d(p,s) < r$ となる．

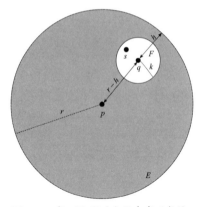

図 9.1　点 q は $N_r(p)$ の内点である．

第 2 段． はい，証明は終わったね．だけど，最初にその（$k = h$ とおいた）きわどい段階を使えば，あらゆることをもっとすっきり書くことができる．形式的証明をすることにしよう．

$E = N_r(p)$ とすると，どんな $q \in E$ に対しても，$d(p,q) < r$ であることから，$d(p,q) + h = r$ を満たすような $h > 0$ があることが導かれる．$F = N_h(q)$ とすると，どんな $s \in F$ に対しても $d(q,s) < h$ となる．X は距離空間だから，三角不等式により，

$$d(p,s) \leq d(p,q) + d(q,s) = r - h + d(q,s) < (r - h) + h = r$$

となるので，$s \in N_r(p) = E$ である．しかし，s は任意だから，$N_h(q)$ のあらゆる点は E に属すので，q は E の内点であるということができる．しかし，q は任意だったから，E のあらゆる点は E の内点であるということができて，E は開集合となる．

もしもそうしたいのなら，ほとんどあらゆることを記号で表せば，証明をさらに短くすることができる[3]．

$\forall q \subset E,\ d(p,q) < r \Rightarrow \exists h\ \text{s.t.}\ d(p,q) = r - h,$

---

[3] ［訳註］短い証明が簡潔で美しいと思う人もいるだろうし，読解に時間がかかるからそういう努力を好ましく思わない人もいるだろう．本書のゆったりした書き方で短い証明に慣れたら，そういう書き方の定番の教科書で学ぶことができるようになっているかもしれない．

トポロジーの定義　129

$$\text{かつ } \forall s \in N_h(q),\ d(q,s) < h$$

$$\Rightarrow d(p,s) \le d(p,q) + d(q,s) < r - h + h = r$$

$$\Rightarrow s \in E$$

$$\Rightarrow N_h(q) \subset E$$

$$\Rightarrow E \text{ は開集合.} \qquad \qquad \square$$

定義 9.24（完全集合）

　距離空間の部分集合が**完全集合**であるのは，それが閉集合であり，そのすべての点が極限点であるときである．

　言い換えれば，距離空間の部分集合は，その極限点がちょうどその集合の点の全体であるならば，完全集合である．

例 9.25（完全集合）

　これまで見てきた例の中では，$[-3,3]$ のような閉区間だけが完全である．$[-3,3] \cup \{100\}$ のような集合は閉集合だが，完全ではない．100 が極限点ではないからである．

例 9.26（さまざまな集合の性質）

　距離空間 X の各部分集合 E について，それが有界かどうかを見て，それから，それが閉集合か，開集合か，完全集合かどうかを判断するために，その極限点や内点を調べてみよう．

1.　$E = \emptyset$.

　　有界か？　　はい．どんな点 $q \in X$ とどんな数 M によっても．

　　極限点は？　　なし．E には点がないから．

　　内点は？　　なし．E には点がないから．

　　閉集合か？　　はい．E には点がないので，それをすべて含んでいる．

　　開集合か？　　はい．E には点がないので，そのすべての点は内点である．

　　完全集合か？　　はい．E は閉集合で，極限点がないので，その点は

すべて極限点である.

2. $E = \{p\}$.

有界か? はい. どんな点 $q \in X$ と数 $M = d(p, q)$ によっても. なぜなら, どんな $q \in X$ に対しても, q と E の任意の点との距離は実際に $d(p, q)$ であり, $d(p, q) \le d(p, q) = M$ であるから.

極限点は? なし. p のまわりの各近傍には E の点が p 自身の 1 つしかないから. ほかの点 $q \in X$ に対しては $0 < r < d(p, q)$ と選べば $N_r(p) \cap E = \emptyset$ となる.

内点は? 考えている距離空間がどんなものであるかに完全に依っている. X が有限個の点 $\{q_1, q_2, \ldots, q_n\}$ だけからなるならば,

$$r = \frac{1}{2} \min\{q_1, q_2, \ldots, q_n\}$$

とおくと, $N_r(p)$ に含まれるのは p だけであるから, p は E の内点である.

 X が無限個の点を含めばこのトリックは機能しない. p までの距離が最小となる X の点が見つからないかもしれないからだ.

 ここで, 2 つの可能性がある.

 場合 1. p は E の内点ではない. たとえば, $X = \mathbb{R}$ で通常の計量を持つとすると, p のまわりのあらゆる近傍は, E ではない X の点を含む.

 場合 2. p は E の内点である. たとえば, $X = (-\infty, -1] \cup \{0\} \cup [1, \infty) \subset \mathbb{R}$ であり, $p = 0$ であれば, $N_{0.5}(p)$ は p の一点しか含まない.

閉集合か? はい. E には極限点がないので, それをすべて含んでいる.

開集合か? またしても, 距離空間に依っている. p が E の内点であれば, E は開集合だが, それはその点のすべてが内点だからである. そうでなければ E は開集合ではない.

完全集合か? いいえ. E は閉集合だが, 唯一の点である p が極限点でない.

トポロジーの定義　131

　　この例が示しているのは，どんな距離空間で作業しているのか
　　を指定するのには注意を払う必要があるということである.

3.　距離空間 $\mathbb{R}$ における $E = [-3, 3]$.

　　有界か？　　はい．例 9.4 による.

　　極限点は？　　例 9.10 によって，E のあらゆる点は極限点である.

　　内点は？　　例 9.20 によって，E の点は，-3 と 3 を除いて，すべて内
　　　　点である.

　　閉集合か？　　はい．E はその極限点をすべて含んでいる.

　　開集合か？　　いいえ．E には内点でない点が，つまり，-3 と 3 があ
　　　　るので，E は開集合になれない.

　　完全集合か？　　はい．E は閉集合で，そのすべての点が極限点で
　　　　ある.

4.　距離空間 $\mathbb{R}$ における $E = (-3, 3)$.

　　有界か？　　はい．例 9.4 による.

　　極限点は？　　例 9.10 により，E のあらゆる点は極限点である．また，
　　　　-3 と 3 は E の極限点である.

　　内点は？　　例 9.20 により，E のあらゆる点は内点である.

　　閉集合か？　　いいえ．E に含まれない E の極限点が，つまり -3 と
　　　　3 があるので，E は閉集合になれない.

　　開集合か？　　はい．E のあらゆる点は内点である.

　　完全集合か？　　いいえ．E は閉集合ではない.

5.　距離空間 $\mathbb{R}$ における $E = (-3, 3]$.

　　有界か？　　はい．例 9.4 による.

　　極限点は？　　例 9.10 により，E のあらゆる点は極限点である．また，
　　　　-3 は E の極限点である.

　　内点は？　　3 を除いて，E のあらゆる点は内点である.

　　閉集合か？　　いいえ．E に含まれない E の極限点が，つまり -3 が
　　　　あるので，E は閉集合になれない.

　　開集合か？　　いいえ．E は内点でない点，つまり 3 を含む.

　　完全集合か？　　いいえ．E は閉集合ではない.

132 第9章

最後の例は閉でも開でもないことに注意する.

　次の章では，いくつかの定理を証明し，集合の閉包を定義し，ある集合に関しては開になる集合が，どのような別の集合に関しては開にならないかについて学ぶことによって，さらに深く開であることと閉であることを調べる（ページをめくるのが待てない気持ちは分かるが，まずは友人になった彼ら[4] を見に行くべきだろう．彼らが寂しがる).

―――――――――――――
[4] ［訳註］彼らとはもちろん，開集合と閉集合のことである.

第10章　閉集合と開集合

　前章ではほとんど定義に終始したが，本章では，開集合と閉集合をいかに扱うかを理解するのに役立ついくつかの重要な定理を紹介する．

定理10.1（開集合の補集合）
　距離空間 X の集合 E が開集合であるのは，その補集合が閉集合であるとき，かつそのときに限る．

　「点線」の境界を持つ（つまり，境界を含まない）ものとして開集合を考え，「実線」の境界を持つものとして閉集合を考えれば，定理の意味が分かるだろう．図10.1でのように，集合が点線の境界を持てば，その外側の集合はその境界の点を含む．

　証明．この証明は非常に簡潔にすることができる．E^C が閉集合なら，$x \in E$ は E^C の極限点ではあり得ないので，x のまわりのある近傍は E の点だけしか含まないから，E は開集合である．逆に E が開集合なら，E^C の極限点 x に対して，E の点だけを含む x の近傍はないので，x は E には属せないから，E^C は閉集合である．

　極限点や内点についてあなたがまだはっきりわかった感じになっていないようなら，この証明を引き延ばして，すべて小さなステップを埋めるようにしてみよう．

　定理の1つの方向の証明のために，E^C が閉集合であると仮定する．E が開集合であること，つまり，E のあらゆる点のある近傍が完全に E に含まれることを示したい．そう，E^C はその極限点をすべて含んでいるので，どんな $x \in E$ に対しても $x \notin E^C$ だから，x は E^C の点にも E^C の極限点にもなれない．そのとき，極限点の定義は x に対しては偽になるので，

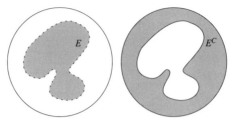

図 10.1 開集合 E は左図の影の領域であり（点線の境界を除く），閉集合 E^C は右図の影の領域である（実践の境界を含む）．

$N_r(x) \cap E^C = \{x\}$ となるか $= \emptyset$ となるような $r > 0$ がなければならない．$x \notin E^C$ だから，x は $N_r(x) \cap E^C$ に属せないので，$N_r(x) \cap E^C = \emptyset$ とならないといけない．$N_r(x)$ は E^C と点を共有しないので，含むのは E の点だけである．したがって，x は E の内点であるから，E は開集合である．

逆向きの証明のために，E が開集合であると仮定する．E^C が閉集合である，つまり E^C がすべての極限点を含むことを示したい．x が E^C の極限点であれば，どんな $r > 0$ に対しても $N_r(x) \cap E^C$ は少なくとも 1 つの E^C の点を含む．したがって，$N_r(x)$ は E の点だけを含んでいるわけではないので，x のあらゆる近傍は E に完全には含まれていないから，x は E の内点にはなり得ない．しかし，E のあらゆる点は E の内点なので，x は E には属せないから，$x \in E^C$ となる．x は E^C の任意の極限点であったので，E^C のあらゆる極限点が E^C に属すことになり，E^C は閉集合になる． □

系 10.2（閉集合の補集合）

距離空間 X の部分集合 F が閉集合であるのは，その補集合が開であるとき，かつそのときに限る．

証明． F^C が開集合なら，上の定理によって，F^C の補集合は閉集合でないといけない．$(F^C)^C$ は F と同じなので，F は閉集合である．同じように，F が閉集合なら，その補集合が F であるような集合は開でなければならず，明らかにこの集合は F^C である． □

上の定理と系は閉集合性と開集合性とを結びつける良い方法なのだが，

気を抜いたりしてはいけない．開であることと閉であることが反対なのではないことをいつも忘れないように（例9.26でわかるように，集合は開かつ閉であることもあるし，開でも閉でもないこともあるのである）．

定理 10.3（開集合の無限和と閉集合の無限の共通部分）
開集合のどんな集まりの和集合も開集合である．
記号で書けば，次のようになる．

$$G_\alpha(\forall \alpha) \text{ は開集合} \Rightarrow \bigcup_\alpha G_\alpha \text{ は開集合}$$

同じように，閉集合のどんな集まりの共通部分もまた閉集合である．
記号で書けば，次のようになる．

$$F_\alpha(\forall \alpha) \text{ は閉集合} \Rightarrow \bigcap_\alpha F_\alpha \text{ は閉集合}$$

証明． $\bigcup_\alpha G_\alpha$ のあらゆる点はある G_α の内点であるから，そのある近傍は和集合に完全に含まれる．$\bigcap_\alpha F_\alpha$ のあらゆる極限点のあらゆる近傍は各 F_α と交わるので，各 F_α の極限点であるから共通部分の元である．さあ，この議論を形式化しよう．

どんな $x \in \bigcup_\alpha G_\alpha$ に対しても，ある α に対して $x \in G_\alpha$ であることが分かっている．今 G_α は開集合なので，x は G_α の内点であるので，$N_r(x) \subset G_\alpha$ であるような $r > 0$ が存在する．しかし，$G_\alpha \subset \bigcup_\alpha G_\alpha$ であるので，$N_r(x)$ は $\bigcup_\alpha G_\alpha$ に含まれ，x はまた $\bigcup_\alpha G_\alpha$ の内点である．x は任意だったので，$\bigcup_\alpha G_\alpha$ のあらゆる点が内点であることになり，開集合となる．

x を $\bigcap_\alpha F_\alpha$ の極限点とすれば，どんな $r > 0$ に対しても

$$N_r(x) \cap \left(\bigcap_\alpha F_\alpha \right) \neq \{x\} \text{ かつ } \neq \emptyset$$

である．つまりあらゆる α に対して，$N_r(x) \cap F_\alpha \neq \{x\}$ かつ $\neq \emptyset$ となる．（なぜかって？ 近傍とすべての F_α の共通部分が何かを含んでいれば，近

136　第10章

傍とどの F_α との共通部分もまたその何かを含む．）あらゆる α に対して F_α は閉集合なので，あらゆる α に対して $x \in F_\alpha$ であり，$x \in \bigcap_\alpha F_\alpha$ である．x は任意だったので，$\bigcap_\alpha F_\alpha$ のあらゆる極限点は $\bigcap_\alpha F_\alpha$ の点であり，閉集合となる．

　2つの議論が似ていることに注意しよう．任意の点か極限点をとり，開または閉集合の定義と和集合と共通部分の定義を適用しただけである．それでも，第2の部分の証明は心配かもしれない……．系10.2とド・モルガンの法則を次のように使うこともできる．F_α が閉集合だから，F_α^C は開集合であるので，最初の性質の証明によって，$\bigcup_\alpha F_\alpha^C$ もまた開集合である．ド・モルガンの法則により，$(\bigcap_\alpha F_\alpha)^C = \bigcup_\alpha F_\alpha^C$ であるから，$\bigcap_\alpha F_\alpha$ は閉集合でなければならない．　　　　　　　　　　　　　　　　　　□

定理 10.4（開集合の有限の共通部分と閉集合の有限和）

　開集合のどんな有限の集まりの共通部分もまた開集合である．

　記号で書けば，次のようになる．

$$G_i (1 \leq i \leq n) は開集合 \Rightarrow \bigcap_{i=1}^{n} G_i は開集合$$

同じように，閉集合のどんな有限の集まりの和集合もまた閉集合である．記号で書けば，次のようになる．

$$F_\alpha (1 \leq i \leq n) は閉集合 \Rightarrow \bigcup_{i=1}^{n} F_i は閉集合$$

　この定理の（前の定理との）違いは集合の集まりが有限であることである．

　例3.14で見たように，どんな $n \in \mathbb{N}$ に対しても $A_n = (-\frac{1}{n}, \frac{1}{n})$ とおけば，$\bigcap_{n=1}^{\infty} A_n = \{0\}$ である．各 A_n は $\mathbb{R}$ において開集合であるが，無限の共通部分は1点だけになり，$\mathbb{R}$ では開ではない．

　同じように，例3.14で見たように，どんな $n \in \mathbb{N}$ に対しても $A_n = [0, 2 - \frac{1}{n}]$ とおけば，$\bigcup_{n=1}^{\infty} A_n = [0, 2)$ となる．このことを本当には証明してこなかったが，ここで済ませておこう．どんな $0 \leq x < 2$ に対して

も，アルキメデス性により，$n > \frac{1}{2-x}$ を満たす $n \in \mathbb{N}$ が存在するので，

$$2n - 1 > nx \Rightarrow x < 2 - \frac{1}{n}$$

となる．したがって，どんな $0 \leq x < 2$ も，ある $n \in \mathbb{N}$ に対して $[0, 2 - \frac{1}{n}]$ に属すから，$x \in \bigcup_{n=1}^{\infty}[0, 2 - \frac{1}{n}]$ となる．（しかしながら，$2 \in A_n$ となるような $n \in \mathbb{N}$ がないので，この和集合は数 2 を含まない．）それぞれの A_n は $\mathbb{R}$ の中で閉集合だが，その**無限和**は半開区間であって，$\mathbb{R}$ では閉ではない（2 は $[0, 2)$ の極限点だが，そこに含まれていない）．

開集合の無限の共通部分が**決して**開集合にならないわけではない．そうなるときもならないときもある．たとえば，どんな $n \in \mathbb{N}$ に対しても $A_n = (-3, 3)$ としよう．そのとき，各 A_n は $\mathbb{R}$ の中で開集合であり，$\bigcap_{n=1}^{\infty} A_n = (-3, 3)$ もまた $\mathbb{R}$ の中で開集合である．同じ議論が閉集合の無限和に対しても成り立つ．

証明． 有限性はこのように，この定理の鍵となる仮定であり，もちろん，証明のある部分ではそのことを使う．$\bigcap_{i=1}^{n} G_i$ のあらゆる点は各 G_i の内点であるので，最小の半径の近傍は完全にその共通部分に含まれる．$\bigcup_{i=1}^{n} F_i$ のあらゆる極限点はある F_i の極限点でないといけないので，その F_i に含まれ，したがってその和集合にも含まれる．この議論を形式化しよう．

$x \in \bigcap_{n=1}^{n} G_i$ をとる．x がその共通部分の内点であることを示したい．1 から n までのそれぞれの i に対して，$x \in G_i$ であり，G_i が開集合だから，$N_{r_i}(x) \subset G_i$ を満たす $r_i > 0$ がある．n が有限だから，そのような半径の最小値があるので，$r = \min\{r_1, r_2, \ldots, r_n\}$ とする．そのとき，1 から n までのそれぞれの i に対して，

$$N_r \subset N_{r_i} \subset G_i$$

となる．N_r はあらゆる G_i の部分集合だから，$N_r \subset \bigcap_{i=1}^{n} G_i$ となるので，x は実際に $\bigcap_{i=1}^{n} G_i$ の内点である．

x を $\bigcup_{i=1}^{n} F_i$ の極限点とする．x がこの和集合の内点であることを示したい．x がある F_i の極限点であれば，F_i の点であり，そのため $x \in \bigcup_{i=1}^{n} F_i$

となる．示す必要があるのは x がある F_i の極限点であることだけだが，これを矛盾による証明で示そう．x がどの F_i の極限点でもないと仮定すると，1 から n までのそれぞれの i に対して，ある $r_i > 0$ があって，$N_{r_i}(x) \cap F_i = \{x\}$ であるか $= \emptyset$ であるかとなる．n が有限なので，そのような半径の最小値をとることができ，$r = \min\{r_1, r_2, \ldots, r_n\}$ とする．そのとき，1 から n までのそれぞれの i に対して，

$$(N_r(x) \cap F_i) \subset (N_{r_i}(x) \cap F_i) = \{x\} \text{ または } = \emptyset$$

である．したがって $N_r(x) \cap (\bigcup_{i=1}^{n} F_i) = \{x\}$ または $= \emptyset$ であるが，これは x が $\bigcup_{i=1}^{n} F_i$ の極限点であることに矛盾する．

2 つ目の言明を証明するために，またしてもボックス 10.1 にあるように，定理 10.1 とド・モルガンの法則を適用することができる．

ボックス 10.1

> 有限個の閉集合の和集合が閉集合であることを証明する．
>
> F_i は閉集合だから，F_i^C は＿＿＿＿であるので，最初の性質の証明により，$\bigcap_{i=1}^{n}(F_i^C)$ もまた＿＿＿＿である．ド・モルガンの法則により，$\bigcap_{i=1}^{n}(F_i^C) = $ ＿＿＿＿であるので，その補集合は＿＿＿＿であるから，$\bigcup_{i=1}^{n} F_i$ は閉集合でなければならない．

□

定義 10.5（閉包）

距離空間 X の部分集合 E のすべての極限点の作る集合を E' と書く．そのとき，集合 $E \cup E'$ を E の**閉包**と言い，$\overline{E}$ と書く．

例 10.6（閉包）

$E = (-3, 3)$ であれば，例 9.10 により，$-3, 3 \in E'$ である．また $(-3, 3)$ のあらゆる点は極限点であるので，$(-3, 3) \subset E'$ である．したがって，$E' = \{-3, 3\} \cup (-3, 3) = [-3, 3]$ であり，$\overline{E} = (-3, 3) \cup [-3, 3]$ であり，閉区間 $[-3, 3]$ となる．

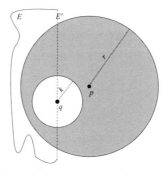

図 10.2 集合 E は鎖線 E' で表された極限点がある. $N_r(p) \cap E'$ が点 q を含めば, $N_r(p)$ は E の点を少なくとも 1 点含まねばならない.

定理 10.7（閉包は閉集合）

距離空間 X のどんな部分集合 E に対しても, $\overline{E}$ は閉集合である.

証明． 定理 10.1 により, 代わりに $\overline{E}^C$ が開集合であることを証明することができる. どんな $p \in \overline{E}^C$ に対しても, $N_r(p)$ が完全に $\overline{E}^C$ に含まれるような $r > 0$ があることを示す必要がある. 言い換えれば, $N_r(p) \cap \overline{E} = \emptyset$ を, つまり, $N_r(p) \cap E = \emptyset$ と $N_r(p) \cap E' = \emptyset$ を示したい.

まず, $p \in \overline{E}^C$ であるから, $p \notin E$ であり, p は E の極限点でもないので, $N_r(p) \cap E = \emptyset$ である.

さて, 示したいのは $N_r(p) \cap E' = \emptyset$ だけである. 矛盾による証明で行うので, 図 10.2 のような, $q \in N_r(p) \cap E'$ を満たす q があると仮定する. この q は, （q は p の近傍にあるから）$d(p,q) < r$ であり, （$q \in E$ であるから）q は E の極限点であるという 2 つの性質を持つ. $k < r - d(p,q)$ と選べば, $N_k(q) \subset N_r(p)$ となる. q は E の極限点だから, $N_k(q)$ は少なくとも 1 つ E の点を持たねばならないので, $N_r(p)$ は少なくとも 1 つ E の点を持つが, これはすぐ上で示したばかりのことに矛盾する. □

系 10.8（閉包と等しい $\Rightarrow$ 閉集合）

距離空間 X の部分集合 E に対して, $E = \overline{E}$ であるのは, E が閉集合であるとき, かつそのときに限る.

証明． $E = \overline{E}$ であれば, （上の定理から）$\overline{E}$ が閉集合なので, E も閉集

140　第10章

合である．E が閉集合であれば，閉集合の定義から $E' \subset E$ であるから，$E = E \cup E' = \overline{E}$ である．　　　　　　　　　　　　　　　□

系 10.9（閉包はあらゆる上位閉集合の部分集合）

　距離空間 X の部分集合 E に対して，どんな閉集合 $F \subset X$ に対しても，$E \subset F$ であれば，$\overline{E} \subset F$ である．

　この系は，集合 E の閉包が E を含む最小の閉集合であることを示している（E のあらゆる上位閉集合が E の閉包を含むから）．この言明が直観的には分かりやすいのは，E を含む閉集合を作ろうとしたら，E の極限点を除外することはできないからである．

　証明．$E \subset F$ であれば，F の極限点は少なくとも E の極限点を含んでいなければならず，$E' \subset F'$ となる．F もまた閉集合であれば，$F' \subset F$ であるから，$E' \subset F$ であり，したがって $F \supset (E \cup E') = \overline{E}$ である．　□

　次の定理は極限点と $\mathbb{R}$ の上限とを関係づけ，順序体の理論と距離空間の理論との間の橋渡しをする助けになる．ほとんどの距離空間（たとえば $\mathbb{R}^2$）は順序体ではないことを忘れないように．

定理 10.10（閉包における実数の上限と下限）

　$\mathbb{R}$ の上に有界な空でない部分集合 E に対して，$\sup E \in \overline{E}$ となる．E が下に有界なら，$\inf E \in \overline{E}$ となる．

　証明．E が上に有界であるとし $y = \sup E$ とする．$y \in E$ であれば，明らかに $y \in \overline{E}$ となるので，気にする必要があるのは $y \notin E$ の場合だけである．上限の定義により，E のあらゆる元は $\leq y$ であり，y より小さいどんな元も E の上限ではない．したがって，あらゆる $h > 0$ に対して，$y - h < x < y$ を満たす $x \in E$ がある（さもなければ，$y - h$ が E の上界になる）．言い換えれば，$x \in N_h(y) \cap E$ である．h は任意だったので，これは y が E の極限点であることを示している．したがって，$y \subset \overline{E}$ となる．

　下限の方の証明も基本的には同じである．ボックス 10.2 の空白を埋めて上の議論を移しかえること．

閉集合と開集合　141

ボックス 10.2

　　下限に対して定理 10.10 を証明する．

　　_____と仮定し，$y = \inf E$ とする．もし $y \in E$ ならば，$y \in$ ___ である．もしそうでなければ，E のあらゆる元は___y であり，y より大きいどんな数も___の_____ではない．したがって，あらゆる $h > 0$ に対して，$y < x$____であるような $x \in E$ がある（そうでなければ_____が___の下界になる）．言い換えれば，$x \in N_h(y) \cap E$ となる．h が任意だったのだから，このことは y が E の_____であることを示している．したがって，___$\in \overline{E}$ である．

□

系 10.11（実数の有界閉集合は上限と下限を含む）

$\mathbb{R}$ の空でない上に有界な部分集合 E に対して，E が閉集合なら $\sup E \in E$ である．E が下に有界な閉集合なら $\inf E \in E$ である．

　この系の逆（$\sup E \in E \Rightarrow E$ は閉集合）は必ずしも真でないことに注意する．たとえば，$\mathbb{R}$ の中の $E = [-3, 0) \cup (0, 3]$ はその下限と上限（それぞれ -3 と 3）を含んでいるが，0 が極限点なので，閉集合ではない．

　証明． 上の定理によって，（E が上に有界なら）$\sup E \in \overline{E}$ であり，（E が下に有界なら）$\inf E \in \overline{E}$ である．系 10.8 により，E が閉集合なら，$E = \overline{E}$ であるから，実際に（E が上に有界なら）$\sup E \in E$ であり，（E が下に有界なら）$\inf E \in E$ である． □

　集合の位相的な特徴のほとんどが，その集合を考えているのがどんな距離空間でかということに完全に依存していることを指摘しておくのは，今が良いタイミングだろう．たとえば，例 9.26 で見たように，開区間 $(-3, 3)$ は $\mathbb{R}$ では開集合だが，$\mathbb{R}^2$ では開集合では**ない**．というのは $\mathbb{R}^2$ における近傍は円盤であり，どんな円盤も，1 次元の開区間 $(-3, 3)$ の一部にはならない 2 次元座標を持つ点を含んでいるからである．このあいまいさが起こる

可能性を解決する規則を作るためには，まず形式的に相対的な開集合を定義しておくべきだろう．

定義 10.12（相対的開集合）

集合 E が Y に関して開集合であるのは，各 $p \in E$ に対して，

$$q \in Y \text{ かつ } d(p, q) < r \Rightarrow q \in E$$

をみたす $r > 0$ が存在するときである．

これは基本的には定義 9.21 と同じである．唯一の違いは，あらゆる $p \in E$ に対して，ある $r > 0$ に対し $N_r(p) \subset E$ を要求する代わりに，ある $r > 0$ に対し $N_r(p) \cap Y \subset E$ を要求することである．

例 10.13（相対的開集合）

上の例では，$E = (-3, 3)$ は $Y = \mathbb{R}$ に関しては開集合だが，$Y = \mathbb{R}^2$ に関しては開集合ではない．

もちろん，距離空間 X のどんな部分集合 E に対しても，「E が X に関して開集合である」と言うことは，X が距離空間全体であるから，「E が開集合である」と言うことと同じである．

定理 10.14（相対的開集合） どんな距離空間 $Y \subset X$ に対しても，Y の部分集合 E が Y に関して開集合であるのは，X のある開集合 G に対して $E = Y \cap G$ であるとき，かつそのときに限る．

言い換えれば，Y のあらゆる相対的な開集合は，X の開集合 G の Y の部分として表すことができる．

証明．より簡単な方向．「X に関して開集合である G に対して $E = Y \cap G$ であれば，E は Y に関して開集合である」から始めよう．あらゆる点 $p \in G$ に対して，G に含まれる p の近傍がある．$E \subset G$ なのだから，同じことがあらゆる $p \in E$ に対しても成り立つ．この近傍を $V_p(x)$ と呼ぼう（$N_p(x)$ と書くと紛らわしい．X における点の近傍というのではなく，Y の点だけの近傍であることをはっきりさせておきたいのだ）．両辺と Y との共通部分をとると，$(V_p \cap Y) \subset (G \cap Y) = E$ となる．したがって，

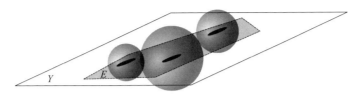

図10.3 集合 E は2次元距離空間 Y における五角形である．E の各点は E に完全に含まれる近傍を持つので，この近傍を3次元距離空間 X の球に拡張したい．

E に含まれる Y の点の近傍があるので，E は Y に関して開集合である．

もう一つの方向を証明するために，E が Y に関して開集合であれば，X に関して開集合である集合 G が作れることを示したい．ここで，G は E に，X のそのほかの点を足したものになる．基本的なアイデアは，あらゆる $p \in E$ が E に完全に含まれる Y の点の近傍を持つことがわかっていることである．X に関する開集合を作るには，単に $\{y \in Y \mid d(p, y) < r\}$ ではなく，$\{x \in X \mid d(p, x) < r\}$ のすべての点を含むように，この近傍を拡張しなければならない（図10.3参照）．

その拡張された近傍のすべての点が G の点であることをどう保証するのだろうか？ 簡単なことだ．それらを G に含めてしまえばいい．定理9.23によってすべての近傍は開集合なので，G は X の中で開集合の和集合であり，定理10.3によってこれもまた X において開集合である．

この方向を形式的に証明することにしよう．E が Y に関して開集合であれば，各 $p \in E$ に対して，$r_p > 0$ があって，$d(p, q) < r_p$ を満たすすべての $q \in Y$ が E に含まれる．V_p を，$d(p, q) < r_p$ を満たすすべての $q \in X$ の作る集合とし（だから，V_p は X に「拡張された」近傍である），$G = \bigcup_{p \in E} V_p$ とする．各 V_p は X における近傍なので，各 V_p は X に関して開集合である．だから，G は開集合の和集合であるので，G もまた X に関して開集合である．

$E = Y \cap G$ を証明するには，第3章の方法を使って，$E \subset Y \cap G$ と $E \supset Y \cap G$ を示す．E のあらゆる元 p に対して，$p \in E \Rightarrow p \in Y$ であり，$p \in V_p \Rightarrow p \in G$ であるから，$p \in Y \cap G$ である．したがって，$E \subset Y \cap G$ である．また，E のあらゆる元 p に対して，V_p の作り方から，

144　第 10 章

$V_p \cap Y$ はまさしく，E に完全に含まれる，Y における p の近傍である．したがって，$E \supset \bigcup_{p \in E}(Y \cap V_p) = Y \cap (\bigcup_{p \in E} V_p)$ であるので，$Y \cap G \subset E$ となる． □

　開集合性と同じように，閉集合性もまた相対的な性質であることを指摘すべきだろう．Y に関して閉集合である集合 E は X に関して閉集合でないかもしれない（E が，X には属すが Y には属さない極限点を持つなら）．

定義 10.15（相対的な閉集合）
　集合 E が Y に関して閉集合であるのは，各 $p \in Y$ に対して

$$N_r(p) \cap E \neq \{p\} \text{ かつ } \neq \emptyset$$

となれば $p \in E$ となるときである．

例 10.16（相対的な閉集合）
　$X = \mathbb{R}$ で $Y = [0, 2)$ であれば，$E[1, 2)$ は Y の中では閉集合であるが，X の中では閉集合でない．（なぜなら，2 は確かに E の極限点であるが，$2 \notin Y$ だから，E が Y に関して閉集合であるためには，$2 \in E$ である必要はない．）

　開集合と閉集合についてよい理解を身につけただろうから，トポロジーの本当の肝というべき，コンパクト集合に入り込むことができる．（しばらくは新しい定義はもう出てこないとでも思ったかな？　残念だね！）

第11章 コンパクト集合

ええ，コンパクトのセットだって．初心者なら非常に紛らわしいこともあるだろうが，それは実解析にとって不可欠な部分である（わかったかな？ 不可欠って，積分のこと？！）．コンパクト集合は連続関数の性質に関連して何度も何度も出てくることになる．

本章を「コンパクト集合鑑賞」に捧げることで始める．ここでは定義を学び，コンパクト集合が持つクールな性質の感覚を得る．次の章では，$\mathbb{R}$ のどんなタイプの集合がコンパクトであるか（そしてこれらのことすべてがなぜ重要なのか）を学ぶ．

定義 11.1（開被覆）

距離空間 X の部分集合 E に対して，X における E の**開被覆**というのは，X に関して開集合である集合の集まり $\{G_\alpha\}$ で，その和集合に E が含まれるようなもののことである．

記号で書けば，

$$\forall \alpha,\ G_\alpha は X に関して開集合，\text{かつ}\ E \subset \bigcup_\alpha G_\alpha$$

であるとき，$\{G_\alpha\}$ は開被覆である．

E の開被覆 $\{G_\alpha\}$ の**有限の部分被覆**とは，$\{G_\alpha\}$ の有限個の集合からなる部分的な集まりで，それでも和集合が E を含んでいるものである．

記号で書けば，

$$n \in \mathbb{N},\ E \subset \bigcup_{i=1}^n G_{\alpha_i}$$

であるとき，$\{G_{\alpha_1}, G_{\alpha_2}, \ldots, G_{\alpha_n}\}$ は $\{G_\alpha\}$ の有限の部分被覆である．

有限の部分被覆の定義で，有限個の添え字 $\alpha_1, \alpha_2, \ldots, \alpha_n$ がある．そ

146 第 11 章

れぞれの G_{α_i} は，集まり $\{G_\alpha\}$ の元である．（完全に形式的にするには，開被覆は $\{G_\alpha \mid \alpha \in \mathcal{A}\}$ と書くべきだから，有限の部分被覆は添え字 $\alpha_1, \alpha_2, \ldots, \alpha_n \in \mathcal{A}$ に対する集合を持っていて，$\{G_{\alpha_i} \mid 1 \le i \le n\}$ と書くことができる．）

例 11.2（開被覆）

集合

$$\{(z-2, z+2) \mid z \in \mathbb{Z}\}$$

は，各（長さ 4 の）開区間 $(z-2, z+2)$ が開集合なので，区間 $[-3, 3]$ の開被覆である．集合 $\{(-4, 0), (-3, 1), (2, 6)\}$ は有限の部分被覆であり，$\{(-5, -1), (-3, 1), (-2, 2), (1, 5)\}$ など，ほかにも多くの例が作れる．1 つの開被覆には有限の部分被覆がたくさんあり得るのである．

距離空間の部分集合 E に対して，各 $p \in E$ に対して半径 r_p を選ぶ（半径は異なっていてよい）．そのとき，集まり $\{N_{r_p}(p) \mid p \in E\}$ は E の開被覆である．なぜって？ 明らかに，E のあらゆる点が含まれ，定理 10.3 により近傍の和集合は開集合である．（定理 10.14 の証明が同じような集合の集まりに対しても使われる．）

E が有限個の点からなるとする．そのとき，開被覆 $\{N_{r_p}(p) \mid p \in E\}$ は有限個の集合からなるので，それ自身（自分自身の）有限の部分被覆である．（注意しておくが，各近傍が無限個の点を含むことがあるけれど，有限の部分被覆に必要なことは有限個の集合を持つことで，有限個の点を持つことではない．）

E が無限個の点を含んでいるけれど，$\{N_{r_p}(p) \mid p \in E\}$ が有限の部分被覆を持つと言われているとしよう．そのとき，

$$E \subset \bigcup_{i=1}^{n} N_{r_{p_i}}(p_i)$$

を満たすような有限個の E の点 $p_1, p_2, \ldots, p_n$ がなければならない．

定義 11.3（コンパクト集合）

距離空間 X の部分集合 K が**コンパクト**であるのは，K のあらゆる開被覆が有限の部分被覆を持つときである．

コンパクト集合　147

記号で書けば，

$$\forall K \text{ の開被覆 } \{G_\alpha\},\ \exists\, \{\alpha_1, \alpha_2, \ldots, \alpha_n\}\ \text{s.t.}\ K \subset \bigcup_{i=1}^{n} G_{\alpha_i}$$

であるとき，K はコンパクトである．

　コンパクト集合は開集合や閉集合よりもずっと複雑なものである．ある集合がコンパクトであることを示すには，**あらゆる**開被覆が有限の部分被覆を持つことを示さねばならないが，それにはいくつか主要な証明のスキルが要る．集合がコンパクトでないことを示すのは少しはやさしい．それは有限の部分被覆を持たない無限の開被覆の例が 1 つ必要なだけだからである（が，それでも実行するのは難しいことがある）．

例 11.4（コンパクト集合）
　空集合はコンパクトである．どんな開被覆 $\{G_\alpha\}$ からも 1 つの集合 G_{α_1} をとればよく，$\emptyset \subset G_{\alpha_1}$ となる．
　一点集合 $K = \{p\}$ をとる．K は明らかにコンパクトである．というのは，あらゆる開被覆 $\{G_\alpha\}$ は点 p を含む開集合を少なくとも 1 つ含まねばならない．p を含むそのような集合の 1 つをとれば，有限の部分被覆にある．
　実際，有限個の点 $p_1, p_2, \ldots, p_n$ からなる集合 K はコンパクトである．なぜって？　どんな開被覆 $\{G_\alpha\}$ からも，p_1 を含む $G_{\alpha_1} \in \{G_\alpha\}$ をとる．次のように続けていく．各 $p_i \in K$ に対して，p_i がそれまでに選んだ集合に含まれていないのであれば，p_i を含む $G_{\alpha_i} \in \{G_\alpha\}$ をとる．これを高々 n 回行えば，その和集合が K を含む開集合の有限の集まり $\{G_{\alpha_1}, G_{\alpha_2}, \ldots, G_{\alpha_n}\}$ が得られる．

　次の定理は，非コンパクト集合の良い基本的な例を与えている．

定理 11.5（開区間はコンパクトでない）
　どんな $a, b \in \mathbb{R}\,(a < b)$ に対しても，開区間 (a, b)（また $(a, b) \cap \mathbb{Q}$）はコンパクトでない．

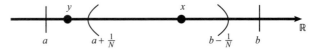

図 11.1 どんな $x \in (a, b)$ が与えられても，$x \in (a + \frac{1}{N}, b - \frac{1}{N})$ であるような N を見つけることができる．しかし，$(a + \frac{1}{N}, b - \frac{1}{N})$ が与えられたら，その外にある $y \in (a, b)$ を見つけることができる．

証明． (a, b) がコンパクトでないことを証明するために必要なことは，有限の部分被覆を持たないような開被覆の例を 1 つ見つけることだけである．被覆

$$\{G_n\} = \left\{ \left(a + \frac{1}{n}, b - \frac{1}{n}\right) \,\bigg|\, n \in \mathbb{N} \right\}$$

を使う．（これが $(1, 0)$ のような妥当でないようなものを与えたなら，その元は無視する．）

鍵になるアイデアは図 11.1 に描かれている．どんな $x \in (a, b)$ が与えられても，アルキメデス性によって，$x \in (a + \frac{1}{N}, b - \frac{1}{N})$ であるほど十分大きな N を見つけることができる．しかし，$\{G_n\}$ には有限の部分被覆がない．というのは，開区間 $(a + \frac{1}{N}, b - \frac{1}{N})$ が与えられたとき，稠密性を使って，その区間の外側の元 y で，$y \in (a, b)$ であるようなものを見つけることができるからである．

形式的に言って，なぜ $\bigcup_{n=1}^{\infty} G_n$ が (a, b) を覆うのだろうか？そうだね，$a < x < b$ であるような元 x に対して，アルキメデス性を使えば，

$$N > \max\left\{\frac{1}{x - a}, \frac{1}{b - x}\right\}$$

を満たすような $N \in \mathbb{N}$ が見つかる．そのとき，

$$Nx - Na > 1 \text{ かつ } Nb - Nx > 1 \Rightarrow Na + 1 < Nx < Nb - 1$$

$$\Rightarrow x \in \left(a + \frac{1}{N}, b - \frac{1}{N}\right)$$

となる．そのとき，(a, b) のあらゆる元はある $N \in \mathbb{N}$ に対して G_N に属すので，$(a, b) \subset \bigcup_{n=1}^{\infty} G_n$ となる．

コンパクト集合　　149

　形式的には，どうして $\{G_n\}$ は有限の部分被覆を持たないのだろうか？
そう，どんな $m > n$ に対しても，

$$a + \frac{1}{m} < a + \frac{1}{n} < b - \frac{1}{n} < b - \frac{1}{m}$$

となるので，$G_m \supset G_n$ である．したがって，どんな有限の $N \in \mathbb{N}$ に対しても

$$\bigcup_{n=1}^{N} G_n = G_N = \left(a + \frac{1}{N}, b - \frac{1}{N}\right)$$

となる．しかし，$(a, b) \not\subset G_N$ である．たとえば，$a + \frac{1}{2N} \in (a, b)$ だが $a + \frac{1}{2N} \notin (a + \frac{1}{N}, b - \frac{1}{N})$ だからである． □

　「集合がある距離空間に関しては開だった閉だったりできるが，ほかの空間に対してはできないことがあるなら，コンパクト集合についてはどうなのだろうか？」と訊きたくなるかもしれない．実際，コンパクト集合の定義では，その問題は完全に脇に置かれていた．K の開被覆を X で扱っているのか何か他の距離空間で扱っているのかを，指定することさえしなかった．

　次の定理が示すように，そのことは本当に重要なことではない！　ある距離空間でコンパクトな集合 K はあらゆる距離空間において（もちろん，その距離空間が K を含んでいる限りだが）コンパクトであるのだから．

　距離空間 X のコンパクトな部分集合 K はまた距離空間であり，どこでもコンパクトであるから，K のことをコンパクトな距離空間と呼ぶことが多い．もちろん，「閉じた距離空間」とか「開いた距離空間」という言葉遣いをするのは余り役に立たない．どんな距離空間もそれ自身の閉部分集合であり（X におけるすべての極限点を含むから），それ自身の開部分集合である（すべての近傍が含んでいるのは X の点だけである）．

定理 11.6（相対的コンパクト性）
　どんな距離空間 $Y \subset X$ に対しても，Y の部分集合 K が X に関してコンパクトなのは，K が Y に関してコンパクトであるとき，かつそのときに限る．

ここで,「K が Y に関してコンパクトである」というのは,どんな開被覆 $\{V_\alpha\}$ に対しても有限の部分被覆を持つということだが,それは $V_\alpha \subset Y$ であり,V_α が Y に関して開であるという条件下である.

証明.K が X に関してコンパクトと仮定する方向から始める.基本的なアイデアは,Y における K のどんな開被覆に対しても,それを X における K の開被覆に拡張して,その有限の部分被覆をとり,それと Y との共通部分をとって,Y における有限の部分被覆を得る.

Y における任意の開被覆 $\{V_\alpha\}$ に対して,Y における有限の部分被覆 $\{V_{\alpha_1}, V_{\alpha_2}, \ldots, V_{\alpha_n}\}$ があることを示したい.1つの距離空間に関して開である集合を,どのようにして別の距離空間に関して開であるものと関係づけたらよいか?定理10.14を使え!だから,あらゆる可能な V_α に対して,X に関して開である $G_\alpha \subset X$ が存在して,$V_\alpha = Y \cap G_\alpha$ となる.したがって,

$$K \subset \bigcup_\alpha V_\alpha = \bigcup_\alpha (Y \cap G_\alpha) = Y \cap \left(\bigcup_\alpha G_\alpha\right)$$

となる.

すでに K が Y の部分集合であることが分かっているから,$\{G_\alpha\}$ は K の開被覆である.K が X に関してコンパクトだから,有限の部分被覆 $\{G_{\alpha_1}, G_{\alpha_2}, \ldots, G_{\alpha_n}\} \subset \{G_\alpha\}$ がある.各 G_{α_i} は $\{G_\alpha\}$ の元であるから,1から n までのあらゆる i に対して,$V_{\alpha_i} = Y \cap G_{\alpha_i}$ である.ここで,$V_{\alpha_i} \in \{V_\alpha\}$ である.したがって,

$$K \subset Y \text{ かつ } K \subset \bigcup_{i=1}^n G_{\alpha_i}$$

$$\Rightarrow K \subset Y \cap \left(\bigcup_{i=1}^n G_{\alpha_i}\right) = \bigcup_{i=1}^n (Y \cap G_{\alpha_i}) = \bigcup_{i=1}^n V_{\alpha_i}$$

となる.これで,$\{V_\alpha\}$ が K の有限の部分被覆を持つことが示されるので,K は Y に関してコンパクトである.

もう一つの方向は同じ議論を逆に使う.ボックス11.1の空白を埋めてみよう.

ボックス 11.1

定理 11.6 の 2 つ目の方向を証明する.

K は Y に関してコンパクトであると仮定し,$\{G_\alpha\}$ を X における K の開被覆とする.$V_\alpha = Y \cap \underline{\quad}$ とすると,定理 10.14 により,V_α は $\underline{\qquad}$ 開である.$K \subset \bigcup_\alpha G_\alpha$ であり,$K \subset Y$ であるから,$K \subset \underline{\qquad} = \bigcup_\alpha V_\alpha$ であるので,Y における K の有限の部分被覆 $\{V_{\alpha_i}\}$ が得られる.すると,

$$K \subset \bigcup_{i=1}^{n} V_{\alpha_i} = \bigcup_{i=1}^{n} \underline{\qquad} = \underline{\quad} \cap \underline{\qquad}$$

であるから,$\{G_{\alpha_i}\}$ は $\underline{\quad}$ における K の有限の部分被覆である.

□

次のいくつかの定理から,コンパクト性を閉であることと関係づけることによって,どんな集合がコンパクトであるかがより良く特徴づけられる.

定理 11.7(コンパクトな部分集合は閉集合)

距離空間 X のコンパクト部分集合 K は,X において閉集合である.

X におけるコンパクト集合 K はどんな距離空間でもコンパクトだから,この定理は,どんなコンパクト集合も**あらゆる**(その部分集合になり得るような)距離空間において閉集合であることを意味する.

この定理の対偶をとれば,「K が**ある**距離空間 X に関して閉集合でなければ,K はどんな距離空間でもコンパクトでない」となることに注意する.このことを使えば,定理 11.5 の証明はより易しくなるかもしれない.たとえば,(a, b) は(a と b が極限点だから)$\mathbb{R}$ において閉集合でないので,(a, b) はコンパクトでない.

証明. K^C が X の開集合であることを証明(し,定理 10.1 を適用)する方が簡単になる.K^C のどんな点 p のまわりにも K^C に含まれる近傍があることを示したい.点のまわりの近傍(その近傍が p を含まないように

して）によって K を被覆し，K の部分被覆をとることで，これを行うことができる．さて，被覆の中の開集合で p に一番近いものとの距離より小さい半径の p のまわりの近傍を考えれば，K^C に含まれる．

このことを具体的に行うために，任意の $p \in X, p \notin K$（だから $p \in K^C$）をとる．$N_r(p) \subset K^C$ となるような $r > 0$ があることを示したい．

例 11.2 で，K の各点のまわりの（任意の半径の）近傍の集合が K の開被覆であることを見た．任意の点 $q \in K$ に対して，

$$W_q = N_{\frac{1}{3}d(p,q)}(q)$$

とすると，$\{W_q \mid q \in K\}$ は K の開被覆である（図 11.2 参照）．K はコンパクトだから，この開被覆には有限の部分被覆があるので，有限個の点 $\{q_1, q_2, \ldots, q_n\}$ があって，$K \subset \bigcup_{i=1}^{n} W_{q_i}$ とならねばならない．

$\{q_1, q_2, \ldots, q_n\}$ は有限集合なので，p に一番近い元がある．

$$d = \min_{1 \le i \le n} \{d(p, q_1), d(p, q_2), \ldots, d(p, q_n)\}$$

とおいて，$V = N_{\frac{1}{3}d}(p)$ とする．

そのとき，1 と n と間のどんな i に対しても

$$\frac{1}{3}d < \frac{1}{3}d + \frac{1}{3}d(p, q_i)$$
$$= \frac{1}{3}d(p, q_i) + \frac{1}{3}\min_{1 \le i \le n}\{d(p, q_1), d(p, q_2), \ldots, d(p, q_n)\}$$
$$\le \frac{1}{3}d(p, q_i) + \frac{1}{3}d(p, q_i)$$
$$< d(p, q_i)$$

となるので，V と W_{q_i} は交わらない．

したがって，$V \cap (\bigcup_{i=1}^{n} W_{q_i}) = \emptyset$ だから，$V \cap K = \emptyset$ となる．V は K と共有する点を持たないから，完全に K^C に含まれるので，実際，p は K^C の内点である． □

コンパクト集合   153

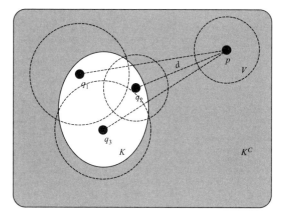

図 11.2　この図の集合 K は 3 点の近傍で被覆されている．それぞれの半径は $\frac{1}{3}d(p, q_i)$ である．数 d は p と q_i の間の距離の最小値である．p のまわりの半径 $\frac{1}{3}d$ の近傍は，どんな q_i の近傍とも交わらないので，完全に K^C に含まれる．

この証明は K の有限部分被覆が存在することにかかっていることに注意する．もしも存在しなければ，（最小値は無限集合に対しては必ずしも定義されないから）p からの最短距離の q_i をとることができなくなる．

また，証明の中の開被覆と有限の部分被覆は p に依存していることに注意する．集合がコンパクトであることが分かっているのでこのようにできるのだが，それは**あらゆる**開被覆が有限の部分被覆を持ち，必要に応じて選びとることができるからである．

定理 11.8（コンパクト集合の閉部分集合はコンパクト）
　どんな距離空間 $K \subset X$ に対しても，K がコンパクトであり，K の部分集合 F が X に関して閉集合であれば，F もまたコンパクトである．

　証明．実際には証明はかなり単純である．F の K における補集合が開集合であるというのが鍵なので，それに F の開被覆をつけて K の開被覆を作って，有限の部分被覆をとり，F^C を取り除くことができる．

　$\{V_\alpha\}$ を F の開被覆とする．$K = F \cup F^C$ であり（F^C は F の K における補集合），$F \subset \bigcup_\alpha V_\alpha$ であるので，

$$K \subset \left(\bigcup_\alpha V_\alpha\right) \cup F^C$$

となる．各 V_α は（K に関して）開集合なので $\{V_\alpha\} \cup F^C$ は K の開被覆である．K はコンパクトなので，有限の部分被覆 $\{V_{\alpha_1}, V_{\alpha_2}, \ldots, V_{\alpha_n}, F^C\}$ が存在する（ここで，F^C はこの部分被覆の元であってもなくてもよい）．

そのとき，

$$F \subset K \subset \left(\bigcup_{i=1}^n V_{\alpha_i}\right) \cup F^C$$

となり，$F \cap F^C = \emptyset$ だから，$\{V_{\alpha_1}, V_{\alpha_2}, \ldots, V_{\alpha_n}, F^C\}$ が F の有限部分被覆となる． □

系 11.9（閉集合とコンパクト集合の共通部分）

どんな距離空間 $K \subset X$ に対しても，K がコンパクトで，X の部分集合 F が X に関して閉集合であれば，$F \cap K$ もコンパクトである．

この系が言っているのは，コンパクト集合 K がどんな距離空間に埋め込まれていても，その距離空間のどんな閉集合と K との共通部分もコンパクトになるということである．

証明． 定理 11.7 により，K は X の閉集合である．閉集合どうしの共通部分は閉集合だから，$F \cap K$ は閉集合である．$F \cap K \subset K$ に注意すれば，定理 11.8 により，$F \cap K$ はコンパクトである． □

コンパクト性が普遍的な性質であるのに対して，閉集合であることは埋め込まれている距離空間に依存していることを理解するのは重要なことである．これらの違いのいくつかはこれまでのいくつかの定理を見てきて混乱してきたかもしれないので，少しテストをしてみよう．次の文章は何か間違っているだろうか？（後で，どんな閉区間もコンパクトであることを学ぶが，この事実は今のところは与えられたものとしておく．）

X を開区間 $(-3, 3)$ によって与えられた距離空間とし，$F = X$ とする．そのとき F は X で閉である（$p \in X \Rightarrow p \in F$ だから，F はそのすべて

コンパクト集合　155

の極限点を含む）．$K = [-5, 5]$ とすると，K はコンパクトである．その
とき，系 11.9 により，$F \cap K = (-3, 3)$ はコンパクトとなるが，これは定
理 11.5 に矛盾する．

　間違いが見つかったかな？　これは系 11.9 の乱用もいいところなのだ．
例では $F \subset X \subset \mathbb{R}$ で，$K \subset \mathbb{R}$ である．F は X では閉だが，$\mathbb{R}$ では閉で
はない．系 11.9 が言っているのは，X の中のコンパクト集合 K に対して，
$F \cap K$ がコンパクトであることだけである．しかし，$K = [-5, 5]$ は X の
部分集合ではないので，系を適用することはできないのである．（しかし，
$K = [-2, 2]$ のようなものをとれば，$F \cap K = [-2, 2]$ がコンパクトである
という結論が得られる.）

定理 11.10（コンパクト集合は有界）
　距離空間 X のコンパクトな部分集合 K に対して，K は X の中で有界
である．

　証明. K は**コンパクト** $\Rightarrow$ K は**有界** を示すために，対偶によって証明
する（K は**有界でない** $\Rightarrow$ K は**コンパクトでない** を示す）．有界性の定
義は，
$$\exists q \in X,\ \exists M \in \mathbb{R}\ \text{s.t.}\ d(p, q) \le M,\ \forall p \in K$$
であるので，その否定は
$$\forall q \in X,\ \forall M \in \mathbb{R},\ \exists p \in K\ \text{s.t.}\ d(p, q) > M$$
である．

　K がコンパクトだったなら，開被覆 $\{N_1(p) \mid p \in K\}$（K の各点のまわ
りの半径 1 の近傍）は有限の部分被覆 $\{N_1(p_1), N_1(p_2), \ldots, N_1(p_n)\}$ を持
つ．p_1 から最も遠い距離をとり，それを
$$r = \max\{d(p_1, p_i) \mid 1 \le i \le n\}$$
と呼ぶ．そのとき，$N_{r+1}(p_1)$ はその有限部分被覆 $\{N_1(p_1), N_1(p_2), \ldots,$
$N_1(p_n)\}$ の元を含む．というのは，1 から n までのどんな i に対しても，
$d(p_1, p_i) + 1 \le r + 1$ であるので $N_1(p_i) \subset N_{r+1}(p_1)$ となるからである．

さて，K が有界でないので，$q = p_1$ と $M = r+1$ に対して，ある $p \in K$ があって $d(p, p_1) > r+1$ となるので，$p \notin N_{r+1}(p_1)$ となる．したがって，K の少なくとも 1 つの元がこの有限被覆のある上位集合に含まれないことになるので，有限被覆の中にも属さず，K はコンパクトではあり得ない．

□

定理 11.11（コンパクト集合の共通部分）
$\{K_\alpha\}$ を距離空間 X の空でないコンパクト集合の集まりとする．もし $\{K_\alpha\}$ のあらゆる有限の集まりの共通部分が空でないならば，$\bigcap_\alpha K_\alpha$ も空でない．

これは自明な性質ではないのだろうか？ $\{K_\alpha\}$ の中の集合のあらゆる可能な組み合わせの共通部分が空でないなら，すべての集合の共通部分が空になることが起こり得るのだろうか？

無限交差の扱いにくさのせいで，こういうことは起こり得るのである．たとえば，$A_n = (-\frac{1}{n}, \frac{1}{n})$ として，集合の無限の集まり $\{A_n \mid n \in \mathbb{N}\}$ をとる．$\bigcap_{n=1}^\infty A_n = \{0\}$ であることは分かる（なぜなら，どんな 0 でない点 p に対しても，$p < -\frac{1}{k}$ か $p > \frac{1}{k}$ かが成り立つような開区間 $(-\frac{1}{k}, \frac{1}{k})$ が存在するからである）．

ここで，$B_n = A_n \setminus \{0\} = (-\frac{1}{n}, 0) \cup (0, \frac{1}{n})$ とおけば，$\bigcap_{n=1}^\infty B_n = \emptyset$ であるから，あらゆる B_n に属するような元はない．しかし，$\{B_n\}$ のあらゆる有限の集まりは少なくとも 1 つの元を**共有する**．なぜだろう？ どんな $m > n$ に対しても $B_m \subset B_n$ だから

$$\bigcap_{n=1}^k B_n = B_k = \left(-\frac{1}{k}, 0\right) \cup \left(0, \frac{1}{k}\right) \neq \emptyset$$

である．

定理 11.11 は基本的に，集まり $\{B_n\}$ で起こったことがコンパクト集合に対しては起こり得ないと言うのである．（この場合，各 B_n は $\mathbb{R}$ では閉ではなく，したがってコンパクトでない．）

証明．これを矛盾によって証明する．$\bigcap_\alpha K_\alpha$ が空なら，ある集合 K_1 を

有限個の集合 K_α^C で覆うことができるが，有限個の集合 K_α の有限の共通部分は空になる．

これをはっきりさせるために，

$$A \cap \left(\bigcap_\alpha B_\alpha \right) = \emptyset \ \Leftrightarrow \ A \subset \bigcup_\alpha B_\alpha^C$$

という集合の性質を使う．

右向きの証明のために，$x \in A$ をとる．すると，少なくとも1つの α に対して $x \notin B_\alpha$ である．もしそうでなければ，x はあらゆる B_α の元になるので，$A \cap (\bigcup_\alpha B_\alpha)$ が x を含み，空でなくなってしまう．だから，少なくとも1つの α に対して $x \in B_\alpha^C$ である．したがって，A のあらゆる元はある B_α^C に属すから，$A \subset \bigcup_\alpha B_\alpha^C$ である．

左向きの証明のために，x が A に属せば，$x \in B_\alpha^C$ となると仮定する．だから，A のあらゆる元は少なくとも1つの B_α に属さないから，A とあらゆる B_α に属すものはあり得ない．したがって，$A \cap (\bigcap_\alpha B_\alpha) = \emptyset$ となる．

さて，集まりの中からコンパクト集合 K_1 を取り出す．$\bigcap_\alpha K_\alpha$ が空であると仮定すると，$K_1 \cap \bigcap_{\alpha \neq 1} K_\alpha = \emptyset$ となる．上の性質から，これは $K_1 \subset \bigcap_{\alpha \neq 1} K_\alpha^C$ を意味する．また，定理 11.7 から，各 K_α は X に関して閉集合であり，K_α^C は X に関して開集合でなければならない．したがって，$\{ K_\alpha^C \mid \alpha \neq 1 \}$ は K_1 の開被覆である．

さて，K_1 はコンパクトだから，K_1 の有限の部分被覆 $\{ K_{\alpha_1}^C, K_{\alpha_2}^C, \ldots, K_{\alpha_n}^C \}$ が存在する．$K_1 \subset \bigcup_{i=1}^n K_{\alpha_i}^C$ だったのだから，

$$K_1 \cap \left(\bigcap_{i=1}^n K_{\alpha_i} \right) = \emptyset$$

となる．

したがって，K_α のある有限交差が空になって，定理の仮定に矛盾することになる．だから，$\bigcap_\alpha K_\alpha$ は空にはなれない． $\qquad\square$

コンパクト集合のものすごいパワーの（終わることがないように見える）鑑賞の旅を，1つの系と1つの定理で終えることにする．これまでの

ところあらゆることはそれ自身の上に構築されてきたので，あなたが（うまくいけば）面白く役に立つと思えるようないくつかの結果を思いつくだろう．

系 11.12（コンパクト集合の入れ子）

$\{K_n\}$ を空でないコンパクト集合の集まりで，どんな $n \in \mathbb{N}$ に対しても $K_n \supset K_{n+1}$ を満たすとすると，$\bigcap_{i=1}^{n} K_i \neq \emptyset$ である．

これらの集合が「入れ子」と呼ばれるのは，列の中のそれぞれの集合が列のそれ以降のすべての集合を含んでいるからである．集まりをマトリョーシカ人形のように考えてみよう．K_1（オルガ）を開けるとより小さな K_2（ガリーナ）が見つかり，その中には K_3（アナスターシャ）があり，などと続く．系が保証しているのは，人形の列は，より小さい人形を見つけるために開けておくことができるが，永遠に中に何かがあるということである（次回ロシアの土産物店に行くことがあったなら，コンパクト性について話すことで数学のスキルを披露するのはどうだろうか．「コンパクト集合って知ってますか？ 半額になります！ 」）．

証明． どんな $m < n$ に対しても $K_m \supset K_n$ であるので，
$$\bigcap_{i=1}^{n} K_i = K_n \neq \emptyset$$
であることがわかる．したがって，$\{K_n\}$ のどんな有限の部分集まりの共通部分も空ではないので，定理 11.11 により，$\bigcap_{n \in \mathbb{N}} K_n \neq \emptyset$ である． □

定理 11.13（コンパクト集合における極限）

集合 K のどんな無限部分集合 E に対しても，E は K の中に少なくとも 1 つの極限点を持つ．

E が無限個の点を持つというのが鍵となる前提条件である．（もちろん，E が有限集合であれば，定理は真とは言えないことになるだろう．定理 9.11 によれば，E の極限点のまわりのどんな近傍にも無限個の E の点があるのだから，E にはまったく極限点がない．）

コンパクト集合　159

証明. 結果が偽である，つまり E は K に極限点を持たないと仮定する．そのとき，あらゆる $q \in K$ に対して，ある $r_q > 0$ が存在して，$N_{r_q}(q) = \{q\}$ であるか $= \emptyset$ であるかとなる．集まり $\{N_{r_q}(q) \mid q \in K\}$ は K の開被覆であり，この集まりのそれぞれの集合は高々 1 つの K の点を含む．

K はコンパクトだから，開被覆は有限の部分被覆

$$\{N_{r_{q_1}}(q_1), N_{r_{q_2}}(q_2), \ldots, N_{r_{q_n}}(q_n)\}$$

を持つ．

しかし，その有限部分被覆は E の点を有限個しか含んでいない．それは $\{q_1, q_2, \ldots, q_n\} \cap E$ と特定できる．ところが E は無限個の点を含んでいる．したがって，E はその部分被覆には含まれておらず，K にも含まれていないことになるが，それは矛盾である．　　　　　　　　　　　□

始めの方の少しの例を除いて，どの集合が実際にコンパクトであるかということを考えてこなかったことに気づいているだろうか．今ではそれらに何ができるかを知っていて，それをどう見つけたらよいかを知らないだけである．

約束通り，次の章ではあらゆる区間 $[a, b]$ がコンパクトであることを証明する．さらにハイネ・ボレルの定理についても説明するが，これは実解析における中心的な結果であり，$\mathbb{R}^k$ においてコンパクト集合をどのように見つけるかを教えてくれる．

第12章 ハイネ・ボレルの定理

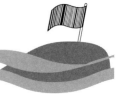

　驚くことが好きならこの段落は読み飛ばすこと．でないとネタバレになる！ ハイネ・ボレルの定理が何なのかをお話ししておこう．$\mathbb{R}^k$ の部分集合がコンパクトであるのは，有界閉集合であるとき，かつそのときに限る．1つ前の章で，（$\mathbb{R}^k$ だけでなく任意の距離空間において）あらゆるコンパクト集合が有界閉集合であることを示したので，ハイネ・ボレルの定理の本質は逆向きの含意である．つまり，$\mathbb{R}^k$ の有界閉集合がコンパクトであるということだが，これはあらゆる距離空間で真であるわけではない．たとえば，$(-\pi, \pi) \cap \mathbb{Q}$ は $\mathbb{Q}$ では閉集合で（$-\pi$ と π は有理数ではないから），有界であるが，（定理 11.5 により）コンパクトではない．

　気を付けて！ 本章には少しだけ長い証明があるが，訓練されてない目には難しく見えるかもしれない．（だけど，馬鹿にしないでほしいものだ．あなたたちの目はこれまでに間違いなく訓練されている）．長い文章を読み進むにつれ，各段階で何が起こっているかをはっきりさせるために，余白に図を描くと非常に役に立つだろう．

　前の章は任意の距離空間 X に関わるものだったが，本章では $\mathbb{R}^k$ を問題にしている．$\mathbb{R}^k$ のどんな集合がコンパクトであるかを発見するために（第6章でやったように，$\mathbb{R}^k$ は実数のすべての k 次元ベクトルの作る集合である），区間とコンパクト集合の共通の性質を調べることから始める．

定理 12.1（入れ子の閉区間性質）
　$\{I_n\}$ を $\mathbb{R}$ の閉区間の集まりで，どんな $n \in \mathbb{N}$ に対しても $I_n \supset I_{n+1}$ を満たすものとする．そのとき，$\bigcap_{n=1}^{\infty} I_n \neq \emptyset$ となる．

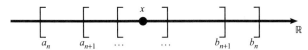

図 12.1　点 $x = \sup\{a_n \mid n \in \mathbb{N}\}$ は，どんな $n \in \mathbb{N}$ に対しても $\geq a_n$ であり，$\leq b_n$ である．

この定理は系 11.12 においてコンパクト集合に対する類似の性質を証明したので，非常になじみ深く見えるだろう．入れ子の閉区間性は，最小上界性の直接の帰結として得られる，$\mathbb{R}$ 固有の性質である．

証明．それぞれの区間は $I_n = [a_n, b_n]$ という形をしている．すべての $n \in \mathbb{N}$ に対して $x \in [a_n, b_n]$ であるような数 x を見つけたい．（もしこれができれば，$\bigcap_{n=1}^{\infty} I_n \supset \{x\}$ となる．）すべての下界 a_n の上限 x は良い選択のように見える．図 12.1 で見てとれるように，どんな $n \in \mathbb{N}$ に対しても $x \geq a_n$ であり，$x \leq b_n$ である．

$E = \{a_n \mid n \in \mathbb{N}\}$ とおく．どの b_n も E の上界である．というのは，ある $n, m \in \mathbb{N}$ に対して $a_n > b_m$ であったなら，$I_n \cap I_m = \emptyset$ となるので，どちらも他方を含むことができず，矛盾となる．したがって，E は上に有界な $\mathbb{R}$ の空でない部分集合であるから，$\mathbb{R}$ の最小上界性により $\sup E$ が $\mathbb{R}$ の中の存在する．それを x と呼ぼう．

さて，x は E の上界なので，どんな $n \in \mathbb{N}$ に対しても，$x \geq a_n$ である．さらに，b_n は E の上界で，x は**最小上界**なので，$x \leq b_n$ である．したがって，$x \in [a_n, b_n]$ である．

$x = \inf\{b_n\}$ とおけば，同じ証明がうまくいくことに注意する．　□

実際，この性質は $\mathbb{R}$ の区間に対してだけ成り立つわけではなく，$\mathbb{R}^k$ における区間と同じ考え方の k セルと呼ぶものに対しても成り立つ．

定義 12.2（k セル）

1 から k までのどんな j に対しても $a_j < b_j$ であれば，

$$\{\mathbf{x} = (x_1, x_2, \ldots, x_k) \mid x_j \in [a_j, b_j],\ 1 \leq \forall j \leq k\}$$

で与えられる $\mathbb{R}^k$ のベクトルの作る集合は k **セル**と呼ばれる．

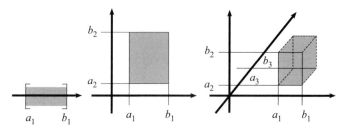

図 12.2　1 セル，2 セル，3 セル（最適な視覚体験のためには 3D 眼鏡があるといいかな）

k セルは図 12.2 のように視覚化できる．1 次元では $k=1$ とおき，1 セルはまさに閉区間であることが分かる．2 次元では，2 つの境界線の間に入るすべての点の集合であるから，2 セルは長方形である．3 次元では 3 セルは箱である．4 次元では，そうだね，アインシュタインによれば，4 番目の次元は時間だから，ある一定の期間，ずっと動かない箱と言ってもいいかな（そんな例は祖父母家の屋根裏部屋に行けば，あるかもね）．

定理 12.3（入れ子の k セル性質）

$\{I_n\}$ を $\mathbb{R}^k$ の k セルの集まりで，どんな $n \in \mathbb{N}$ に対しても $I_n \supset I_{n+1}$ を満たすものとする．そのとき，$\bigcap_{n=1}^{\infty} I_n \neq \emptyset$ となる．

証明．この証明はかなり簡単である．k セルの集まりの各次元に入れ子の閉区間性を適用するだけである．証明が 2 行よりも長い唯一の理由は，問題にしているのはどの k セルか（その指数 n は任意の自然数になり得る）ということと，問題にしているのはどの次元か（その指数 j は 1 から k まで動く）ということの両方を追跡しないといけないことである．

各 k セル I_n は，1 から k までのあらゆる j に対して $a_{n_j} \leq x_j \leq b_{n_j}$ であるような点 $\mathbf{x} = (x_1, x_2, \ldots, x_n)$ の集合である．したがって，I_n は j 番目の座標が閉区間 $I_{n_j} = [a_{n_j}, b_{n_j}]$ に属すようなベクトルの集合である．

あらゆる I_n に属すベクトル $\mathbf{x} = (x_1, x_2, \ldots, x_k)$，つまり，あらゆる $n \in \mathbb{N}$ に対して，座標が $x_1 \in I_{n_1}, x_2 \in I_{n_2}, \ldots, x_k \in I_{n_k}$ を満たすようなベクトルが存在することを示したい．

そうだね，定理 12.1 によって，共通部分 $\bigcap_{n=1}^{\infty} I_{n_1}$ は少なくとも 1 つの

点を持つので，それを x_1^* と呼ぼう．同じように $x_2^* \in \bigcap_{n=1}^{\infty} I_{n_2}, \ldots, x_k^* \in \bigcap_{n=1}^{\infty} I_{n_k}$ がある．したがって，ベクトル $\mathbf{x}^* = (x_1^*, x_2^*, \ldots, x_k^*)$ はあらゆる $n \in \mathbb{N}$ に対して I_n に属す． □

あらゆる閉区間がコンパクトであるだけでなく，実際，あらゆる k セルがコンパクトであることを証明できる．前の定理は証明のために役に立つが証明ではないし，それ自身の証明でもない．（k セルがコンパクト集合と同じ性質を持つからといって，必ずしもすべての k セルがコンパクトであることは意味しない．）

定理 12.4（k セルはコンパクトである）

どんな $k \in \mathbb{N}$ に対しても，あらゆる k セルはコンパクト集合である．

証明． これは複雑な議論のように見えるかもしれないが，底にある論理は悪いものではない．2 段階で行う．まず，何を言いたいのかを把握したうえで，それを形式的に書き上げることにする．

第 1 段． 矛盾による証明のために，ある k セル I がコンパクトではない，つまり，有限の部分被覆を持たない開被覆 $\{G_\alpha\}$ があると仮定する．それから I を有限個の部分 k セルに分割する．この部分 k セルのうち，少なくとも 1 つは $\{G_\alpha\}$ のどんな有限部分被覆によっても覆うことはできないので（そうでなければ $\{G_\alpha\}$ は I 全体に対する有限の部分被覆を持つことになる），その部分 k セルをとって，それをより小さな部分 k セルに分割する．同じように，その部分部分 k セルには少なくとも 1 つ，有限個で覆われないものがある……．図 12.3 のように分割していけば，入れ子の k セルの集まりが得られるが，そのどれも有限個では被覆できない．

定理 12.3 により，それらの共通部分は少なくとも 1 点 x^* を含まねばならない．$x^* \in I$ だから，それを含む $\{G_\alpha\}$ の中のある集合 G_1 がなければならない．G_1 は開集合なので，x^* のまわりのある近傍はまた G_1 に含まれる．この入れ子の部分 k セルはそれぞれより小さい部分 k セルを含むので，x^* のその近傍の中に収まるような任意小さいものが見つけられる．したがって，入れ子の部分 k セルの 1 つは G_1 によって覆われる．G_1 は $\{G_\alpha\}$ の有限の部分なので，これは矛盾となる．

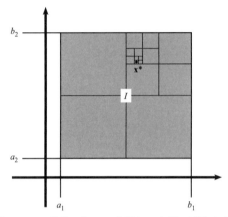

図 12.3 各段階で 4 つの部分 2 セルに分解し，有限で覆われない部分 2 セルを選びということを繰り返す 2 セル I の例．これは入れ子の 2 セルの列なので，その共通部分には少なくとも 1 つの点 x^* がある．

議論の最後の段階がうまく働くために，これらの部分 k セルがどれくらいの大きさを追跡しなければならない．ここで，分割をどのようにするかが問題となる．k セル I は各次元で区間によって与えられているので，それら 2^k 個の部分 k セルが得られる（図 12.3 で見ることができるように，2 次元では I を $2^2 = 4$ の部分に分割することを意味する）．この分割のプロセスの各ステップで，有限個で覆われない部分 k セルをさらに 2^k 個の部分 k セルに分割するので，n ステップ後には，部分 k セルは体積が元の k セル I の $\left(\frac{1}{2^k}\right)\left(\frac{1}{2^k}\right)\cdots\left(\frac{1}{2^k}\right) = 2^{-nk}$ 倍になる．

I はどれくらい大きいのか？ 1 つの k セルの中の 2 点の間の距離に関心がある（忘れないでほしいのだが，それを，G_1 の中の x^* のまわりの近傍の半径よりも小さくしたい）．この距離は I の内部の可能な最大距離で制限される．それは対角線で与えられる．$\mathbf{a} = (a_1, a_2, \ldots, a_n)$ と $\mathbf{b} = (b_1, b_2, \ldots, b_n)$ を得るために，I を作っている k 個の閉区間 $[a_j, b_j]$ の端点をベクトルの座標に入れてみよう．

そのとき対角線は（定義 6.10 を使って）

$$|\mathbf{b} - \mathbf{a}| = +\left(\sum_{i=1}^{k}(b_j - a_j)^2\right)^{\frac{1}{2}}$$

で与えられる. これを δ と書くと, n 番目の部分 k セルの中のどの 2 点間の距離も $\leq 2^{-n}\delta$ となる.

G_1 の中の x^* の近傍に含まれるほど十分小さい部分 k セルを見つけたい. だから, $N_r(x^*) \subset G_1$ に対して, $2^{-n}r\delta < r$ を示すことができれば, x^* と n 番目の部分 k セルのどんな点との間の距離も r より小さい, つまり, n 番目の部分 k セルは $N_r(x^*)$ に含まれるので, したがって G_1 にも含まれる. $\delta < 2^n r$ であること, つまり

$$n > \frac{\log(\frac{\delta}{r})}{\log(2)}$$

であることを示したい. $\delta > 0$ かつ $r > 0$ であるので, $\log(\frac{\delta}{r}) \in \mathbb{R}$ となる. そのとき, $\mathbb{R}$ のアルキメデス性により, そのような $n \in \mathbb{N}$ が存在する.

第 2 段. 形式的証明を行う.

次元 k を固定し, I を k セルとすれば,

$$I = \{\mathbf{x} = (x_1, x_2, \ldots, x_k) \mid a_j \leq x_j \leq b_j, 1 \leq \forall j \leq k\}$$

であり,

$$\delta = \left(\sum_{i=1}^{k}(b_j - a_j)^2\right)^{\frac{1}{2}}$$

とおけば, どんな $\mathbf{x}, \mathbf{y} \in I$ に対しても $|\mathbf{x} - \mathbf{y}| \leq \delta$ となる.

I がコンパクトでないと仮定すれば, I の開被覆 $\{G_\alpha\}$ で, 有限の部分被覆を持たないものを選ぶことができる. $[a_j, b_j]$ を

$$\left[a_j, \frac{a_j + b_j}{2}\right] \quad \text{と} \quad \left[\frac{a_j + b_j}{2}, bs_j\right]$$

に分けることによって, I を 2^k 個の部分 k セル Q_i に分割すると, $\bigcup_{i=1}^{2^k} Q_i = I$ となる. $\{G_\alpha\}$ のどんな有限部分被覆でも覆われない集合 $I_1 \in \{Q_i \mid 1 \leq i \leq 2^k\}$ が少なくとも 1 つ存在しなければならない. それから, I_1 を 2^k 個の部分 k セルに分割することを続けていくと, k セルの集

まり $\{I_n\}$ で，$I \supset I_1 \supset I_2 \supset \cdots$ を満たし，どの I_n も有限個で覆われないものが存在する．

定理 12.3 により，あらゆる $n \in \mathbb{N}$ に対して $x^* \in I_n$ となる点がある．また，$x^* \in I$ であるので，$x^* \in G_1$ となるような $G_1 \in \{G_\alpha\}$ がなければならない．G_1 は開集合なので，$N_r(x^*) \subset G_1$ を満たす $r > 0$ が存在する．$\mathbb{R}$ のアルキメデス性により，$n > \frac{\log(\frac{\delta}{r})}{\log(2)}$ を満たすような $n \in \mathbb{N}$ が存在し，だから，$2^{-n}\delta < r$ となる．どんな $\mathbf{y} \in I_n$ に対しても $|\mathbf{x}^* - \mathbf{y}| \leq 2^{-n}\delta < r$ となるので，$I_n \subset N_r(\mathbf{x}^*) \subset G_1$ となる．したがって，$\{G_\alpha\}$ のある有限部分（つまり，G_1 だけからなる 1 元集合）が I_n を覆うのだが，これは矛盾である．したがって，I はコンパクトでなければならない． □

$\mathbb{R}^k$ のどんな集合がコンパクトであるかを特徴づけるハイネ・ボレルの定理の証明をする準備がほとんど整った．ではあるが，まず，役に立つであろう次の結果を証明することにしよう．

定理 12.5（$\mathbb{R}^k$ の有界集合）
$\mathbb{R}^k$ の部分集合 E が有界であれば，E はある k セルに含まれる．

距離空間において有界であることが何を意味するかを確認するために，定義 9.3 を再確認しておこう．

証明． 基本的なアイデアは，E のあらゆる点のある $\mathbf{q} \in \mathbb{R}^k$ との距離が M より小さいならば，その限界 M と $\mathbf{q}$ に基づいて k セルを作ることができるということである．（幾何の言葉では，あらゆる円はある正方形に内接でき，あらゆる球面はある立方体に内接でき，などとなる．）

このことを厳密に行おう．E が有界なら，あらゆる E の点 $\mathbf{p}$ に対して，ある $M \in \mathbb{R}$ に対して $|\mathbf{p} - \mathbf{q}| \leq M$ が成り立つような $\mathbf{q} \in \mathbb{R}^k$ が存在する．$\mathbf{p} = (p_1, p_2, \ldots, p_k)$ と $\mathbf{q} = (q_1, q_2, \ldots, q_k)$ と書けば，これは

$$\left(\sum_{j=1}^{k}(p_j - q_j)\right)^{\frac{1}{2}} \leq M$$

を意味する．そのとき，1 から k までの各 j に対して

$$0+\cdots+0+(p_j-q_j)^2+0+\cdots+0\leq(p_1-q_1)^2+(p_2-q_2)^2+\cdots+(p_k-q_k)^2$$
$$\leq M^2$$

となるので，$q_j-M\leq p_j\leq q_j+M$ となる．これがあらゆる $\mathbf{p}\in E$ に対して真であるので，

$$I=\{\mathbf{x}=(x_1,x_2,\ldots,x_k)\mid x_j\in[q_j-M,q_j+M],1\leq\forall j\leq k\}$$

とおけば，I は k セルで，$E\subset I$ である． □

定理 12.6（ハイネ・ボレルの定理）

$\mathbb{R}^k$ の部分集合 E がコンパクトであるのは，E が有界閉集合であるとき，かつそのときに限る．

ここで「有界閉である」というのは，$\mathbb{R}^k$ の中で有界であり，かつ $\mathbb{R}^k$ の閉集合であるということを意味する．

証明． 本章で証明したすべての定理で，ほとんどの仕事をすでに済ませている．

E がコンパクトなら，定理 11.7 により，E は $\mathbb{R}^k$ で閉であり，定理 11.10 により E は $\mathbb{R}^k$ で有界である．

定理のもう一つの方向を証明するために，E が有界閉であると仮定する．有界なので定理 12.5 によりある k セル I に含まれねばならない．定理 12.4 により，I はコンパクトである．$E\subset I$ で，E が閉集合だから，定理 11.8 により E はコンパクトである． □

ハイネ・ボレルの定理に加えて，次の定理も $\mathbb{R}^k$ の中のコンパクト集合を見つけるもう 1 つの方法を与える．定理 11.13 では，コンパクト集合のあらゆる無限部分集合がそのコンパクト集合の中に極限点を持つことが示された．ここで，$\mathbb{R}^k$ における逆の命題を証明する．

定理 12.7（実コンパクト集合における極限）

$\mathbb{R}^k$ の部分集合 E がコンパクトであるのは，E のあらゆる無限部分集合が E の中に極限点を持つとき，かつそのときに限る．

証明．E がコンパクトであると仮定する．そのとき，定理 11.13 により，E のあらゆる無限部分集合は E の中に極限点を持つ．

逆に，E のあらゆる無限部分集合は E の中に極限点を持つと仮定する．E がコンパクトであることを示したいので，ハイネ・ボレルの定理によって，必要なのは，E が有界閉であることを示すことだけである．E が有界でないなら，E のある無限集合が E の中に極限点を持たず，同様に，E が閉集合でなければ，E のある無限集合が E の中に極限点を持たない，という対偶を証明しよう．

E が有界でないなら，E の中に極限点を持たないような，E の無限部分集合 S を作ることができる．$\mathbf{q} = \mathbf{0}$ と $M = 1, 2, 3, \ldots$ に対して，$|\mathbf{x}_n - \mathbf{q}| > M$ となるような点 $\mathbf{x}_n \in E$ がある．だから，あらゆる $n \in \mathbb{N}$ に対して，$|\mathbf{x}_n| > n$ であるような $\mathbf{x}_n \in E$ がある．$S = \{\mathbf{x}_n \mid n \in \mathbb{N}\}$ とすれば，$S \subset E$ である．

また，S は無限集合である．もし S が有限個の点 $\{\mathbf{x}_1, \mathbf{x}_2, \ldots, \mathbf{x}_N\}$ からなるなら，（例 4.8 でのような．「繰り上げ」を意味する天井記号 $\lceil \ \rceil$ を使って）
$$n = \lceil \max\{|\mathbf{x}_1|, |\mathbf{x}_2|, \ldots, |\mathbf{x}_N|\} \rceil + 1$$
をとることができる．だから，$|\mathbf{x}_n| > n$ であるような $\mathbf{x}_n \in E$ はないことになり，矛盾となる．

さらに，どんな点 $\mathbf{p} \in \mathbb{R}^k$ も S の極限点ではない．図 12.4 を見てほしい．どんな $\mathbf{p} \in \mathbb{R}^k$ が与えられても，N を $N \geq |p|$ である最小の自然数とする．そのとき，N より大きいどんな自然数 n に対しても $n \geq N + 1$ となるので，

$$|\mathbf{x}_n - \mathbf{p}| \geq |\mathbf{x}_n| - |\mathbf{p}| \quad \text{(定理 6.11 の性質 6 による)}$$
$$> n - |\mathbf{p}|$$
$$\geq N + 1 - |\mathbf{p}|$$
$$> 1 \quad (N \geq |\mathbf{p}| \text{ だから})$$

となる．

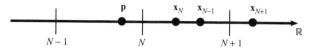

図12.4 $k=1$ 次元の S の点の例. ここで, N は $\geq |\mathbf{p}|$ となる最小の整数である. たとえば, $\mathbf{x}_{N-1}$ は $\mathbf{x}_N$ より大きいこともあり得ることに注意する. しかし, 重要なことは, どんな $n > N$ に対しても $|\mathbf{x}_n - \mathbf{p}| > 1$ となることである.

ここで 2 つの場合に分かれる. $\mathbf{p} \notin S$ であれば, どんな $n \in \mathbb{N}$ に対しても $\mathbf{p} \neq \mathbf{x}_n$ であるので,

$$r = \frac{1}{2}\min\{|\mathbf{x}_1 - \mathbf{p}|, |\mathbf{x}_2 - \mathbf{p}|, \ldots, |\mathbf{x}_N - \mathbf{p}|\}$$

とおく. そのとき, どんな $n \in \mathbb{N}$ に対しても, $n \leq N$ ならば $|\mathbf{x}_n - \mathbf{p}| > r$ であり, $n > N$ ならば $|\mathbf{x}_n - \mathbf{p}| > 1 > r$ である. だから, $N_r(\mathbf{p})$ はどんな $n \in \mathbb{N}$ に対しても $\mathbf{x}_n$ を含まないから, $N_r(\mathbf{p}) \cap S = \emptyset$ となるので, $\mathbf{p}$ は S の極限点ではない.

$\mathbf{p} \in S$ であれば, ($N \geq |p|$ だったから) $\mathbf{p} = \mathbf{x}_i$ となるような $i \leq N$ がある.

$$r = \frac{1}{2}\min\{|\mathbf{x}_1 - \mathbf{p}|, |\mathbf{x}_2 - \mathbf{p}|, \ldots, |\mathbf{x}_{i-1} - \mathbf{p}|, |\mathbf{x}_{i+1} - \mathbf{p}|, \ldots, |\mathbf{x}_N - \mathbf{p}|\}$$

とおく (ここで, 最小値をとることから $\mathbf{p} = \mathbf{x}_i$ を取り除いてある). 最初の場合と同じ論理により, $N_r(\mathbf{p}) \cap S = \{p\}$ となるので, $\mathbf{p}$ は S の極限点ではない.

どんな $\mathbf{p} \in \mathbb{R}^k$ も S の極限点ではなく, $E \subset \mathbb{R}^k$ だから, S は E に極限点を持たない.

もう 1 つの場合として, E が閉集合でないと仮定する. そのとき, 極限点 $\mathbf{x}_0 \in \mathbb{R}^k$ で, $\mathbf{x}_0 \notin E$ であるものがある. またも, E の無限部分集合 S で, その唯一の極限点が $\mathbf{x}_0$ であるものを作ることができ, それは E に極限点を持たない. あらゆる $r > 0$ に対して $|\mathbf{x}_0 - \mathbf{x}| < r$ を満たす点 $\mathbf{x}$ が存在するので, あらゆる $n \in \mathbb{N}$ に対して, $|\mathbf{x}_n - \mathbf{x}_0| < \frac{1}{n}$ を満たす点 $\mathbf{x}_n$ が存在する. $S = \{\mathbf{x}_n \mid n \in \mathbb{N}\}$ とおけば, $S \subset E$ である.

またも S は無限集合である．なぜって？ S が有限個の点 $\{\mathbf{x}_1, \mathbf{x}_2, \ldots, \mathbf{x}_N\}$ からなるなら，あらゆる整数 $n \geq N$ に対して $|\mathbf{x}_j - \mathbf{x}_0| < \frac{1}{n}$ を満たす $j\,(1 \leq j \leq N)$ があることになる．これは $\mathbf{x}_j = \mathbf{x}_0$ を示唆する（なぜなら，もしそうでなければ，アルキメデス性により，$n|\mathbf{x}_j - \mathbf{x}_0| > 1$ を満たす n があることになる）．そのとき，$\mathbf{x}_0 \notin E$ となって，矛盾となる．

明らかに $\mathbf{x}_0$ は S の極限点である．なぜって？ あらゆる $r > 0$ に対して，アルキメデス性により，$nr > 1$ となるような $n \in \mathbb{N}$ が存在する．そのとき，$|\mathbf{x}_0 - \mathbf{x}_n| < \frac{1}{n} < r$ となり，少なくとも1つの $\mathbf{x}_n$ は $N_r(\mathbf{x}_0) \cap S$ に属す．

しかし，$\mathbf{y} \neq \mathbf{x}_0$ である $y \in \mathbb{R}^k$ に対して，

$$|\mathbf{x}_n - \mathbf{y}| \geq |\mathbf{x}_0 - \mathbf{y}| + |\mathbf{x}_n - \mathbf{x}_0| \quad （定理 6.11 の性質 6 による）$$

$$> |\mathbf{x}_0 - \mathbf{y}| - \frac{1}{n}$$

$$\geq \frac{1}{2}|\mathbf{x}_0 - \mathbf{y}| \quad \left(\frac{1}{n} \leq \frac{1}{2}|\mathbf{x}_0 - \mathbf{y}| である限り\right)$$

となる．言い換えれば，$r = \frac{1}{2}|\mathbf{x}_0 - \mathbf{y}|$ に対して，$\mathbf{x}_n$ のあらゆる点は，$\frac{1}{n} \leq \frac{1}{2}|\mathbf{x}_0 - \mathbf{y}|$ である限り，$\mathbf{y}$ から少なくとも r の距離にある．したがって，

$$N_r(\mathbf{y}) \cap S = \left\{\mathbf{x}_n \ \middle| \ \frac{1}{n} > \frac{1}{2}|\mathbf{x}_0 - \mathbf{y}|\right\}$$

となる．$n < \frac{2}{|\mathbf{x}_0 - \mathbf{y}|}$ であるような $n \in \mathbb{N}$ は有限個しかないので，$\mathbf{y}$ のあらゆる近傍は有限個の S の点しか含み得ない．だから，定理 9.11 により，$\mathbf{y}$ は S の極限点ではあり得ない．

今や，E のどんな点も S の極限点ではない． $\square$

どんな $E \subset \mathbb{R}^k$ に対しても次の3つの言明が同値であることに注意する．

言明 1 E は有界閉集合である．

言明 2 E はコンパクトである．

言明 3 E のあらゆる無限部分集合は E の中に極限点を持つ．

言明 2 と 3 は，($\mathbb{R}^k$ でなくても）どんな距離空間でも同値であることが分かるのだが，その際の「言明 3 $\Rightarrow$ 言明 2」の証明は非常に複雑であり，我々の目的のためには不必要でもある．

われわれがまずすべてのコンパクト集合が持ついくつかの性質（有界閉であることや，あらゆる無限部分集合が極限点を含むこと）を発見し，それからそれらの性質が $\mathbb{R}^k$ の中でのコンパクト性を導くことを証明したというのは興味深いことである．しかしながら，コンパクト集合のすべての性質がそのような逆の言明を導くわけではない．たとえば，入れ子の集合の集まり $\{A_n = (-\frac{1}{n}, \frac{1}{n})\}$ の有限共通部分は空ではないが（$\bigcap_{n=1}^{\infty} A_n = \{0\}$ であるから），それぞれの A_n はコンパクトではない．

次の定理は，コンパクト集合の研究がなぜ役に立つのかの例になっている．定理の言明の中にはコンパクト性はどこにも出てこないが，一般的な（そして，きわめて役に立つ）結果を証明するのに上のコンパクト性の定理を使うのである．

定理 12.8（ワイエルシュトラスの定理）

$\mathbb{R}^k$ の無限部分集合 E が有界であれば，E は $\mathbb{R}^k$ の中に極限点を持つ．

証明．朝飯前だね．ボックス 12.1 の空白を埋めよ．

ボックス 12.1

> ワイエルシュトラスの定理を証明する．
>
> 定理＿＿＿により，ある k セル I に対して $E \subset I$ となる．定理 12.4 により，I は＿＿＿＿＿＿＿であるから，定理 11.13 により，E は＿＿の中に極限点を持つ．そこで，I は $\mathbb{R}^k$ の部分集合だから，E は $\mathbb{R}^k$ の中で＿＿＿＿＿＿．

$\square$

これで，コンパクト集合の世界でのわれわれの楽しくはしゃぎまわった災難は終わりだ．（でも，心配はいらない！ 第 14 章でまた戻ってくる！）

172 第12章

次の章では，少し詳しく完全集合を調べ，連結性について学ぶことにしよう．

第13章　完全集合と連結集合

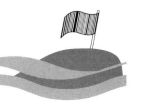

　閉集合, 開集合, コンパクト集合と詳細に探索してきた一方で, これまで完全集合を放っておいた. 部屋の片隅でずっと独りきりだった完全集合は可哀そうだったね. いいだろう, 本章は彼らが輝くチャンスである！ その後で, **連結集合**のアイデアを導入することでトポロジーの研究を終えることにする. 連結集合は, コンパクト集合のように, 連続関数の理論で大きな役割を果たすのである.

　思いだしてほしいのだが, 例 9.25 で, 任意の閉区間 $[a,b]$ が完全集合であることを見た. というのは, 閉区間はその極限点のすべてを含むだけでなく, 実際にその点の 1 つ 1 つが極限点である.

　例 8.10 で学んだのは, 開区間 $(0,1)$ が非可算集合であること, そして同じカントールの対角線論法を使ってどんな区間 $[a,b]$ も非可算であることがわかることである.

　区間が非可算集合であるだけでなく, 実際にあらゆる実の完全集合が非可算であることがわかる.

定理 13.1（実の完全集合は非可算）

　$\mathbb{R}^k$ の空でない部分集合 P が完全集合なら, P は非可算である.

「P は非可算である」という言明は実際には「$|P|$ は非可算である」（すなわち元の数が非可算である）ことを意味する.「$|P|$ は無限である」の意味で通常「P は無限である」と書くのと同じことである.

　カントールの対角線論法を使う代わりに, どんな区間 $[a,b]$ も非可算である（そしてそれゆえ, $[a,b] \subset \mathbb{R}$ だから $\mathbb{R}$ も非可算である）ことを示すために最初にこの定理を使うこともできた.

　証明. この証明には実際にコンパクト集合を使う. 驚きだ！ P が空

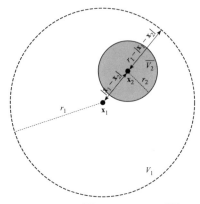

図 13.1 r_2 の選び方から $\overline{V_2} \subset V_1$ と $\mathbf{x}_1 \notin \overline{V_2}$ が保証される.

集合ではないので，少なくとも 1 点 $\mathbf{x}$ を含む．そして，P が完全集合だから，$\mathbf{x}$ を極限点である．そのあらゆる近傍は P の無限個の点を含むので，P は無限集合でなければならない．この定理の主張は P が非可算であることである．だから，P が可算であると仮定すれば，その点を $P = \{\mathbf{x}_1, \mathbf{x}_2, \mathbf{x}_3, \ldots\}$ と数え上げ，矛盾が導かれねばならない．

系 11.12 を使うので，入れ子のコンパクト集合の列が欲しい．また，P の点に番号がついていて，その点がすべて極限点であるという事実を利用したいので，P の点の近傍で仕事をしよう．近傍は既に有界であるので，それがコンパクトであるためには，閉集合でもあってほしい．したがって，近傍を作る代わりに，その**閉包**が入れ子になるように近傍をとる．

P の点 $\mathbf{x}_1$ と任意の半径 $r_1 > 0$ を選び，$V_1 = N_{r_1}(\mathbf{x}_1)$ とする．

$$\overline{V_1} = \{\mathbf{y} \in \mathbb{R}^k \mid |\mathbf{x}_1 - \mathbf{y}| \leq r_1\}$$

であることに注意する．

$\mathbf{x}_1$ は P の極限点だから，V_1 は $\mathbf{x}_2 \neq \mathbf{x}_1$ であるような点 $\mathbf{x}_2 \in P$ を少なくとも 1 つ含む．ここで，図 13.1 で見るように $r_2 > 0$ を

$$r_2 < \min\{|\mathbf{x}_1 - \mathbf{x}_2|, r_1 - |\mathbf{x}_1 - \mathbf{x}_2|\}$$

であるように選び，$V_2 = N_{r_2}(\mathbf{x}_2)$ とする．そのとき，$\overline{V_2} \subset V_1$ であり，$\mathbf{x}_1$ と $\mathbf{x}_2$ の距離は r_2 より大きいから，$\mathbf{x}_1 \notin \overline{V_2}$ でもある．$\mathbf{x}_2$ もまた P の極限

点だから，$V_2 \cap P$ は $\mathbf{x}_3 \neq \mathbf{x}_2$ であるような点 $\mathbf{x}_3 \in P$ を少なくとも 1 つ含む．$\mathbf{x}_3 \in V_3$ だから，$\mathbf{x}_3 \neq \mathbf{x}_1$ でもある．前と同じようにして，新しい半径 r_3 を選び，無限のステップを続けていく．

この構成をより形式的にするために，V_1 の定義から始めよう．V_n から V_{n+1} を得る方法を定める規則が必要な時だ．そこで，V_n を点 $\mathbf{x}_n \in P$ の近傍として定義したとして，V_{n+1} を次のように作る．$\mathbf{x}_n$ は P の極限点であるから，$V_n \cap P$ は $\mathbf{x}_{n+1} \neq \mathbf{x}_n$ であるような点 $\mathbf{x}_{n+1} \in P$ が少なくとも 1 つはある．さて，r_{n+1} を

$$r_{n+1} < \min\{|\mathbf{x}_n - \mathbf{x}_{n+1}|, r_n - |\mathbf{x}_n - \mathbf{x}_{n+1}|\}$$

となるように選び，$V_{n+1} = N_{r_{n+1}}(\mathbf{x}_{n+1})$ とする．そのとき，$\overline{V_{n+1}} \subset V_n$ となり，$\mathbf{x}_n$ と $\mathbf{x}_{n+1}$ との間の距離は r_{n+1} より大きいので，$\mathbf{x}_n \notin \overline{V_{n+1}}$ でもある．

スゴイね！ ここで，$K_n = \overline{V_n} \cap P$ とする．$\overline{V_n}$ は有界閉なので，ハイネ・ボレルの定理によって，$\overline{V_n}$ はコンパクトである．そして，P は閉集合なので，系 11.9 から，K_n はコンパクトである．あらゆる $n \in \mathbb{N}$ に対して，

$$\overline{V_{n+1}} \subset V_n \Rightarrow \overline{V_{n+1}} \subset \overline{V_n}$$

$$\Rightarrow (\overline{V_{n+1}} \cap P) \subset (\overline{V_n} \cap P)$$

$$\Rightarrow K_{n+1} \subset K_n$$

となっている．各 V_n は P の極限点の近傍だから，各 V_n は P の点を少なくとも 1 つ含むので，各 K_n は少なくとも 1 つの点を含む．こうして空でないコンパクト集合の入れ子の列 $\{K_n\}$ が得られるので，系 11.12 から，$\bigcap_{n=1}^{\infty} K_n \neq \emptyset$ となる．

ちょっと待った！ 思い出してほしいのだが，あらゆる $n \in \mathbb{N}$ に対して $\mathbf{x}_n \notin \overline{V_{n+1}}$ なのだから，$\mathbf{x}_n \notin K_{n+1}$ となって，$\mathbf{x}_n \notin \bigcap_{i=1}^{\infty} K_i$ であった．ここが可算性の関係してくるところだ．n をどのように与えても，$\mathbf{x}_n \notin \bigcap_{i=1}^{\infty} K_i$ であるのだから，P にはこの共通部分に属す元がないことになり，矛盾である．したがって，P は非可算でなければならない． □

図 13.2 このプロセスの5段階のコンピュータで作った画像．最初の行（単なる黒線）が E_0 に対応し，下に続く n 番目の行の黒い領域が E_{n-1} に対応している．

この時点で，あなたは多分，閉区間が $\mathbb{R}$ におけるもっとも簡単な例だと考えているかもしれない．そのため，$\mathbb{R}$ におけるあらゆる完全集合はある区間の上位集合であると想定しているかもしれない．しかし，それは間違っている！ 悪名高きカントール集合が大反例になっている．それは（ちょうどあなた，自信過剰な[1] あなたのように）実であり完全であるが，どんな閉区間の上位集合にはならないだけでなく，実際どんな1つの開区間さえも含まないのである．

カントール集合を作るには，集合 $E_0 = [0,1]$ から始める．それから，真ん中の3分の1を取り除いて $E_1 = E_0 \setminus (\frac{1}{3}, \frac{2}{3})$，つまり $E_1 = [0, \frac{1}{3}] \cup [\frac{2}{3}, 1]$ を作る．E_2 を得るには，E_1 のそれぞれの区間の真ん中の3分の1を取り除くので，$E_2 = [0, \frac{1}{9}] \cup [\frac{2}{9}, \frac{3}{9}] \cup [\frac{6}{9}, \frac{7}{9}] \cup [\frac{8}{9}, 1]$ となる．このプロセスを無限に続ける（ボックス13.1参照）．（最初の5段階が図13.2に示されている．）

ボックス 13.1

> カントール集合を構成する3段階目．
>
> たとえば，E_3 は E_2 から，開区間 _____ と _____ と _____ と _____ を除いたものである
>
> したがって E_3 は _____ ∪ _____ ∪ _____ ∪ _____ ∪ _____ ∪ _____ ∪ _____ ∪ _____ である．

このプロセスの各段階で E_n のそれぞれの閉区間は（真ん中の3分の1を取り除くことによって）2つの閉区間に分かれるので，E_n の閉区間の

---

[1] ［訳註］ここは special snowflake という最近のアメリカのスラングが使われている．多くの意味があるようだが，ここでの意味として適当なものを選んだ．著者は，snowflake（雪片）でカントール集合自体やそれと関連のあるカオス集合を連想させたかったのかもしれない．著者の意図を汲む日本語にできなくて申し訳ない．

数は E_{n-1} の閉区間の数の 2 倍になり，$2(2^{n-1}) = 2^n$ となる．また，E_n の各閉区間の大きさは E_{n-1} の各閉区間の大きさの 3 分の 1 になり，つまり，E_n の各閉区間の長さは $(\frac{1}{3})^n$ となる．

カントール集合はすべての集合 E_n の無限の共通部分として与えられる．この構成を定義として形式化する．

集合のような何かが（それ以前の集合の言葉で）帰納的に定義されたとき，構成では帰納による証明のようなものが働かないといけないことにまず注意する．最初の集合がどのように見えるかを特定する「基底の場合」がないといけないし，「n 番目の集合がこのように見えるなら $n+1$ 番目の集合はどのように見えるのか」を言う「帰納のステップ」がないといけない．構成が有効であるには，$n+1$ 番目の集合ができるときには n 番目の集合が満たしていたのと同じ仮定を満たしていないといけない．そうすれば，$n+2$ 番目の集合も同じように作ることができて，その先に続いていく．

定義 13.2（カントール集合）

$E_0 = [0, 1]$ とする．そのとき，

$$E_n = [a_0, b_0] \cup [a_1, b_1] \cup \cdots \cup [a_{2^n - 1}, b_{2^n - 1}]$$

が与えられたとき，

$$\begin{aligned}
E_{n+1} = E_n \setminus \Bigg\{ &\left(a_0 + \frac{b_0 - a_0}{3}, a_0 + \frac{2(b_0 - a_0)}{3} \right) \cup \\
&\left(a_1 + \frac{b_0 - a_0}{3}, a_1 + \frac{2(b_0 - a_0)}{3} \right) \cup \cdots \cup \\
&\left(a_{2^n - 1} + \frac{b_0 - a_0}{3}, a_{2^n - 1} + \frac{2(b_0 - a_0)}{3} \right) \Bigg\}
\end{aligned}$$

とする．**カントール集合**は

$$P = \bigcap_{n=0}^{\infty} E_n$$

である．

E_{n+1} が 2^{n+1} 個の区間の和集合であり，したがってこの構成は妥当であることを形式的に証明はしなかった．その証明を具体的に行いたいのであれば，数行の帰納の手続きが必要となる．

定理 13.3（カントール集合は空でない）
カントール集合は少なくとも 1 つの点を含む．

証明． 各 E_n は（閉集合である）区間の有限和だから，定理 10.4 により各 E_n も閉集合であることに注意する．もちろん，各 E_n は有界であるので，ハイネ・ボレルの定理によって各 E_n はコンパクトである．各 E_{n+1} は E_n からいくつかの E_n の点を取り除くことで得られるので，入れ子になっている．そのとき，系 11.12 により $\bigcap_{n=1}^{\infty} E_n \neq \emptyset$ となるので，カントール集合 P は少なくとも 1 つの元を持つ． □

また，P 自身は閉集合で（閉集合の無限の共通部分であるので），明らかに P は有界であるから，P はコンパクトである．

約束したように，P は開区間を含まないが，実際に完全集合であることが分かる．

定理 13.4（カントール集合はどんな開区間も含まない）
どんな $a, b \in \mathbb{R}$，$a < b$ に対しても，開区間 (a, b) はカントール集合の部分集合ではない．

証明． 閉区間 $[a, b]$ の長さは $b - a$ である．どんな $n \in \mathbb{N}$ に対しても，E_n は長さが 3^{-n} の閉区間の和であることを思い出しておこう．$P = \bigcap_{n=1}^{\infty} E_n$ であるので，P はあらゆる E_n の部分集合である．だから，どんな $n \in \mathbb{N}$ が与えられても，3^{-n} より大きい長さの閉区間を含まない．したがって，その長さの開区間も含まない．

$\mathbb{R}$ のアルキメデス性により，

$$n > -\frac{\log(b-a)}{\log(3)}$$

を満たす $n \in \mathbb{N}$ を選ぶことができる．そのとき $\log(b-a) > -n\log(3)$ であるので，$b - a > 3^{-n}$ となる．したがって，P は (a, b) を含まない． □

これじゃ安っぽくないかな？つまりね，閉区間の和集合を作ることによってカントール集合を構成したが，今はこれらの閉区間からどんどん小さくなるものが得られるという事実を使って，カントール集合がどんな開区間も（また閉区間も）含み得ないことを示した．カントール集合が閉区間の和だと考えられるのなら，そこに開区間が（または閉区間が）ないことがあり得るのだろうか？

この考えの鍵になる問題に注意する．カントール集合自身は閉区間の和ではなく，閉区間の和集合の無限の共通部分である．前に見たように，閉区間の和集合の無限の共通部分は，$\bigcap_{n=1}^{\infty}[-\frac{1}{n}, \frac{1}{n}] = \{0\}$ のように，1点しか含まないこともある．

定理 13.5（カントール集合は完全集合）

カントール集合 P は距離空間 $\mathbb{R}$ の中で完全である．

証明． すでに P が $\mathbb{R}$ の中で閉であることが分かっているので，示す必要があるのは，P のあらゆる点が P の極限点であることだけである．任意の $x \in P$ をとり，任意の $r > 0$ に対して

$$S = N_r(x) = (x - r, x + r)$$

とする．P のある点が開区間 S の中にあることを示したい．

そうだね，$x \in \bigcap_{n=1}^{\infty} E_n$ であるので，あらゆる $n \in \mathbb{N}$ に対して $x \in E_n$ である．E_n が閉区間の和集合であることは分かっているので，x はある区間 $I_n \subset E_n$ に属さないといけない．

開区間 S の長さは $2r$ であり，定義 13.2 により，区間 I_n の長さは 3^{-n} である．$\mathbb{R}$ のアルキメデス性によって

$$n > -\frac{\log(2r)}{\log(3)}$$

であるように $n \in \mathbb{N}$ を選ぶ．したがって $3^{-n} < 2r$ となるので，$I_n \subset S$ である．I_n の端点 x_n で $x_n \neq x$ であるものをとる（つまり，$I_n = [a, x]$ なら $x_n = a$ とし，$I_n = [x, b]$ なら $x_n = b$ とし，$I_n = [a, b]$ なら $x_n = a$ でも $x_n = b$ でもよい）．そのとき，$x_n \in I_n$ であるから，$x_n \in S$ となるので，x でないある点が x のあらゆる近傍にあることが示せた．

したがって，x は P の極限点であり，x が任意だったから，P は完全集合である． □

この定理により，定理 13.1 からカントール集合は非可算であることに注意する．

ここで，多少トリッキーになるけれど，連結集合に注意を向ける．それをより良く理解するために，2つの異なる定義をして，それが同値であることを証明する（言い換えれば，その2つを**連結する**のだ！）．それから，実数直線上の連結集合のより直観的な特徴づけを与える定理を証明する．

連結性の元になる，**分離された集合**を定義することから始める．

定義 13.6（分離された集合）

距離空間 X の2つの部分集合 A と B が**分離されている**とは，A が B の閉包と交わらず，B が A の閉包と交わらないときに言う．

記号で書けば，$A, B \subset X$ は

$$A \cap \overline{B} = \emptyset \text{ かつ } \overline{A} \cap B = \emptyset$$

であるとき，分離されている．

例 13.7（分離された集合）

点 $a \in \mathbb{R}$ は半開区間 $(a, b]$ の極限点である．集合 $A = [-3, 0)$ と $B = (0, 3]$ は分離されている．というのは，$\overline{A} = [-3, 0]$ と $B = (0, 3]$ は交わらず，$\overline{B} = [0, 3]$ と $A = [-3, 0)$ は交わらないからである．

ほかの例としては，どんな $n \in \mathbb{N}$ に対しても，（カントール集合の構成における）集合 E_n の中の閉区間のどんな対も分離されている．

2つの集合が交わらないとき**互いに素**であるという定義 3.10 を思い出してほしい．たとえば，$A = [-3, 0]$ と $B = (0, 3]$ は互いに素である．しかし，$A \cap \overline{B} = [-3, 0] \cap [0, 3] = \{0\} \neq \emptyset$ であるから，A と B は分離されていない．分離されているということを互いに素であることを強めたものであると考えるといいだろう．

次の表はこの差をもっとはっきりさせてくれるだろう．

完全集合と連結集合　181

$[a, b)$ と $(b, c]$ 　互いに素，分離されている

$[a, b)$ と $[b, c]$ 　互いに素，分離されていない

$[a, b]$ と $(b, c]$ 　互いに素，分離されていない

$[a, b]$ と $[b, c]$ 　互いに素でない，分離されていない

定理 13.8（分離された部分集合）

距離空間 X のどんな 2 つの部分集合 A と B に対して，$A_1 \subset A$ かつ $B_1 \subset B$ とする．A と B が分離されていれば，A_1 と B_1 も分離されている．

証明. $A \cap \overline{B} = \overline{A} \cap B = \emptyset$ が分かっていて，$A_1 \cap \overline{B_1} = \overline{A_1} \cap B_1 = \emptyset$ を示したい．$\overline{A_1} \subset \overline{A}$（同様に $\overline{B_1} \subset \overline{B}$）に注意する．これは実際に閉包の一般的な性質であるが，なぜこうなるのだろうか？ $a_1 \in \overline{A_1}$ をとる．$a_1 \in A_1$ ならば $a_1 \in A$ であるので，$a_1 \in \overline{A}$ である．$a_1 \notin A_1$ ならば a_1 は A_1 の極限点なので，a_1 のあらゆる近傍は A_1 と，a_1 ではない点で交わる．しかし，A_1 のあらゆる点は A の点であるので，a_1 のあらゆる近傍は A と，a_1 ではない点で交わっている．したがって，a_1 は A の極限点なので $a_1 \in \overline{A}$ となる．

そこで，

$$(A_1 \cap \overline{B_1}) \subset (A \cap \overline{B_1}) \subset (A \cap \overline{B}) = \emptyset$$

となり，同様に

$$(\overline{A_1} \cap B_1) \subset (\overline{A_1} \cap B) \subset (\overline{A} \cap B) = \emptyset$$

となる．　　　　　　　　　　　　　　　　　　　　　　　　　　　　　□

定義 13.9（連結集合）

距離空間 X の部分集合 E は，2 つの分離されない空でない集合の和集合であるなら，**不連結**である．

記号で書けば，

1.　$A \neq \emptyset$ かつ $B \neq \emptyset$
2.　$E = A \cup B$
3.　$A \cap \overline{B} = \emptyset$ かつ $\overline{A} \cap B = \emptyset$

182 第 13 章

をみたす $A, B \subset X$ があるとき，不連結である．

距離空間 X の部分集合 E は，不連結でないなら，**連結**である．

例 13.10（連結集合）

不連結の定義では，分離された集合 A と B が空でないと言っているので，空集合 $\emptyset$ は連結である．

集合 $E = [-3, 0) \cup (0, 3]$ は不連結である．というのは例 13.7 で見たように $[-3, 0)$ と $(0, 3]$ は分離されているからである．

一方で，$[-3, 0]$ と $(0, 3]$ は分離されていないものの，$E = [-3, 0] \cup (0, 3] = [-3, 3]$ が確かに連結であるとは言いにくい．なぜなら，ほかの 2 つの集合 A, B で，$A \cup B = [-3, 3]$ であって，分離されているものがないと，どうしたらわかるものだろうか？（すべての開区間と閉区間が実際に連結であることが分かるけれど，これには実際の証明が必要で，それは後でやることになる．）

さらなる例として，カントール集合 P は不連結である．なぜって？ A を $\le \frac{1}{2}$ であるような P の点の集合とすると，$A = P \cap (-\infty, \frac{1}{2}]$ である．B を $> \frac{1}{2}$ であるような P の点の集合とすると，$B = P \cap (\frac{1}{2}, \infty)$ である．そのとき $P = A \cup B$ であり，A も B も空ではない．$P \subset E_1$ だから，$A \subset [0, \frac{1}{3}]$ かつ $B \subset [\frac{2}{3}, 1]$ である．$[0, \frac{1}{3}]$ と $[\frac{2}{3}, 1]$ は分離されているので，定理 13.8 により，A と B も分離されている．こうして，P は 2 つの空でない分離された集合の和である．

不連結性には代わりの定義があって，その方がいくつかの場合には仕事がしやすいことになるかもしれない．この定理では，その 2 つの定義が同値であることを証明する．

定理 13.11（不連結性の代わりの定義）

距離空間 X の部分集合 E が不連結であるのは，次の 4 つを満たすような $U, V \subset X$ が存在するとき，かつそのときに限る．

1. U と V は開集合
2. $E \subset U \cup V$
3. $E \cap U \ne \emptyset$ かつ $E \cap V \ne \emptyset$

4. $E \cap U \cap V = \emptyset$

証明．同値性の最初の方向から始める．E が定義 13.9 の意味での不連結で，それがこの定理の条件を満たすことを証明する．したがって，空でない集合 A, B があって，$E = A \cup B, A \cap \overline{B} = \emptyset, \overline{A} \cap B = \emptyset$ であると仮定する．

$U = \overline{A}^C$ ($\overline{A}$ の X における補集合) とし，$V = \overline{B}^C$ ($\overline{B}$ の X における補集合) とする．

1. 定理 10.7 により，$\overline{A}$ と $\overline{B}$ は (X に関して) 閉集合なので，定理 10.1 により，(X に関して) U と V は開集合である．
2. $A \cap \overline{B} = \emptyset$ であるから，$A \subset \overline{B}^C$ である．$\overline{A} \cap B = \emptyset$ であるから，$B \subset \overline{A}^C$ である．したがって

$$E = (A \cup B) \subset (\overline{A}^C \cup \overline{B}^C) = U \cup V$$

となる．
3. $B \subset E$ かつ $B \neq \emptyset$ だから，

$$E \cap U = (E \cap \overline{A}^C) \supset (E \cap B) = B \neq \emptyset$$

であり，$A \subset E$ かつ $A \neq \emptyset$ だから，

$$E \cap V = (E \cap \overline{B}^C) \supset (E \cap A) = A \neq \emptyset$$

である．
4. 計算すれば次のようになる．

$$\begin{aligned} E \cap U \cap V &= E \cap (\overline{A}^C \cap \overline{B}^C) \\ &= E \cap (\overline{A} \cup \overline{B})^C \text{ (ド・モルガンの法則による)} \\ &\subset E \cap E^C (E \subset \overline{A} \cup \overline{B} \text{ だから } E^C \supset (\overline{A} \cup \overline{B})^C) \\ &= \emptyset \end{aligned}$$

同値性のもう1つの方向を証明するために，E がこの定理の条件の意味で不連結であると仮定し，E が定義 13.9 を満たすことを証明する．したがって，開集合 U, V があって，$E \subset U \cup V$, $E \cap U \neq \emptyset$, $E \cap V \neq \emptyset$ だが，$E \cap U \cap V = \emptyset$ であると仮定する．

$A = E \cap U$, $B = E \cap V$ とする．連結性を証明することは論理と集合論の問題にすぎない．こんな練習をするのはいつでも有益なので，ボックス 13.2 の空白を埋めてみよう．

ボックス 13.2

定理 13.11 のもう 1 つの方向を証明する．

1. $A = E \cap U \neq$ ___ かつ $B =$ _____ $\neq \emptyset$
2. $A \cup B = (E \cap U) \cup (E \cap V) = E \cap$ _____ $= E$ となる．というのは $E \subset U \cup V$ だからである．
3. $A \cap \overline{B} = (E \cap U) \cap \overline{(E \cap V)} \subset (E \cap U) \cap$ _____ $= E \cap V \cap U = \emptyset$ であり，$\overline{A} \cap B =$ _____ $\cap (E \cap V) \subset (E \cap U) \cap$ _____ $= E \cap V \cap U = \emptyset$ である．

□

定理 13.12（実数直線上の連結集合）

$\mathbb{R}$ の部分集合 E が連結であるのは，どんな 2 点 $x, y \in E$ と $z \in \mathbb{R}$ が $x < z < y$ を満たすように与えられても，$z \in E$ となるとき，かつその時に限る．

証明．以下のような定理の双方向を示す必要がある．

連結 $\Rightarrow$ すべての中間点を含む

すべての中間点を含む $\Rightarrow$ 連結

どちらの方向も対偶を証明する方が簡単である．すなわち，

少なくとも 1 つの中間点が除外 ⇒ 不連結

不連結 ⇒ 少なくとも 1 つの中間点が除外

この証明には，定理 13.11 よりも定義 13.9 を使う方がやさしい．

まず，$x, y \in E, z \in \mathbb{R}$ で $x < z < y, z \notin E$ を満たすものが存在すると仮定する．A を z より小さい E のすべての数の作る集合とすると，$A = E \cap (-\infty, z)$ となる．そして，B を z より大きい E のすべての数の作る集合とすると，$B = E \cap (z, \infty)$ となる．そのとき，$E = A \cup B$ であり，A, B はともに空でない（$x \in A, y \in B$ であるから）．$A \subset (-\infty, z)$ かつ $B \subset (z, \infty)$ である．$(-\infty, z)$ と (z, ∞) は分離されているので，定理 13.8 により，A と B も分離されている．したがって，E は 2 つの空でない分離されている集合の和集合である．

今度は，E が不連結であると仮定する．だから，2 つの空でない分離されている集合 A と B が存在し，$E = A \cup B$ である．少なくとも 1 つの元 $x \in A$ と，少なくとも 1 つの元 $y \in B$ がなければならない．$x \neq y$ が分かっているから（そうでなければ，$A \cap B \neq \emptyset$ となるので），一般性を失うことなく $x < y$ と仮定できる．（$x > y$ のときも同じ証明ができる．A と B を取り換えればよい．）

$$z = \sup\{a \in A \mid x \leq a \leq y\} = \sup(A \cap [x, y])$$

とする．

この z が E の元でないことを証明したい．

基本的に，A と B が分離されていることを使って，この 2 つの集合の間に「モノ」がある（だからこのモノは E の外にある）ことを示す．$z \notin B$ を証明するのはそれほど難しくはないはずだ．それから，$z \notin A$ であるなら話は終わりだ．そうでなければ，元 z_1 を，A にも B にも属さないように，十分 z に近くとるだけのことだ．

この議論を形式的にするために，$A \cap [x, y]$ が上に有界である（y によって）から，定理 10.10 により，$z \in \overline{A \cap [x, y]} = \overline{A} \cap [x, y]$ である．そのとき $z \in \overline{A}$ であるので，z は B の元ではあり得ない（そうでなければ，$\overline{A} \cap B \neq \emptyset$ となる）．$x \leq z \leq y$ と（$z \notin B$ だから）$z \neq y$ が分かっている

186　第 13 章

ので，$x \le z < y$ となる.

　ここで，起こり得るのは 2 つの場合である.

場合 1.　$z \notin A$ であれば，$z \ne x$ であるので，$x < z < y$ となる. また，$z \notin B$ なので $z \notin E$ である. これがまさに証明したかったことである.

場合 2.　$z \in A$ であれば，$z \notin \overline{B}$ である（そうでなければ $A \cap \overline{B} \ne \emptyset$ となる）. z は B の極限点ではないので，B と交わらない z の近傍がある. つまり，$r > 0$ があって，$(z - r, z + r) \cap B = \emptyset$ となる. $z_1 \in (z, z + r)$ をとると，$z < z_1 < y$ となり（$z_1 \notin B$ だから $z_1 \ne y$ であることに注意する），$x < z_1 < y$ となる. また，（$z_1 > z = \sup A \cap [x, y]$ なので）z_1 は $A \cap [x, y]$ のどんな元よりも真に大きいから，$A \cap [x, y]$ には属し得ない. もちろん，$z_1 \in [x, y]$ であるから，z_1 は A の元にはなり得ない. したがって，$z_1 \notin A$ かつ $z_1 \notin B$ であるので $z_1 \notin E$ となる.　　　　□

系 13.13（開区間と閉区間は連結）

　あらゆる開区間 (a, b) とあらゆる閉区間 $[a, b]$ は連結である.

　証明. 開区間と閉区間は $\mathbb{R}$ の部分集合である. 定義により，それらは a と b の間のすべての実数を含んでいる. だから，(a, b) または $[a, b]$ に属す x と y が与えられたら，$x < z < y$ を満たすどんな $z \in \mathbb{R}$ もその区間に含まれる. したがって，定理 13.12 により，それらは連結である.　　　　□

　この章でトポロジーの勉強は終わりだ. あなたは新しい定義の嵐を生き延びたし，その際に，それらを扱ういくつかのテクニックも学んだだろう. 将来的には，新しい定義を使う問題に出会ったときはいつも，まず問題に適用する前にその定義を完全に自分のものにする努力をすべきなんだ. つまりね，それが何を意味するのか，言葉と記号で書きだし，いくつかの基本的な例で遊んでみて，$\mathbb{R}$ や $\mathbb{R}^k$ ではどうなるのかを理解し，絵を描くのである.

　一般の距離空間と特に $\mathbb{R}$ や $\mathbb{R}^k$ の素材をうまく混ぜてきたことに気が付いているだろうか. 実解析は主に実数に関心があるのだが，一般の距離空

間で学んだトポロジーはとても役に立つことがわかるようになるだろう.

次に来るのは数列である! なんと興奮することか!

第 IV 部
数列

第14章　収束性

　収束の概念を調べることによって，数列と級数の研究を始める．それは基本的には，「数列が無限に続くにつれて，ある点の任意の近さに行けるか？」ということを問うものである．

　第2章で数列を導入したのだったが，まずはさらに形式的な定義を与えるべきであり，それは定義8.3での関数について学んだことに基づいている．

定義 14.1（点列）

　距離空間 X の**点列**[1]とは，関数

$$f : \mathbb{N} \to X, \quad f : n \mapsto p_n$$

のことである．ここで，$p_n \in X$, $\forall n \in \mathbb{N}$ である．点列を $\{p_n\}$ とか，$p_1, p_2, \ldots$ のように書くことがある．

　点列のすべての可能な値の集合を $\{p_n\}$ の**値域**と言う．点列の値域が（定義9.3に従って）有界であれば，点列は**有界**であると言う．

例 14.2（点列）

　この定義によれば，あらゆる可算集合は点列にすることができる．特に $\mathbb{Q}$ を並べて点列にできるが，$\mathbb{R}$ ではできない．

　すべての点列は無限のステップを刻んで進んでいくが，点列が繰り返すときには点列の値域は有限になるかもしれないことを覚えておくこと．た

---

[1]［訳註］点列は sequence of points であり，数列は sequence of numbers だが，英語ではそれを区別せず単に sequence という用語を使う．日本語にするとき，単に「列」とできればよいのだが，日本語の文章の中では違和感がある．数学の術語だと認識してもらいにくい．そこで，日本語の文章の中では，状況に応じて，数列，点列，関数列などと補って使われる．そのとき問題にしている空間（集合）の元を表す言葉を補うのである．

192　第 14 章

とえば，集合 $\{1\}$ はそれ自身では点列ではないが，$1,1,1,\ldots$ と書けば，点
列にすることができる．

　距離空間 $\mathbb{R}$ の以下の点列（数列）を見ていこう．

1. あらゆる $n \in \mathbb{N}$ に対して，$s_n = \frac{1}{n}$ であれば，$\{s_n\}$ の値域は集合
   $\{1, \frac{1}{2}, \frac{1}{3}, \ldots\}$ である．この値域は無限であり有界である（どんな 2 つ
   の元の間の距離も ≤ 1 であるから）．したがって，$\{s_n\}$ は有界である
   と言える．

2. あらゆる $n \in \mathbb{N}$ に対して，$s_n = n^2$ であれば，$\{s_n\}$ の値域は集合
   $\{1, 4, 9, \ldots\}$ である．この値域は無限であり，有界でない（数がどん
   どん大きくなるから）．したがって，$\{s_n\}$ は非有界である（または有
   界でない）と言う．

3. あらゆる $n \in \mathbb{N}$ に対して，$s_n = 1 + \frac{(-1)^n}{n}$ であれば，$\{s_n\}$ の値域は集
   合 $\{0, \frac{2}{3}, \frac{4}{5}, \frac{6}{7}, \ldots\} \cup \{0, \frac{3}{2}, \frac{5}{4}, \frac{7}{6}, \ldots\}$ である．この値域は無限であり有
   界である（どんな 2 つの元の間の距離も $\leq \frac{3}{2}$ であるから）．したがっ
   て，$\{s_n\}$ は有界であると言える．

4. あらゆる $n \in \mathbb{N}$ に対して，$s_n = 1$ であれば，この値域は有限であり有
   界である（どんな 2 つの元の間の距離も ≤ 0 であるから）．したがっ
   て，$\{s_n\}$ は有界であると言える．

5. この例では，$\mathbb{R}$ の代わりに距離空間 $\mathbb{C}$ を使う．あらゆる $n \in \mathbb{N}$ に対し
   て，$s_n = i^n$ であれば（第 6 章でのように $i^2 = -1$ である），$\{s_n\}$ の
   値域は集合 $\{i, -1, -i, 1\}$ である．この値域は有限であり有界である
   （どんな 2 つの元の間の距離も ≤ 2 であるから）．したがって，$\{s_n\}$
   は有界であると言える．

定義 14.3（収束性）

　距離空間 X の点列 $\{p_n\}$ に対して，$\{p_n\}$ がある点 $p \in X$ に**収束する**と
は，あらゆる $\varepsilon > 0$ に対して，ある自然数 N 以上のすべての n に対して
$d(p_n, p) < \varepsilon$ であるときである．p を $\{p_n\}$ の**極限**と言う．

　記号では，

$$\forall \varepsilon > 0 \; \exists N \in \mathbb{N} \text{ s.t. } n \geq N \; \Rightarrow d(p_n, p) < \varepsilon$$

であるとき，$\lim_{n\to\infty} p_n = p$（または簡単に $p_n \to p$）と書く．

点列 $\{p_n\}$ は，収束しないとき，**発散する**と言う．

違い．極限は極限点ではない．極限は点列に関するもので，極限点はトポロジーに関するものだ．そうではあるが，本章の後の方で見るように，この 2 つのアイデアには関係がある．

$\forall \varepsilon$ と $\exists N$ って一体なんのことなんだろう？ $\{p_n\}$ が p に収束するには，以下のことが真であることを確認する必要がある．

どんな任意に小さな距離 ε が与えられても，あるステップ N を過ぎた後は，点列のあらゆる元がその極限までの距離が ε よりも小さい．（このステップの数 N が距離 ε に依存していることを強調するために N_ε と書くことがある．）

たとえば，$\mathbb{R}$ の数列 $\{p_n\}$ が数 1 に収束するなら，$p_N, p_{N+1}, p_{N+2}, \ldots$ がすべて 0.9 と 1.1 にあるような数 N が存在する．同じように，$p_N, p_{N+1}, p_{N+2}, \ldots$ がすべて 0.95 と 1.05 にあるような別の数 N_1 が存在する，などとなる．このことが**あらゆる**可能な距離 ε に対して真であるから，数列が点 1 に限りなく近づくことが確認される（実際にはいつまで経っても極限に**触れる**ことがなかったとしてもである）．

N_ε **チャレンジ**．このことは，数列が p に収束することを証明するには N_ε チャレンジをパスする必要があるというように考えることもできる．友達があなたの所に来て，ε は 0.1 だと言ったとしよう．あなたは $p_N, p_{N+1}, p_{N+2}, \ldots$ がすべて p までの距離が 0.1 より小さくなるような自然数 N を見つけないといけない．そしたら，友達は「結構だ．易しすぎたな．今度は $\varepsilon = 0.00456$ ではどうだ！ ハハッ！」と言うだろう．あなたは冷静になって，$p_N, p_{N+1}, p_{N+2}, \ldots$ がすべて p までの距離が 0.00456 より小さくなるような別の自然数 N を見つけないといけない．友達は異なる値の $\varepsilon > 0$ であなたに何度も何度も挑戦を繰り返すだろうし，あなたはうまくいく N を見つけて挑戦を受け流し続けることになる．

最後には，いつも悪知恵の働くあなたの友達なら，ランダムな ε を吐き出し続けるコンピュータのプログラムを書くだろう．$3, 0.241, 100, \frac{\sqrt{\pi}}{7}$ な

どというように．無限個の数があるので，N 発見のためのあなたの手作業はコンピュータに追いつくことはできない．その代わり，あなたは火で火と戦わせることをしなければならない．

任意の $\varepsilon > 0$ をとって，$p_N, p_{N+1}, p_{N+2}, \ldots$ がすべて，p までの距離が ε より小さくなるような自然数 N を自動的に見つけるような，あなた自身のプログラムを書く決心をする．これを行うには，可能なすべての ε で働くような N の見つけ方を指示する必要がある．入力される ε の関数であるような自然数である N_ε の見つけ方を伝える．たとえば，$N = \lceil 5 + \frac{3}{\varepsilon^2} \rceil$ はある数列に対しては有効かもしれない．

このことが可能なら，つまり，任意に与えられた $\varepsilon > 0$ に対して N を見つける規則を得ることが可能なら，あなたは N_ε チャレンジにパスしたことになる．敗れて謙虚になった友達は，もう 2 度とあなたを悩まさないと（そして翌年のあなたの誕生日を忘れないと）約束するだろう．あなたは幸せ一杯に微笑む．数列が収束することを証明することほど，あなたを微笑ませてくれるものはないのだから．

 例 **14.4**（収束）

また $\mathbb{R}$ における，前の例の点列を見ることにしよう．

1. あらゆる $n \in \mathbb{N}$ に対して，$s_n = \frac{1}{n}$ であれば，$\{s_n\}$ は 0 に収束する．

   これを証明するには，各 $\varepsilon > 0$ に対して，あらゆる $n \geq N$ に対して $d(s_n, 0) < \varepsilon$ となるような N を具体的に見つける必要がある．$d(s_n, 0) = |s_n - 0| = |\frac{1}{n}|$ に注意すると，$n\varepsilon > 1$ である限り，うまくいくことに注意する．$N = \lceil \frac{1}{\varepsilon} \rceil + 1$ とおく．天井関数がそこにあるのは N が自然数であることを保証するためであり，$+1$ がそこにあるのは，$n\varepsilon \geq 1$ であるよりむしろ $n\varepsilon > 1$ となることを保証するためである．

   $N = \lceil \frac{1}{\varepsilon} \rceil + 1$ なんて書かれると，実際の姿よりもずっと複雑なように見える．我々が言っているのは，$\varepsilon = \frac{1}{2}$ ならば $N = 3$ ととり（$\frac{1}{3}, \frac{1}{4}, \frac{1}{5}, \ldots$ はすべて $\frac{1}{2}$ より小さいから），$\varepsilon = \frac{1}{100.5}$ ならば $N = 102$ ととり（$\frac{1}{102}, \frac{1}{103}, \frac{1}{104}, \ldots$ はすべて $\frac{1}{100.5}$ より小さいから），などという

ことである．また，$N = \lceil \frac{1}{\varepsilon} \rceil + 2$ や $N = \lceil \frac{1}{\varepsilon} \rceil + 3$ などと選ぶこともできる．N が $\frac{1}{\varepsilon}$ よりも大きい自然数なら，それでいいのだ．

この証明は以下のように，形式的に述べることができる．あらゆる $\varepsilon > 0$ に対して，$N = \lceil \frac{1}{\varepsilon} \rceil + 1$ と選べば，

$$d(s_n, 0) = \left| \frac{1}{n} \right| \leq \left| \frac{1}{N} \right|$$

$$= \left| \frac{1}{\lceil \frac{1}{\varepsilon} \rceil + 1} \right| < \left| \frac{1}{\frac{1}{\varepsilon}} \right| = |\varepsilon| = \varepsilon$$

となる．

2. あらゆる $n \in \mathbb{N}$ に対して，$s_n = n^2$ であれば，$\{s_n\}$ は発散する．

これを証明するために，ある実数 p に対して $s_n \to p$ であると誤った仮定をして，矛盾を見つける必要がある．$s_n \to p$ であれば，あらゆる $n \geq N$ に対して，$n \geq N \Rightarrow d(s_n, p) < \varepsilon$ であるような自然数 N が存在する．しかしそのとき，$|n^2| - |p| \leq |n^2 - p| < \varepsilon$ であるから，$|n^2| < |p| + \varepsilon$ となる．つまり，p の絶対値（$+\varepsilon$）はあらゆる自然数の 2 乗よりも大きくなるが，これは不可能である（p が無限大でない限り．しかし，無限大は有効な極限ではない）．この矛盾は，$s_n \to p$ となる $p \in \mathbb{R}$ がないことを示している．

3. あらゆる $n \in \mathbb{N}$ に対して，$s_n = 1 + \frac{(-1)^n}{n}$ であれば，$\{s_n\}$ は 1 に収束する（図 14.1 と 14.2 を参照）．

これを証明するには，各 $\varepsilon > 0$ に対して，あらゆる $n \geq N$ に対して $d(s_n, 0) < \varepsilon$ となるような N を具体的に見つける必要がある．そうだね，

$$d(s_n, 1) = |s_n - 1| = \left| \frac{(-1)^n}{n} \right| = \left| \frac{1}{n} \right|$$

となるから，（$s_n = \frac{1}{n}$ の例のときと同じように）$N = \lceil \frac{1}{\varepsilon} \rceil + 1$ と選べばうまくいく．

図 14.1 と 14.2 でわかるように，この数列は極限値の左と右をジャンプしているが，それでも数列は収束していることに注意する．1 の左右にある点はともに 1 に近づいていく．

図 14.1 数列 $s_n = 1 + \frac{(-1)^n}{n}$ の最初の数個の元

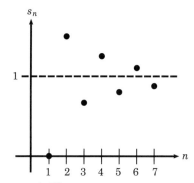

図 14.2 数列 $s_n = 1 + \frac{(-1)^n}{n}$ の最初の数個の元.今回は n の関数として描いた.

4. あらゆる $n \in \mathbb{N}$ に対して,$s_n = 1$ であれば,$\{s_n\}$ は 1 に収束する.

   これを証明するには,各 $\varepsilon > 0$ に対して,あらゆる $n \geq N$ に対して $d(s_n, 0) < \varepsilon$ となるような N を具体的に見つける必要がある.そうだね,どんな $\varepsilon > 0$ に対しても,$d(s_n, 1) = |1 - 1| = 0 < \varepsilon$ となるから,$N = 1$ でうまくいく(どんな $N \in \mathbb{N}$ でも構わない).

5. この例では,$\mathbb{C}$ に戻る.あらゆる $n \in \mathbb{N}$ に対して,$s_n = i^n$ であれば,$\{s_n\}$ は発散する.

   この点列が発散するのは,図 14.3 でわかるように,その各々の元はほかの元のどれとも $\varepsilon = 1$ 以上に離れているからである.

   このことを形式的に証明する.$\{s_n\}$ が極限 p を持てば,各 $\varepsilon > 0$ に対して,あらゆる $n \geq N$ に対して $d(s_n, p) < \varepsilon$ となるような N があることになる.あらゆる $\varepsilon > 0$ に対してそれが真なのだから,そのような各 $\varepsilon > 0$ が与えられたら,$\frac{\varepsilon}{2}$ に対しても真になるので,

$$d(s_n, s_{n+1}) \leq d(s_n, p) + d(p, s_{n+1}) < \frac{\varepsilon}{2} + \frac{\varepsilon}{2} = \varepsilon$$

となる($\frac{\varepsilon}{2}$ を使うこのトリックはとてもよく出てくる).

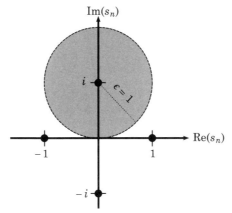

図14.3 点列 $s_n = i^n$ の4つすべての元. i との距離が $\varepsilon = 1$ より小さい s_n の元はほかにない.

しかしながら，この点列は繰り返しをするので，あらゆる $N \in \mathbb{N}$ に対して，$s_n = i$ となる $n \geq N$ が存在する．そのとき，$\varepsilon = 1$ に対して，

$$d(s_n, s_{n+1}) = d(i, -1) > 1 = \varepsilon$$

となるが，これは矛盾である．したがって，s_n はそのような極限 p を持たない．

違い. 距離空間 $X = \mathbb{R}$ では数列 $s_n = \frac{1}{n}$ は 0 に収束することが分かっている．しかしその代わりに，s_n を距離空間 $X = \mathbb{R} \setminus \{0\}$ の部分集合と考えれば，s_n は X のどの点にも収束しない．したがって，単に「s_n が収束する」とだけ言う代わりに，常に「s_n が X の中で収束する」という方がより厳密である（しかし，普通は怠けて，やっぱり「s_n が収束する」とだけ書く）．

点列 $\{p_n\}$ の値域は集合である．実際，値域は距離空間 X の部分集合である．第9章で，距離空間の部分集合の極限点について学んだ．それから，「点列 $\{p_n\}$ の極限と $\{p_n\}$ の値域の極限点の違いは何なのだ？」という自然な疑問が生まれる．（定義9.9では，集合の極限点とは，そのあらゆる近傍に少なくとも1点，その点とは違う，その集合の元があるということだった.）この2つは似てはいるが，次の例でわかるように，同値では

198 第14章

ない.

まず，$p_n \to p$ だからといって，p が $\{p_n\}$ の値域の極限点になるわけではない．このことを見るために，あらゆる $n \in \mathbb{N}$ に対して，$p_n = 1$ とすると，$\{p_n\}$ は数列 $1, 1, 1, \ldots$ となり，その値域は集合 $\{1\}$ である．上の例でみたように，この数列は収束する．しかし $p = 1$ は集合 $\{1\}$ の極限点ではない．というのは，p のまわりのあらゆる近傍には集合 $\{1\}$ の点は 1 自身しかないからである．

また，p が $\{p_n\}$ の極限点であることから $p_n \to p$ が導かれるわけではない．$p_n = (-1)^n + \frac{(-1)^n}{n}$ とすると，$\{p_n\}$ は数列 $-2, \frac{3}{2}, -\frac{4}{3}, \frac{5}{4}, -\frac{6}{5}, \frac{7}{6}, \ldots$ となり，その値域は $\{-2, -\frac{4}{3}, -\frac{6}{5}, \ldots\} \cup \{\frac{3}{2}, \frac{5}{4}, \frac{7}{6}, \ldots\}$ となる．図 14.4 と 14.5 でわかるように，この数列は収束しない．（なぜって？　どんな $n \in \mathbb{N}$ に対しても，$|p_n - p_{n+1}| > 2$ となるので，あらゆる $n \geq N$ に対して，$|p - p_n| < \varepsilon$ となるような N を見つけることができないからである．）しかし，$p = 1$ は $\{p_n\}$ の値域の極限点である．というのは，あらゆる $r > 0$ に対して，アルキメデス性を使えば，$nr > 1$ を満たす $n \in \mathbb{N}$ が見つかる．そのとき $1 - r < 1 + \frac{1}{n} < 1 + r$ となるので，点 $1 + \frac{1}{n}$ は $N_r(1)$ に属す．（ここで n が偶数であることが必要だが，もしも $nr > 1$ を満たすアルキメデス性で得られる n が奇数なら，$n+1$ を選べばよい．）同じように $p = -1$ もまた $\{p_n\}$（n は奇数）の値域の極限点である．

このことは点列の極限がその値域の極限とが違うものであることを示している．それでもその２つは似ていて，次の定理が示すように，点列の極限の定義の言い換えができる（その言い換えは，定義 9.11 で見た極限点の性質にさらによく似ている）．

定理 14.5（収束の定義の言い換え）

距離空間 X の点列 $\{p_n\}$ に対し，$\{p_n\}$ が $p \in X$ に収束するのは，p のあらゆる近傍に対し，その近傍に属さない $\{p_n\}$ 元が有限個しかないとき，かつそのときに限る．

証明．$p_n \to p$ と仮定する．そのとき，あらゆる $\varepsilon > 0$ に対して，$n \geq N$ である限り $d(p_n, p) < \varepsilon$ であるような $N \in \mathbb{N}$ が存在する．言い換えれば，$n \geq N$ に対して，あらゆる p_n は p から ε より小さい距離の所にあり，

収束性 199

図 14.4 数列 $p_n = (-1)^n + \frac{(-1)^n}{n}$ の最初の数個の元

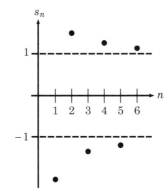

図 14.5 数列 $s_n = (-1)^n + \frac{(-1)^n}{n}$ の最初の数個の元．今回は n の関数として描いた．

$p_n \in N_\varepsilon(p)$ となっている．そのとき，$p_n \notin N_\varepsilon(p)$ であれば，$n < N$ となることになる．N は有限の固定された数なので，N より小さい自然数は有限個しかなく，$N_\varepsilon(p)$ に属さない $\{p_n\}$ の元も有限個しかない．これがあらゆる $\varepsilon > 0$ に対して真なのだから，p のあらゆる近傍に対しても真である．

逆に，p のあらゆる近傍に対し，$\{p_n\}$ の元は有限個を除いてすべてその近傍に属すと仮定する．だから，任意に $\varepsilon > 0$ が与えられたら，$N_\varepsilon(p)$ に属さない $\{p_n\}$ の元の作る有限集合 $\{p_i\}$ がある．$\{p_i\}$ は有限だから，最大の添え数 N をとることができる．そのとき，あらゆる $n \geq N+1$ に対して $p_n \in N_\varepsilon(p)$ となるので，$d(p_n, p) < \varepsilon$ となる．これがあらゆる $\varepsilon > 0$ に対して真だから，$p_n \to p$ となる． □

定理 14.6（極限は一意的）

距離空間 X における点列 $\{p_n\}$ に対して，p_n が $p \in X$ と $p' \in X$ に収束するなら，$p = p'$ である．

証明. ここで使う議論は，実解析では何度も何度も見ることになる．基本的なアイデアは，p_n が p と p' の両方に任意に近づくなら，ある段階から p_n はその両方に任意に近くなる．そうなれば，p と p' は互いにも任意に近くなることになる．

どんな $\varepsilon > 0$ に対しても，収束の定義を $\frac{\varepsilon}{2}$ に適用できて，

$$n \geq N \Rightarrow d(p_n, p) < \frac{\varepsilon}{2},$$

$$n \geq N' \Rightarrow d(p_n, p') < \frac{\varepsilon}{2}$$

を満たすような2つの自然数 N, N' が得られる．N は必ずしも N' と同じではないので，たとえば，$n \geq N' \Rightarrow d(p_n, p) < \frac{\varepsilon}{2}$ を保証することはできない．しかしながら，この2数の大きい方をとることができる．だから，$n \geq \max\{N, N'\}$ に対しては，$n \geq N$ かつ $n \geq N'$ となるので，

$$d(p, p') \leq d(p, p_n) + d(p_n, p') < \frac{\varepsilon}{2} + \frac{\varepsilon}{2} = \varepsilon$$

となる．

（両方の極限に対する任意に小さな距離として $\frac{\varepsilon}{2}$ を選んだのだが，この段階で ε で締めくくっている．もしもたとえば，3つの極限が一意的であることを示したかったとしても，それぞれに $\frac{\varepsilon}{3}$ を使えば，$\frac{\varepsilon}{3} + \frac{\varepsilon}{3} + \frac{\varepsilon}{3} = \varepsilon$ で締めくくれる．）

これがあらゆる $\varepsilon > 0$ で真なのだから，$d(p, p') = 0$ が導かれる．（実数に対するこの言明に対する例 2.2 を参照．同じ議論が任意の距離空間でも有効である．）そのとき，定義 9.1 により，$p' = p$ となる． □

例 14.4 で見たあらゆる収束列は有界であることに気がついただろうか．それは一般的な事実であり，次の定理で証明しよう．

特に直観的なのは対偶の方である．（$s_n = n^2$ のように）数列が非有界な値域を持つなら，確かに収束しない．

しかしながら，逆は真ではないことに注意する．前に見たように，点列 $s_n = i^n$ は有界だが，収束しない．

定理 14.7（収束 ⇒ 有界）

距離空間のどんな点列 $\{p_n\}$ に対しても，$\{p_n\}$ が収束すれば，有界である．

証明． 定義 9.3 を満たすには，あらゆる $n \in \mathbb{N}$ に対して $d(p_n, q) \leq M$ となるような，ある点 $q \in X$ とある数 $M \in \mathbb{R}$ を見つける必要がある．$\{p_n\}$ は収束するので，その極限 $p \in X$ に任意に近くなる．そのとき，p とどんな p_n との距離も小さくなるので，この証明で $q = p$ を使ってみるのは自然なことである．

$\varepsilon = 1$ とする．あらゆる $n \geq N$ に対して $d(p_n, p) < 1$ となる $N \in \mathbb{N}$ がある．$n < N$ に対する $\{p_n\}$ の点は p からある距離にあり，そのような点は有限個なので，最大の距離をとることができる．

$$r = \max\{d(p_1, p), d(p_2, p), \ldots, d(p_{N-1}, p), 1\}$$

とする．そのとき，どんな $n \geq N$ に対しても $d(p_n, p) \leq r$ となるので，$\{p_n\}$ は有界である． □

次の定理は集合の極限点と点列の極限との間に具体的な関係を与える．そのとき，いくつかの興味深い系を得るために，ここまでの数章で極限点について学んだあらゆることを適用することができる．

定理 14.8（極限点に収束）

$E \subset X$ であり，p が E の極限点であれば，p に収束する E の点列 $\{p_n\}$ が存在する．

極限点 p は E に属すかもしれないし，属さないかもしれない．$p \notin E$ であれば，$\{p_n\}$ は X の中で収束すると言い，E の中でとは言わない（極限 p が X には属すが，E には属さないからである）．

202　第 14 章

証明. p のあらゆる近傍は E の点を少なくとも 1 つ含んでいる．だから，あらゆる $n \in \mathbb{N}$ に対して $p_n \in N_{\frac{1}{n}}(p)$，つまり $d(p_n, p) < \frac{1}{n}$ であるような，点 $p_n \in E$ がある．このようにして点列 $\{p_n\}$ を定義する．

$\varepsilon > 0$ に対して，$N = \lceil \frac{1}{\varepsilon} \rceil + 1$ とおく．そのとき，あらゆる $n \in \mathbb{N}$ に対して

$$d(p_n, p) < \frac{1}{n} \leq \frac{1}{N}$$
$$= \frac{1}{\lceil \frac{1}{\varepsilon} \rceil + 1} < \left| \frac{1}{\frac{1}{\varepsilon}} \right| = |\varepsilon| = \varepsilon$$

となる．これがあらゆる $\varepsilon > 0$ に対して真なので，$p_n \to p$ となる．　　□

これはよく知ってることみたいだね．例 14.4 では $s_n = \frac{1}{n}$ が 0 に収束することを証明するのに同じ N を使った．どうなってるのだろう？　この証明では，p と n 番目の点との距離が数列 $s_n = \frac{1}{n}$ の n 番目の数よりも小さくなるような点列 $\{p_n\}$ を組み立てた．$s_n = \frac{1}{n}$ が 0 に収束するので，p_n と p との距離もまた 0 に収束する．

系 14.9（コンパクト集合の無限部分集合の中の点列）
コンパクト集合 K の無限部分集合 E は K の点に収束する点列を含む．

またしてもだが，極限点 p は E に属さないかもしれないことを注意する．その場合，$\{p_n\}$ は K において収束するというが，E においてではない．

証明. 定理 11.13 により，K はコンパクトだから，K のどんな無限部分集合 E もある極限点 $p \in K$ を持つ．そのとき，E は p に収束する点列を持つ．　　□

系 14.10（実数の有界な無限集合の中の点列）
$\mathbb{R}^k$ の有界な無限集合 E は $\mathbb{R}^k$ の点に収束する点列を含む．

証明. ワイエルシュトラスの定理（定理 12.8）により，E が $\mathbb{R}^k$ の有界な無限集合だから，極限点 $p \in \mathbb{R}^k$ を持つ．そのとき，定理 14.8 により，E は $p \in \mathbb{R}^k$ に収束する点列を持つ． $\square$

これらの系が示すように，点列はいたるところに隠れている！ それらは前に学んだトポロジーとうまく相互作用して，和の数列（**級数**という）は積分の計算にも出てくる．

収束は最初のうち狭い話題に見えるかもしれないけれど，豊かで，広く適用が可能なアイデアであることが分かる．次の章では，点列についてさらに詳しく調べていく．（実際には，それはこの先の 4 つの章で行うことである．ワーイ，きっと楽しいだろうな！）

第15章 極限と部分列

本章ではまず，点列の極限が加法のような代数的演算とどのように相互作用をするかを確かめる．それから，**部分列**を研究する．部分列は部分集合の類似ではあるが，点列（数列）に対するものである．

2つの収束する点列を足し合わせるとき，新しい点列も収束し，その極限は単に元の2つの極限の和になることがわかる．同じことが，スカラー倍，積，商についても成り立つ．

もちろん任意の距離空間では，（加法などの）これらの演算がないかもしれないので，それを適用はできない（距離空間が持たねばならない演算は距離関数 d だけだということを思い出すように）．それで，これらの性質は $\mathbb{R}^k$ と $\mathbb{C}$ に制限することにする．

実際には，簡単のために，初めはそれを $\mathbb{R}$ に対して証明することとする（後で一般化することは易しい）．

定理 15.1（$\mathbb{R}$ における極限に対する代数演算）

$\mathbb{R}$ の数列 $\{s_n\}$ と $\{t_n\}$ に対して，$\lim_{n \to \infty} s_n = s$ かつ $\lim_{n \to \infty} t_n = t$ であれば，以下が成り立つ．

1. $\lim_{n \to \infty}(s_n + t_n) = s + t$.
2. どんな $c \in \mathbb{R}$ に対しても $\lim_{n \to \infty}(cs_n) = cs$ かつ $\lim_{n \to \infty}(c + s_n) = c + s$ である．
3. $\lim_{n \to \infty} s_n t_n = st$.
4. $s \neq 0$ であり，どんな $n \in \mathbb{N}$ に対しても $s_n \neq 0$ である限り，$\lim_{n \to \infty} \frac{1}{s_n} = \frac{1}{s}$ となる．

証明． それぞれの数列に対し，正しい極限に収束することを証明したい．

1. 定理 14.6 の証明と同じトリックを使う．任意に $\varepsilon > 0$ が与えられた とき，$\{s_n\}$ と $\{t_n\}$ が収束するので，

$$n \geq N_1 \Rightarrow |s_n - s| < \frac{\varepsilon}{2},$$

$$n \geq N_2 \Rightarrow |t_n - t| < \frac{\varepsilon}{2}$$

となるような $N_1, N_2 \in \mathbb{N}$ がある．$N = \max\{N_1, N_2\}$ とおけば，すべ ての $n \geq N$ に対して，

$$|(s_n + t_n) - (s + t)| = |(s_n - s) + (t_n - t)|$$

$$\leq |s_n - s| + |t_n - t| < \frac{\varepsilon}{2} + \frac{\varepsilon}{2} = \varepsilon$$

となる．これがあらゆる $\varepsilon > 0$ に対して真なので，$s_n + t_n \to s + t$ と なる．

2. $c = 0$ なら簡単にできる．どんな $n \geq 0$ に対しても $cs_n = 0$ だから， $\varepsilon > 0$ が与えられたら，

$$|cs_n - cs| = |0 - 0| = 0 < \varepsilon$$

となる．

そうでなければ，$\varepsilon > 0$ が与えられたら，$\{s_n\}$ が収束するので，

$$n \geq N \ \Rightarrow \ |s_n - s| < \frac{\varepsilon}{|c|}$$

となるような $N \in \mathbb{N}$ がある．そのとき，すべての $n \geq N$ に対して，

$$|cs_n - cs| = |c||s_n - s| < |c|\left(\frac{\varepsilon}{|c|}\right) = \varepsilon$$

となる．これがあらゆる $\varepsilon > 0$ に対して真なので，$cs_n \to cs$ となる． そして，$\varepsilon > 0$ が与えられたら，$\{s_n\}$ が収束するので，

$$n \geq N \ \Rightarrow \ |(c + s_n) - (c + s)| = |(c - c) + (s_n - s)| = |s_n - s| < \varepsilon$$

となるような $N \in \mathbb{N}$ がある．これがあらゆる $\varepsilon > 0$ に対して真なの で，$c + s_n \to c + s$ となる．

206   第15章

3. これには少しトリックがいる. $|s_n - s|$ と $|t_n - t|$ を任意に小さくできるので, $\sqrt{\varepsilon}$ を使って, $|s_n - s||t_n - t| < (\sqrt{\varepsilon})(\sqrt{\varepsilon}) = \varepsilon$ とできる. そうではあるが, 本当に必要なことは, $|s_n t_n - st| < \varepsilon$ を示すことである. 最初の積を変形すると

$$|s_n - s||t_n - t| = |(s_n - s)(t_n - t)|$$
$$= |s_n t_n - st_n - ts_n + st)|$$
$$= |(s_n t_n - st) - (st_n + ts_n - 2st)|$$
$$\geq |s_n t_n - st| - |st_n + ts_n - 2st|$$

が導かれるので,

$$|s_n t_n - st| \leq |s_n - s||t_n - t| + |st_n + ts_n - 2st|$$

となる. これがまさに欲しかったものなのだが, まだ厄介な $|st_n + ts_n - 2st|$ が付いている.

  まあね, 上の2つの事実を適用すれば, $st_n \to st$ と $ts_n \to ts$ が分かるので (s と t は $\mathbb{R}$ の定数だから),

$$st_n + ts_n - 2st \ \to \ st + ts - 2st = 0$$

となる. 言い換えれば, あらゆる $\varepsilon > 0$ と $n \geq N$ (ある数 $N \in \mathbb{N}$ があって) に対して, $|st_n + ts_n - 2st| < \varepsilon$ となる.

  さて, 形式的証明をしよう. どんな $\varepsilon > 0$ が与えられても, $\{s_n\}$ と $\{t_n\}$ が収束するので,

$$n \geq N_1 \Rightarrow |s_n - s| < \sqrt{\frac{\varepsilon}{2}},$$
$$n \geq N_2 \Rightarrow |t_n - t| < \sqrt{\frac{\varepsilon}{2}}$$

を満たす $N_1, N_2 \in \mathbb{N}$ が存在する. 同じように, $st_n + ts_n - 2st \ \to \ st + ts - 2st = 0$ だから,

$$n \geq N_3 \Rightarrow |st_n + ts_n - 2st| < \frac{\varepsilon}{2}$$

を満たす $N_3 \in \mathbb{N}$ が存在する.

$N = \max\{N_1, N_2, N_3\}$ とすれば，すべての $n \geq N$ に対して，

$$|s_n t_n - st| \leq |s_n - s||t_n - t| + |st_n + ts_n - 2st|$$

$$< \left(\sqrt{\frac{\varepsilon}{2}}\right)\left(\sqrt{\frac{\varepsilon}{2}}\right) + \frac{\varepsilon}{2} = \varepsilon$$

となる．これがあらゆる $\varepsilon > 0$ に対して真だから，$s_n t_n \to st$ となる.

4. 厳密でない言い方でなら，$|s_n - s| < \varepsilon$ を使って，$\left|\frac{1}{s_n} - \frac{1}{s}\right| < \varepsilon$ を示す必要がある．$\left|\frac{1}{s_n} - \frac{1}{s}\right| = |s_n - s|\left|\frac{1}{s_n s}\right|$ であることに注意する．極限 s は定数に過ぎないので除くことは簡単だから，$|s_n|$ を外す方法が必要である.

$$|s| - |s_n| \leq |s - s_n| = |s_n - s| = \varepsilon$$

であることに注意して，$\varepsilon = \frac{1}{2}|s|$ と選べば，$|s_n| > \frac{1}{2}|s|$ となる.

あとは

$$\left|\frac{1}{s_n} - \frac{1}{s}\right| = |s_n - s|\left|\frac{1}{s_n s}\right| < \varepsilon \frac{2}{|s|^2}$$

となるので，ε を実際に $\frac{1}{2}|s|^2\varepsilon$ であるように選びたい.

さて，形式的証明である．$\{s_n\}$ が収束するので，

$$n \geq N_1 \;\Rightarrow\; |s_n - s| < \frac{1}{2}|s|$$

を満たすような $N_1 \in \mathbb{N}$ が存在する．そのとき，$|s_n| > |s|$ である．同じように，どんな $\varepsilon > 0$ が与えられても，

$$n \geq N_2 \;\Rightarrow\; |s_n - s| < \frac{1}{2}|s|^2\varepsilon$$

を満たすような $N_2 \in \mathbb{N}$ が存在する．$N = \max\{N_1, N_2\}$ とおけば，すべての $n \geq N$ に対して，

$$\left|\frac{1}{s_n} - \frac{1}{s}\right| = |s_n - s|\left|\frac{1}{s_n s}\right|$$

208   第 15 章

$$< \left(\frac{1}{2}|s|^2\varepsilon\right)\left(\frac{2}{|s|^2}\right) = \varepsilon$$

となる．これがあらゆる $\varepsilon > 0$ に対して真なので，$\frac{1}{s_n} \to \frac{1}{s}$ が得られる．   □

　これらの結果を $\mathbb{R}^k$ に一般化するには，まず実ベクトルの収束の研究をしなければいけない．

定理 15.2（実ベクトルの収束）

　$\mathbf{x}_n = (\alpha_{1_n}, \alpha_{2_n}, \ldots, \alpha_{k_n})$ を $\mathbb{R}^k$ のベクトルとする．$\{\mathbf{x}_n\}$ が $\mathbf{x} = (\alpha_1, \alpha_2, \ldots, \alpha_k)$ に収束するのは，1 から k までのあらゆる j に対して，$\lim_{n\to\infty} \alpha_{j_n} = \alpha_j$ であるとき，かつそのときに限る．

　言い換えれば，実ベクトルの列が $\mathbf{x}$ に収束すると言うのは，「あらゆる次元 $1 \le j \le k$ に対し，列の各ベクトルの j 番目の成分からなる数列が $\mathbf{x}$ の j 番目の成分に収束する」と言うことと同値である．つまり，

$$\lim_{n\to\infty} (\alpha_{1_n}, \alpha_{2_n}, \ldots, \alpha_{k_n}) = \left(\lim_{n\to\infty}\alpha_{1_n}, \lim_{n\to\infty}\alpha_{2_n}, \ldots, \lim_{n\to\infty}\alpha_{k_n}\right)$$

である．

　この結果は明らかなことのように見える．k 個の数列が収束すれば，その k 個の数からできるベクトルの列もまた収束する．たとえば，$\mathbf{x}_n = (\frac{1}{n}, 3)$ であれば，$\mathbf{x}_n \to (0, 3)$ となる．しかし，$\mathbf{x}_n = (\frac{1}{n}, 3, n^2)$ であれば，$\mathbf{x}_n$ は収束しない．なぜなら，最初の 2 つの成分は収束するけれど，第 3 の成分 n^2 が収束しないからである．

　証明．$\mathbf{x}_n \to \mathbf{x}$ であれば，あらゆる $\varepsilon > 0$ に対して，

$$n \ge N \ \Rightarrow \ |\mathbf{x}_n - \mathbf{x}| < \varepsilon$$

となる $N \in \mathbb{N}$ がある．定義 6.10 により，1 から k までのどんな j に対しても，

$$|\alpha_{j_n} - \alpha_j| = \sqrt{|\alpha_{j_n} - \alpha_j|^2}$$

$$\leq \sqrt{\sum_{j=1}^{k} |\alpha_{j_n} - \alpha_j|^2}$$

$$= |\mathbf{x}_n - \mathbf{x}| < \varepsilon$$

が，任意の $\varepsilon > 0$ とどんな $n \geq N$ に対しても成り立つ．したがって，1 から k までのどんな j に対しても，$\alpha_{j_n} \to \alpha_j$ となる．

逆方向の証明のために，1 から k までのどんな j に対しても，$\alpha_{j_n} \to \alpha_j$ であると仮定する．証明の残りは，下のボックスの空白を埋めよ．もっともトリックが必要なところは ε として何を使うかを決めるところである．試してみるなら，考えつく本来の姿を逆順に，ボックス 15.1 の空白を埋めてみることである．

ボックス 15.1

> 定理 15.2 のもう 1 つの方向を証明する．
>
> 1 から k までのあらゆる j に対して，あらゆる $\varepsilon > 0$ に対して
>
> $$n \geq N_j \Rightarrow |\alpha_{j_n} - \alpha_j| < \underline{\quad}$$
>
> となるような _____ がある．
>
> $N = \max\{N_1, N_2, \ldots, N_k\}$ とすると，どんな ___ $\geq N$ に対しても，
>
> $$|\mathbf{x}_n - \mathbf{x}| = \sqrt{\sum_{j=1}^{k} |\alpha_{j_n} - \alpha_j|^2}$$
>
> $$< \sqrt{\sum_{j=1}^{k} (\underline{\quad\quad})^2}$$
>
> $$= \sqrt{\underline{\quad\quad}} = \varepsilon$$
>
> がどんな $\varepsilon > 0$ とどんな $n \geq N$ に対しても成り立つ．したがって，$\mathbf{x}_n \to \underline{\quad}$ である．

□

この定理を使えば，今や，定理 15.1 を一般化して，任意のユークリッド空間での極限に対するいくつかの代数的性質を証明することができる．

定理 15.3（$\mathbb{R}^k$ における極限に関する代数演算）
$\{\mathbf{x}_n\}$ と $\{\mathbf{y}_n\}$ を $\mathbb{R}^k$ の点列に対し，$\lim_{n\to\infty} \mathbf{x}_n = \mathbf{x}$ かつ $\lim_{n\to\infty} \mathbf{y}_n = \mathbf{y}$ であるなら，以下が成り立つ．

1. $\lim_{n\to\infty}(\mathbf{x}_n + \mathbf{y}_n) = \mathbf{x} + \mathbf{y}$.
2. β に収束するどんな $\mathbb{R}$ の数列 $\{\beta_n\}$ に対しても，$\lim_{n\to\infty} \beta_n \mathbf{x}_n = \beta \mathbf{x}$ となる．
3. $\lim_{n\to\infty}(\mathbf{x}_n \cdot \mathbf{y}_n) = \mathbf{x} \cdot \mathbf{y}$（定義 6.10 で定義したスカラー積を使っている）．

これらの性質と $\mathbb{R}$ における極限の性質との間には以下の 2 つの違いがある．第 1 に，スカラー倍はスカラーに対してだけでなく，スカラー列に対しても成り立つ．（もし単なるスカラー倍にしたければ，あらゆる $n \in \mathbb{N}$ に対して $\beta_n = c$ とすればよい．）第 2 に，ここに極限の商がないのは，（$\mathbb{C}$ には割り算があるものの）$k > 1$ のときは割り算の類似がないからである．

証明． $\mathbf{x}_n = (x_{1_n}, x_{2_n}, \ldots, x_{k_n})$, $\mathbf{y}_n = (y_{1_n}, y_{2_n}, \ldots, y_{k_n})$ とおき，$\mathbf{x} = (x_1, x_2, \ldots, x_k)$, $\mathbf{y} = (y_1, y_2, \ldots, y_k)$ とおいてみよう．$\lim_{n\to\infty} \mathbf{x}_n = \mathbf{x}$ かつ $\lim_{n\to\infty} \mathbf{y}_n = \mathbf{y}$ であるから，定理 15.2 により，1 から k までのどんな j に対しても，$x_{j_n} \to x_j$ かつ $y_{j_n} \to y_j$ は分かっている．

1. 定理 15.1 の性質 1 により，$x_{j_n} + y_{j_n} \to x_j + y_j$ は分かっている．したがって，
$$\lim_{n\to\infty}(\mathbf{x}_n + \mathbf{y}_n)$$
$$= \lim_{n\to\infty}(x_{1_n} + y_{1_n}, x_{2_n} + y_{2_n}, \ldots, x_{k_n} + y_{k_n})$$
$$= \left(\lim_{n\to\infty}(x_{1_n} + y_{1_n}), \lim_{n\to\infty}(x_{2_n} + y_{2_n}), \ldots, \lim_{n\to\infty}(x_{k_n} + y_{k_n})\right)$$
（定理 15.2 による）
$$= (x_1 + y_1, x_2 + y_2, \ldots, x_k + y_k) = \mathbf{x} + \mathbf{y}$$

となる.

2. 定理 15.1 の性質 3 により，1 から k までのどんな j に対しても $\lim_{n\to\infty} \beta_n x_{j_n} \to \beta x_j$ であることが分かっている．そのとき，

$$
\begin{aligned}
\lim_{n\to\infty} \beta_n \mathbf{x}_n &= \lim_{n\to\infty} (\beta_n x_{1_n}, \beta_n x_{2_n}, \ldots, \beta_n x_{k_n}) \\
&= \left(\lim_{n\to\infty} \beta_n x_{1_n}, \lim_{n\to\infty} \beta_n x_{2_n}, \ldots, \lim_{n\to\infty} \beta_n x_{k_n} \right) \\
&\quad \text{（定理 15.2 による）} \\
&= (\beta x_1, \beta x_2, \ldots, \beta x_5) = \beta \mathbf{x}
\end{aligned}
$$

となる.

3. この証明はほかのものとまったく同じである．ボックス 15.2 の空白を埋めよ.

ボックス 15.2

定理 15.3 の性質 3 を証明する.

定理 15.1 の性質 3 により，どんな $1 \le j \le \underline{\quad}$ に対しても $x_{j_n} y_{j_n} \to \underline{\quad}$ である．そのとき，

$$
\begin{aligned}
\lim_{n\to\infty} (\mathbf{x}_n \cdot \mathbf{y}_n) &= \lim_{n\to\infty} (x_{1_n} y_{1_n} + x_{2_n} y_{2_n} + \cdots + x_{k_n} y_{k_n}) \\
&= \underline{\qquad\qquad} + \underline{\qquad\qquad} + \cdots \\
&\quad + \underline{\qquad\qquad} \\
&\quad (\underline{\qquad\quad}\text{の性質 1 による}) \\
&= x_1 y_1 + x_2 y_2 + \cdots + x_k y_k = \underline{\quad}
\end{aligned}
$$

となる.

$\square$

ギアを変え，技術的には少し低くて，できればもっと面白いことに移ろう.

定義 15.4（部分列）

212 第15章

距離空間の点列 $\{p_n\}$ に対して，$\{n_k\}$ を自然数の列で，$n_1 < n_2 < \cdots$ を満たすものとする．そのとき，$\{p_{n_k}\}$ で与えられる点列を $\{p_n\}$ の**部分列**と言う．

もし，$\{p_{n_k}\}$ があるる $p \in X$ に収束するなら，p を $\{p_n\}$ の**部分列の極限**と言う．

ここで，数列 n_k は単なる増大する自然数列である．たとえば，$\{n_k\} = 1, 3, 100, \ldots$ なら，$\{p_{n_k}\} = p_1, p_3, p_{100}, \ldots$ となる．添え字 n_k のリストは問題の部分列ではない．点 p_{n_k} のリストが部分列なのである．

$\{n_k\}$ は数列だから，無限でなければならない．それゆえ，$p_1, p_3, p_{100}, \ldots$ のようなものは $\{p_n\}$ の部分列だが，p_1, p_3, p_{100} のようなものはそうではない（欠けているところがないのはこのリストが無限に延びてないことを意味しており，添え字 $1, 3, 100$ 自体は数列ではないことを注意する）．つまり，点列と同じで，部分列も無限に続いていかなくてはならない．

例 15.5（部分列）

ここでの例はすべて距離空間 $\mathbb{R}$ か $\mathbb{C}$ で考える．

1. あらゆる $n \in \mathbb{N}$ に対して，$\{s_n\} = 1$ であれば，任意の $k \in \mathbb{N}$ に対して，$n_k = 2k - 1$ ととる．そのとき，部分列 $\{s_{n_k}\} = s_1, s_3, s_5, \ldots$ は単に $1, 1, 1, \ldots$ になり，これは $\{s_n\}$ 自身と同じである．

2. あらゆる $n \in \mathbb{N}$ に対して，$\{s_n\} = i^n$ であれば，任意の $k \in \mathbb{N}$ に対して，$n_k = 4k$ ととる．そのとき，部分列 $\{s_{n_k}\} = s_4, s_8, s_{12}, \ldots$ は単に $1, 1, 1, \ldots$ になり，点 1 に収束する．だから，1 は $\{s_n\}$ 自身の極限ではないものの，$\{s_n\}$ の部分列の極限である．

3. あらゆる $n \in \mathbb{N}$ に対して，$\{p_n\} = (-1)^n + \frac{(-1)^n}{n}$ であれば，任意の $k \in \mathbb{N}$ に対して，$n_k = 2k$ ととる．そのとき，部分列 $\{p_{n_k}\} = p_2, p_4, p_6, \ldots$ は $\frac{3}{2}, \frac{5}{4}, \frac{7}{6}, \ldots$，つまり $\{p_{n_k}\} = 1 + \frac{1}{2k}$ になる．この部分列は 1 に収束する．だから，1 は $\{p_n\}$ 自身の極限ではないものの，$\{p_n\}$ の部分列の極限である．

同じように，$n_k = 2k - 1$ ととれば，部分列 $\{p_{n_k}\} = p_1, p_3, p_5, \ldots$ が得られる．この部分列は -1 に収束するので，-1 も $\{p_n\}$ の部分列

の極限である.

したがって,$\{p_n\}$ は 2 つの概極限の間を「行ったり来たり」するが, この 2 つの概極限は部分列の極限である.(図 14.4 と 14.5 をもう一度参照.)この概念は第 17 章で, もっと詳しく調べることにする.

定理 15.6(収束 ⇔ あらゆる部分列が収束する)

距離空間 X の点列 $\{p_n\}$ に対して, $\{p_n\}$ が $p \in X$ に収束するのは, $\{p_n\}$ のあらゆる部分列が $p \in X$ に収束するとき, かつそのときに限る.

証明. 部分列は $\{p_n\}$ の元の部分集合に過ぎないので, N 以降の部分列の点は, p からの距離が ε より小さいままである. このことをもっと形式的にするには次のようにする.$p_n \to p$ ならば, あらゆる $\varepsilon > 0$ に対して

$$n \geq N \quad \Rightarrow \quad d(p_n, p) < \varepsilon$$

となるような $N \in \mathbb{N}$ が存在する.n_k は k とともに増加するので, $k \geq N \Rightarrow k_n > N$ である. したがって, $\{p_n\}$ のあらゆる部分列 $\{p_{n_k}\}$ に対して, 同じ ε と N で

$$k \geq N \Rightarrow n_k \geq N \Rightarrow d(p_{n_k}, p) < \varepsilon$$

となる. これがあらゆる $\varepsilon > 0$ に対して真だから, $p_{n_k} \to p$ となる.

逆方向の証明は簡単である.$\{p_n\}$ はそれ自身 $\{p_n\}$ の部分列だから ($n_k = k$), $\{p_n\}$ のあらゆる部分列が収束するなら, $\{p_n\}$ も収束することになる. □

この次の定理は系 14.9 に似ている.

定理 15.7(コンパクト集合の中の部分列)

コンパクト距離空間 X の点列 $\{p_n\}$ に対して, $\{p_n\}$ のある部分列はある点 $p \in X$ に収束する.

系 14.9 と定理 15.7 の間の違いは何だろうか? 前者はコンパクト集合の中のどんな無限集合 E も収束列を含むということだが, E の元は特定の順序に並んでいない(E は非可算であるかもしれない). この新しい定理

では，コンパクト集合の中のどんな点列も収束する部分列を持つと言っている．

E を $\{p_n\}$ の値域とすれば，E が無限集合の場合には系 14.9 が証明の助けにはなり得る．しかしながら，以下の議論には何か間違いがある．

E（$\{p_n\}$ の値域）がコンパクト距離空間 X の無限集合ならば，系 14.9 により，ある点 $p \in X$ に収束する，E の中の点列 $\{s_n\}$ が存在することが分かる．$\{s_n\}$ の値域は E の部分集合だから，$\{s_n\}$ は $\{p_n\}$ の部分列である．したがって，X のある点に収束する $\{p_n\}$ の部分列が見つかった．

どこが間違っているか分かるかな？ $\{s_n\}$ は単に $\{p_n\}$ の値域である E に含まれているだけだから，$\{s_n\}$ が $\{p_n\}$ の部分列であるとは確言できないのだ．なぜって？ 点の順序が違っているかもしれないだろう！

簡単な例としては，あらゆる $n \in \mathbb{N}$ に対して，$\{p_n\} = n^2$ とする．そのとき，$E = \{1, 4, 9, \ldots\}$ となり，E は点列 $s_n = 1, 1, 1, \ldots$ を含んでいる．しかし，元 1 は $\{p_n\}$ の中に（異なる n_k に対して）無限回現れるわけではないので，この $\{s_n\}$ は $\{p_n\}$ の部分列ではない．

心配はいらない．この定理の証明でこれまでに見たこともないような途方もないテクニックを使うわけではない．上の方法を使えないことを理解してほしかっただけだ．

証明． $\{p_n\}$ の値域 E が有限集合である簡単な場合から始めよう．$\{p_n\}$ の中の n は無限に大きくなるが，$\{p_n\}$ には異なる点は有限個しかないので，それらの点のうち少なくとも 1 点は無限回繰り返されることになる．そのような点の 1 つをとり，p と呼ぼう．そのとき，無限個の添え字 $\{n_k\}$ で，$n_1 < n_2 < n_3 < \cdots$，$p_{n_1} = p_{n_2} = p_{n_3} = \cdots = p$ であるものがある．（点列が元 p となるような $\{p_n\}$ の指数をとるだけである．）p は $\{p_n\}$ の元なので，$p \in E$ だから $p \in X$ であり，$\{p_{n_k}\} \to p$ である．

さて，E が無限集合なら，定理 11.13 を適用して，E の極限点 p を得ることができる．その $p \in X$ に収束する $\{p_n\}$ の部分列 $\{p_{n_i}\}$ を作る．

定義 13.2 の前でやった議論を思い出せば，どんな無限の構成も帰納法による証明に似た何かしらのことをするものである．第 1 のステップと，i が与えられたときに $i+1$ を指定するステップがないといけない．

1. p のあらゆる近傍には E の無限個の点が含まれている．E のある点を含む $N_1(p)$ をとることから始めよう．この点を p_{n_1} と名前を付けると，$d(p_{n_1}, p) < 1$ である．

2. すでに，点 $p_{n_1}, p_{n_2}, \ldots, p_{n_i}$ で，どんな $k \leq i$ に対しても $d(p_{n_k}, p) < \frac{1}{k}$ となるものが見つかっているとしよう．$p_{n_{i+1}}$ をどうやって見つけるのか？ そうだね，$N_{\frac{1}{i+1}}$ は E の無限個の点を含んでいる．だから，それがたとえ $p_{n_1}, p_{n_2}, \ldots, p_{n_i}$ をすべて含んでいたとしても，少なくとももう 1 つは点を含んでいる．その新しい点を $p_{n_{i+1}}$ と呼べば，$d(p_{n_{i+1}}, p) < \frac{1}{i+1}$ となる．

    どうやって，$n_i < n_{i+1}$ を保証したらいいのだろうか？ 言い換えれば，点列 $\{p_n\}$ の中で，$p_{n_{i+1}}$ が p_{n_i} の後に来ることをどうやって確かめることができるのだろうか？ そうだね，指数は n_i までの有限個しかないけれど，$N_{\frac{1}{i+1}}$ には E の無限個の点が含まれている．だから，$p_{n_{i+1}} \in N_{\frac{1}{i+1}}$ となるような指数 n_{i+1} が n_i よりも後に来るようなものが少なくとも 1 つなければならない．したがって，$n_i < n_{i+1}$ であり，この構成は $i+2, i+3, i+4, \ldots$ と続けることができる．

今や，どんな $i \in \mathbb{N}$ に対しても $d(p_{n_i}, p) < \frac{1}{i}$ を満たす部分列 $\{p_{n_i}\}$ が得られた．どんな $\varepsilon > 0$ に対しても，$N = \lceil \frac{1}{\varepsilon} \rceil + 1$ とすると，定理 14.8 の証明と同じ議論によって，$p_{n_i} \to p$ であることがわかる． □

ワイエルシュトラスの定理（定理 12.8）と混同しないように．次の定理はボルツァーノ・ワイエルシュトラスの定理として知られている．（ワイエルシュトラスは忙しい人だったのだろうね！）

定理 15.8（ボルツァーノ・ワイエルシュトラスの定理）
$\mathbb{R}^k$ の点列 $\{p_n\}$ が有界ならば，$\{p_n\}$ のある部分列は，ある点 $p \in \mathbb{R}^k$ に収束する．

証明．E を $\{p_n\}$ の値域とする．E が有界なので，定理 12.5 により，E はある k セル I の部分集合であり，I は定理 12.4 によりコンパクトである．そのとき，点列 $\{p_n\}$ はコンパクト集合 I に含まれるので，定理 15.7

により，ある点 $p \in I$ に収束する部分列を含む． □

定理 15.9（部分列の極限の集合は閉集合）

距離空間 X の点列 $\{p_n\}$ のすべての部分列の極限の集合 E^* は X に関して閉集合である．

E^* は $\{p_n\}$ の**あらゆる**収束部分列の極限を含んでいることに注意する．

証明．q を E^* の極限点とする．$q \in E^*$，つまり q に収束する $\{p_n\}$ の部分列 $\{p_{n_i}\}$ があることを示したい．定理 15.7 の証明の中の部分列とほとんど同じものとして $\{p_{n_i}\}$ を作ることにする．

構成を始める前に，ある k に対し，あらゆる $n \geq k$ に対して $p_n = q$ というような場合を排除できてほしい．$\{p_n\}$ がそのような点列だとしたら，$p_1, p_2, \ldots, p_{k-1}, q, q, q, \ldots$ のようになる．そのとき，あらゆる部分列は q に収束するので，$E^* = \{q\}$ となり，例 9.26 によって閉集合である．

1. $n_1 \in \mathbb{N}$ を $\{p_n\}$ の元で $p_{n_1} \neq q$ であるように選ぶ．後の便利のために，$\delta = d(p_{n_1}, q)$ とおく．

2. 既に，点 $p_{n_1}, p_{n_2}, \ldots, p_{n_i}$ を，$n_1 < n_2 < \cdots < n_i$ で，どんな $k \leq i$ に対しても $p_{n_k} \neq q$ かつ $d(p_{n_k}, q) < \frac{\delta}{k}$ であるように選んであるとする．

    どのように $p_{n_{i+1}}$ を選んだらいいのだろうか？ 基本的なアイデアは，q に近いどんな点 $x \in E^*$ に対しても x に収束する $\{p_n\}$ の部分列があるということである．そして，q は E^* の極限点だから，この x を q の任意に近くとることができる．

    このことを厳密な言葉にするには，q が E^* の極限点だから，そのあらゆる近傍は少なくとも 1 つ E^* の q でない点を含んでいる．そのとき，$d(x, q) < \frac{\delta}{2(i+1)}$ を満たす $x \in E^*$ がある．x は $\{p_n\}$ のある部分列の極限だから，ある $N \in \mathbb{N}$ を過ぎると，その部分列の各元は，x との距離が $\frac{\delta}{2(i+1)}$ より小さくなる．だから，$n_{i+1} > \max\{N, n_i\}$ と選べば，$n_i < n_{i+1}$ かつ $d(p_{n_{i+1}}, x) < \frac{\delta}{2(i+1)}$ となる．したがって，

$$d(p_{n_{i+1}}, q) \leq d(p_{n_{i+1}}, x) + d(x, q) < d(p_{n_{i+1}}, x)$$

$$< \frac{\delta}{2(i+1)} + \frac{\delta}{2(i+1)} = \frac{\delta}{i+1}$$

となる．今や部分列 $\{p_{n_i}\}$ で，どんな $i \geq 2$ に対しても $d(p_{n_i}, q) < \frac{\delta}{i}$ を満たすものが得られた．どんな $\varepsilon > 0$ に対しても $N = \lceil \frac{\delta}{\varepsilon} \rceil + 1$ とおくと，定理 14.8 の証明と同じ議論によって $p_{n_i} \to q$ であることが分かる．

 ちょっと待って．そのあちこちにある δ は何をしてるの？ なぜ，定理 15.7 の証明のように，$d(p_{n_i}, q) < \frac{1}{i}$ を満たす部分列が作れなかったのだろう？ えーっと，この構成の最初のステップで，$d(p_{n_1}, q) = \delta$ だけで，$d(p_{n_i}, q) < 1$ を保証することができなかったのだ．したがって，構成全体で δ を引きずっていかないといけなくなった．しかし，δ はある数に過ぎないのだから，それでも最後のステップはうまくいく．だから，$n_i > N = \lceil \frac{\delta}{\varepsilon} \rceil + 1$ である限り，

$$d(p_{n_i}, q) < \frac{\delta}{\lceil \frac{\delta}{\varepsilon} \rceil + 1} < \varepsilon$$

となる． □

 これらの部分列があなたをあまり躓かせることがないように願っている．もしも躓きになっているようなら，これまでの証明を読み直して，頭の中で証明をしてみてほしい．次の章でコーシー列を丹念に調べた後で，より深く部分列の極限を調べに戻ることになるだろう．

第16章　コーシー列と単調列

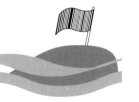

　収束の議論をするとき，ある点列が 1 つの距離空間では収束するが，ほかの距離空間では発散するということがあった．したがって，閉集合であるとか開集合であるというのと同じで，収束の性質もその点列がどんな距離空間にあるのかということに依存している．そこで，収束に似た性質で，点列が埋め込まれている距離空間に依存しないものはあるのだろうか？　うん，あるんだ，それが．コンパクト性のように，**コーシー列**であるということはどんな距離空間においても成り立つ性質である．ある場所でコーシー列であれば，どこでもコーシー列である．

定義 16.1（コーシー列）
　距離空間 X の点列 $\{p_n\}$ が**コーシー列**であるとは，あらゆる $\varepsilon > 0$ に対して，ある自然数 N 以上のあらゆる n と m に対して $d(p_n, p_m) < \varepsilon$ となるときである．
　記号では，

$$\forall \varepsilon > 0,\ \exists N \in \mathbb{N}\ \text{s.t.}\ n, m \geq N \Rightarrow d(p_n, p_m) < \varepsilon$$

であるとき，$\{p_n\}$ はコーシー列である，となる．

　これは定義 14.3 の収束と同じではないのか？　違う！　鍵になる違いは，収束列では $d(p_n, p) < \varepsilon$ であるところが，コーシー列では，$d(p_n, p_m) < \varepsilon$ であるところである．コーシー列は特に 1 つの点にどんどん近づくのではなく，むしろ元が互いにどんどん近づくのである．コーシー列では，どんな距離 $\varepsilon > 0$ が与えられても，あるステップを過ぎれば，点列の中の 2 つの元の距離が ε よりも小さくなるのである．
　N_ε チャレンジは，少し修正はするが同じようなものである．どんな

$\varepsilon > 0$ が与えられても，$p_N, p_{N+1}, p_{N+2}, \ldots$ がすべて互いに ε よりも小さい距離になるような N を見つけることができるのか？

例 16.2（コーシー列）

コーシー列を定義すると次の疑問が湧いてくる．元が互いにどんどん近づいていけば，一体それらが 1 つの点に収束しないということが起こるのだろうか？

簡単な例として，任意の $n \in \mathbb{N}$ に対して $p_n = \frac{1}{n}$ とし，距離空間 $X = \mathbb{R} \setminus \{0\}$ の中の数列 $\{p_n\}$ をとる．そのとき，0 が X の元ではないので，$\{p_n\}$ は X では収束しない．しかし，$\{p_n\}$ はコーシー列である．なぜって？ もし $n, m \geq N$ ならば，

$$d(p_n, p_m) = \left| \frac{1}{n} - \frac{1}{m} \right| \leq \max \left\{ \frac{1}{n}, \frac{1}{m} \right\} \leq \frac{1}{N}$$

となる．どんな $\varepsilon > 0$ に対しても $1 < N\varepsilon$ となってほしいから，$N = \lceil \frac{1}{\varepsilon} \rceil + 1$ とおけばよい．

さらなる例として，s_n を距離空間 $\mathbb{Q}$ で，$\sqrt{2}$ を小数点 n 桁までとったものとする．すると，$s_n = 1.4, 1.41, 1.414, \ldots$ となる．これらの小数は $\frac{14}{10}, \frac{141}{100}, \frac{1414}{1000}, \ldots$ と書けるので，数列の各元は有理数である．この数列は $\sqrt{2}$ に収束するが，$\{s_n\}$ は $\mathbb{Q}$ では収束しない．しかし，$\{s_n\}$ はコーシー列である．なぜって？ $n, m \geq N$ であれば，

$$d(s_n, s_{n+1}) \leq 10^{-N}$$

となる．どんな $\varepsilon > 0$ に対しても $-N < \log_{10}(\varepsilon)$ となってほしいので，$N = \lceil -\log_{10}(\varepsilon) \rceil + 1$ とおけばうまくいく．

このことから，あなたは，コーシー列は $\mathbb{R}$ に似ている距離空間でしか収束できないと考えるようになるだろう．$\mathbb{R}$ での鍵となる要素は最小上界性である（そのため，コーシー列が収束するかもしれない「穴」がない）．そして，きっとあなたは正しいだろう！「あらゆるコーシー列は収束する」ことを意味する**完備性**を $\mathbb{R}$ が備えていることをすぐに見ることになる．

「**コーシー列 $\Rightarrow$ 収束列**」は距離空間が完備な時しか起こらないが，「**収束列 $\Rightarrow$ コーシー列**」はどんな場合でも成り立つことがわかる．

220　第 16 章

定理 16.3 （収束列 ⇒ コーシー列）

距離空間 X の点列 $\{p_n\}$ がある $p \in X$ に収束すれば，$\{p_n\}$ はコーシー列である．

証明. あらゆる $\varepsilon > 0$ に対して，$n \geq N$ であれば $d(p_n, p) < \frac{\varepsilon}{2}$ となるような $N \in \mathbb{N}$ が存在する．もちろん，どんな $m \geq N$ に対しても $d(p_m, p) < \frac{\varepsilon}{2}$ となる．そのとき，三角不等式を使えば，どんな $n, m \geq N$ に対しても

$$d(p_n, p_m) \leq d(p_n, p) + d(p, p_m) < \frac{\varepsilon}{2} + \frac{\varepsilon}{2} = \varepsilon$$

となる．これがあらゆる $\varepsilon > 0$ に対して真なので，$\{p_n\}$ はコーシー列である． □

コーシー列の話を続ける前に，まず**直径**の概念を定義する．最初は技巧的すぎるように見えるかもしれないが，コーシー列を見ていくより直観的な方法を与えてくれて，それがないと難しくなるいくつかの定理を証明する助けになる．

定義 16.4 （直径）

距離空間 X の空でない部分集合 E に対して，E の**直径**とは，E のあらゆる可能な点の対の間の距離の集合の上限のことである．

記号で書けば直径は

$$\operatorname{diam} E = \sup\{d(p,q) \mid p, q \in E\}$$

となる．

例 16.5 （直径）

距離空間 $\mathbb{R}$ の部分集合として以下のものを考える．

1. $E = \{1, 2, 3\}$ ならば

$$\operatorname{diam} E = \sup\{d(1,2), d(2,3), d(1,3)\} = \sup\{1, 1, 2\} = 2$$

である．

2. $E = [-3, 3]$ ならば diam $E = 6$ である．これは，基本的には，直径という言葉の響き通りであることを示している．

3. $E = [-3, 3)$ ならば，またも diam $E = 6$ である．というのは，

$$\{d(-3, p) \mid p \in [-3, 3)\} = [0, 6)$$

であり，この最小上界が 6 であるからである．

4. $E = [0, \sqrt{2})$ ならば，diam $E = \sqrt{2}$ である．E が距離空間 $\mathbb{Q}$ の部分集合であると考えたとしても，直径は埋め込まれている距離空間の元である必要がないから，E の直径は $\sqrt{2}$ のままである．なぜって？ 直径は距離の集合の上限だからである．定義 9.1 から，どんな距離も実数であるから，あらゆる直径もまた実数である．

5. $E = [0, \infty)$ ならば，E には直径はない．なぜなら，E の点の間のすべての距離の集合は有界ではないからである．

6. 直径の列を考えることもできる．たとえば，あらゆる $n \in \mathbb{N}$ に対して $A_n = [0, \frac{1}{n})$ とすると，今度は，直径の列

$$\mathrm{diam}\, A_1, \mathrm{diam}\, A_2, \mathrm{diam}\, A_3, \ldots$$

は $1, \frac{1}{2}, \frac{1}{3}, \ldots$ となって，

$$\lim_{n \to \infty} \mathrm{diam}\, A_n = \lim_{n \to \infty} \frac{1}{n} = 0$$

となる．

　直径のどんな列も正の実数の列であることに注意する．

　以下の議論は今後の定理の意味をはっきりさせる助けになる．

　もしどんな点列 $\{p_n\}$ を考えたとしても，E_N を N 番目のステップから始まる点列の値域とすれば，$E_N = \{p_N, p_{N+1}, p_{N+2}, \ldots\}$ となる．直径の列 $\mathrm{diam}\, E_1, \mathrm{diam}\, E_2, \mathrm{diam}\, E_3, \ldots$ を作り，$\lim_{N \to \infty} \mathrm{diam}\, E_N$ をとることによって，それが収束するかどうかを見ることができる．はっきりさせよう．図 16.1 に示されているように，これは数列

$$\mathrm{diam}\{p_1, p_2, p_3, p_4, \ldots\}, \mathrm{diam}\{p_2, p_3, p_4, \ldots\}, \mathrm{diam}\{p_3, p_4, \ldots\}, \ldots$$

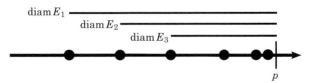

図 16.1 p に収束する点列 $\{p_n\}$（直線上に点で示されているのは最初の数個の点）と数列 $\{\text{diam } E_n\}$ の最初の数個の元が描かれている．

の極限である．

$p_n \to p$ であれば $\lim_{N \to \infty} \text{diam } E_N = 0$ となる．なぜって？ あらゆる $\varepsilon > 0$ に対して，$n \geq N$ ならば $d(p_n, p) < \frac{\varepsilon}{2}$ となるような $N \in \mathbb{N}$ がある．言い換えれば，あらゆる $\varepsilon > 0$ に対して，$\text{diam } E_N < \varepsilon$ となるような E_N がある．（なぜここに ε がでてくるのか？ もともと使った $\frac{\varepsilon}{2}$ ではなく．まあね，$p_n = p - \frac{\varepsilon}{2}$ と $p_{n+1} = p + \frac{\varepsilon}{2}$ となることもあるわけだ．あらゆる点は p から高々 $\frac{\varepsilon}{2}$ の距離にあるので，あらゆる点の対の距離は互いに高々 ε の距離しか離れていない．）そのとき，どんな $\varepsilon > 0$ に対しても，数列 $\{\text{diam } E_n\}$ の点 $\text{diam } E_N$ で，ε より小さい点がある．

実際，$n \geq N$ を満たすすべての E_n に対してこれは真である．なぜなら，$E_n \subset E_N$ はわかっているので，

$$\{d(p,q) \mid p, q \in E_n\} \subset \{d(p,q) \mid p, q \in E_N\}$$
$$\Rightarrow \sup\{d(p,q) \mid p, q \in E_n\} \leq \sup\{d(p,q) \mid p, q \in E_N\}$$
$$\Rightarrow \text{diam } E_n \leq \text{diam } E_N$$

となるので，$\text{diam } E_n$ もまた $< \varepsilon$ である．したがって $\lim_{N \to \infty} \text{diam } E_N = 0$ である．

またしても $\{p_n\}$ が収束したらこれが真であることが確認できるだけだ．でも，待って……驚きだな！ 次の定理はコーシー列でもこれが成り立つと言ってる♪

定理 16.6（コーシー列の直径）

距離空間 X の点列 $\{p_n\}$ に対して，E_N を部分列 $p_N, p_{N+1} p_{N+2}, \ldots$ の値域とする．そのとき，$\{p_n\}$ がコーシー列であるのは，$\lim_{N \to \infty} \text{diam } E_N$

$= 0$ であるとき，かつそのときに限る．

この定理は直観的に理解できるはずである．どちらの文も $\{p_n\}$ の点間の距離が任意に小さくなることを言っているのだから．

証明． $\{p_n\}$ がコーシー列であると仮定することから始めよう．この証明は上の議論で行ったことに似ているはずである．あらゆる $\varepsilon > 0$ に対して，$n, m \geq N$ であれば $d(p_n, p_m) < \varepsilon$ となるような $N \in \mathbb{N}$ が存在することが分かっている．そのとき，あらゆる $\varepsilon > 0$ に対して，

$$\text{diam } E_N = \sup\{d(p_n, p_m) \mid p_n, p_m \in E_N\}$$

$$= \sup\{d(p_n, p_m) \mid n, m \geq N\}$$

をみたす N がある．ε がこの集合の上界であることが分かっているので diam $E_N \leq \varepsilon$ である．E_{N+1} が集合 E_N から点 p_N を除いただけのものなので，$E_{N+1} \subset E_N$ であるから，diam $E_{N+1} \leq E_N$ である（$A \subset B \Rightarrow \sup A \leq \sup B$ を思い出すこと）．したがって，あらゆる $n \geq N$ に対して，diam $E_n \leq \varepsilon$ である．それゆえ，あらゆる $\varepsilon > 0$ に対して，$n \geq N$ である限り $|\text{diam } E_n - 0| \leq \varepsilon$ となるような $N \in \mathbb{N}$ があるから，$\lim_{N \to \infty} \text{diam } E_N = 0$ である．

待ってほしい．$< \varepsilon$ でなくて，$\leq \varepsilon$ なのは問題ではないのかな？それは大したことじゃない．なぜなら，最初のステップで $d(p_n, p_m) < \frac{\varepsilon}{2}$ となるような N をとるだけでいい．そうすれば diam $E_N \leq \frac{\varepsilon}{2} < \varepsilon$ となって，$|\text{diam } E_N - 0| \leq \frac{\varepsilon}{2} < \varepsilon$ となる．100% 厳密な証明を書いていたときならそうしただろうけど，そういうことをすると却って混乱させることにもなる．

逆に，diam $E_N \to 0$ であると仮定する．そのとき，あらゆる $\varepsilon > 0$ に対して，$n \geq N$ である限り $|\text{diam } E_n - 0| \leq \varepsilon$ となるような $N \in \mathbb{N}$ がある．だから，

$$\varepsilon \geq \sup d(p_n, p_m) \mid n, m \geq N\}$$

となる．つまり，$n, m \geq N$ である限り $d(p_n, p_m) < \varepsilon$ となる．だから，$\{p_n\}$ はコーシー列である． □

224　第16章

　直径の次の2つの性質はコーシー列に対する重要な定理を証明する助けになってくれる.

定理 16.7（閉包の直径）

　距離空間 X の部分集合 E に対して，$\operatorname{diam} \overline{E} = \operatorname{diam} E$ である.

　証明. 等号を証明するために，$\operatorname{diam} \overline{E} \geq \operatorname{diam} E$ を証明し，それから $\operatorname{diam} \overline{E} \leq \operatorname{diam} E$ を証明する. $E \subset \overline{E} \Rightarrow \operatorname{diam} E \leq \operatorname{diam} \overline{E}$ であるので，最初の方は易しい.

　もう一方の不等式については，あらゆる $\varepsilon > 0$ の選択に対して，$\operatorname{diam} \overline{E} \leq \operatorname{diam} E + \varepsilon$ を示すことができるなら，$\operatorname{diam} \overline{E} \leq \operatorname{diam} E$ が得られる.（もし $\operatorname{diam} \overline{E} > \operatorname{diam} E$ であったなら，ある $c > 0$ が存在して $\operatorname{diam} \overline{E} = \operatorname{diam} E + c$ となるが，$\varepsilon = \frac{c}{2}$ に対しては $\operatorname{diam} \overline{E} > \operatorname{diam} E + \varepsilon$ となって，矛盾となる.）

　任意の $\varepsilon > 0$ に対して，$p \in \overline{E}$ をとる. $p \in E$ であるか，さもなければ p は E の極限点である. もし $p \in E$ であれば，$p' = p$ とすれば，$d(p,p') = 0 < \frac{\varepsilon}{2}$ である. p が E の極限点であれば，$N_{\frac{\varepsilon}{2}}(p)$ の中に E の点 $p' \neq p$ があるので，$d(p,p') < \frac{\varepsilon}{2}$ である. 同じように，どんな $q \in \overline{E}$ に対しても，$d(q,q') < \frac{\varepsilon}{2}$ であるような $q' \in E$ を見つけることができる. そのとき,

$$d(p,q) \leq d(p,p') + d(p',q) \quad (\text{三角不等式による})$$

$$\leq d(p,p') + d(p',q') + d(q',q) \quad (\text{またも三角不等式による})$$

$$< \frac{\varepsilon}{2} + d(p',q') + \frac{\varepsilon}{2}$$

$$\leq \operatorname{diam} E + \varepsilon$$

となる.

　$p', q' \in E$ であり，$\operatorname{diam} E$ が E におけるすべての距離の集合の上界なので，最後のステップは真である. $\overline{E}$ のすべての可能な点 p と q の対に対して $d(p,q) \leq \operatorname{diam} E + \varepsilon$ なので，$\operatorname{diam} \overline{E} \leq \operatorname{diam} E + \varepsilon$ である.　　　□

定理 16.8（入れ子のコンパクト集合の直径）
　$\{K_n\}$ を距離空間 X の空でないコンパクト集合の集まりで，どんな $n \in \mathbb{N}$ に対しても $K_n \supset K_{n+1}$ を満たすものとする．もし $\lim_{n\to\infty} \operatorname{diam} K_n = 0$ であれば，$\bigcap_{n=1}^{\infty} K_n$ はただ 1 点を含む．

　証明． ボックス 16.1 におけるこの簡単な証明に対する空白を埋めよ．

ボックス 16.1

> 定理 16.8 を証明する．
>
> ＿＿＿＿＿によって，$\bigcap_{n=1}^{\infty} K_n$ が少なくとも 1 点を含むことは分かっている．もし 1 点よりも多い点を含んでいたとしたら，それを p と q として，$r = d(p, q)$ とすれば，$\operatorname{diam} \bigcap_{n=1}^{\infty} K_n \geq r > 0$ となる．そのとき，どんな $m \in \mathbb{N}$ に対しても，$\bigcap_{n=1}^{\infty} K_n \subset$ ＿＿＿＿＿ から
> $$\operatorname{diam} K_m \underline{\quad} \operatorname{diam} \bigcap_{n=1}^{\infty} K_n = r$$
> が得られる．しかし，＿＿＿＿＿ $\to 0$ となるのは，この数列の各元が $\geq r$ であるなら不可能である．というのは r が固定された正の数だからである．

□

　今や，2 つの特別な場合に定理 16.3 の逆を証明する準備ができた．つまり，コーシー列はコンパクト距離空間では収束するということと，コーシー列は $\mathbb{R}^k$ で収束するということである．

定理 16.9（コーシー列 ⇒ コンパクト集合で収束）
　$\{p_n\}$ がコンパクト距離空間 X のコーシー列ならば，$\{p_n\}$ はある点 $p \in X$ に収束する．

　証明． E_N を部分列 $p_N, p_{N+1}, p_{N+2}, \ldots$ の値域とすると，定理 16.6 により $\lim_{N\to\infty} \operatorname{diam} E_N = 0$ である．定理 16.8 を使うために，E_N を含む入れ子のコンパクト集合の列が欲しい．各 $\overline{E_N}$ はコンパクト集合 X の部分集合なので，定理 11.8 により各 $\overline{E_N}$ 自身もコンパクト集合である．あら

ゆる $N \in \mathbb{N}$ に対して，$E_N \supset E_{N+1}$ だから $\overline{E_N} \supset \overline{E_{N+1}}$ となり（系 10.9 による），定理 16.7 により，

$$\lim_{N \to \infty} \text{diam } \overline{E_N} = \lim_{N \to \infty} \text{diam } E_N = 0$$

でもある．それから，定理 16.8 により，共通部分 $\bigcap_{N=1}^{\infty} \overline{E_N}$ にはただ 1 つの点 p がある．$p_n \to p$ を示そう．

どんな $\varepsilon > 0$ に対しても，$n \geq N$ である限り $d(\text{diam } \overline{E_n}, 0) < \varepsilon$ となるような $N \in \mathbb{N}$ がある（どんな直径も非負の実数だから）．$p \in \overline{E_n}$ だから，どんな $q \in \overline{E_n}$ に対しても

$$d(p, q) \leq \sup\{d(p, q) \mid p, q \in \overline{E_N}\}$$

$$= \text{diam } \overline{E_N}$$

$$< \varepsilon$$

であることが分かっている．$n \geq N$ である限り，あらゆる $q \in \overline{E_n}$ に対して上のことが真だから，あらゆる $q \in E_n$ に対して真であるので，あらゆる p_n に対しても真である．したがって，どんな $n \geq N$ に対しても，$d(p, p_n) < \varepsilon$ である．これがあらゆる $\varepsilon > 0$ に対して真であるので，$p_n \to p$ である． □

待って．一体全体なぜ定理 16.8 を使う必要があったのだろうか？ $\bigcap_{N=1}^{\infty} \overline{E_N}$ には（ただ 1 つというよりむしろ）少なくとも 1 つの点 p があり，それから $p_n \to p$ であることを示すのに，系 11.12 を使うことはできなかったのだろうか？ そうだね，そうすることはできた．（実際，それからこの場合に $\bigcap_{N=1}^{\infty} \overline{E_N}$ が元を 1 つしか含むことができないことを証明することができた．点 $p' \in \bigcap_{N=1}^{\infty} \overline{E_N}$ をとってから，p に対してと同じ議論を使って $p_n \to p'$ であることができるので，定理 14.6 を使って $p = p'$ が得られる.）しかし，それでも定理 16.8 を証明することは役に立つ演習問題である．そして，われわれがその証明をしたことは，きっと私と同じようにあなたも喜んでいる，そうだよね．

定理 16.10（$\mathbb{R}^k$ では，コーシー列 $\Rightarrow$ 収束列）

距離空間 $\mathbb{R}^k$ の点列 $\{\mathbf{x}_n\}$ に対し，$\{\mathbf{x}_n\}$ がコーシー列なら，ある $\mathbf{x} \in \mathbb{R}^k$ に収束する．

証明．$\{\mathbf{x}_n\}$ が有界であることを示すことができれば，定理 12.5 により $\{\mathbf{x}_n\}$ の値域はある k セルに含まれ，それは定理 12.4 によりコンパクトである．したがって，$\{\mathbf{x}_n\}$ はコンパクト集合に含まれるので，定理 16.9 によって収束する．

E_N を部分列 $\mathbf{x}_N, \mathbf{x}_{N+1}, \mathbf{x}_{N+2}, \ldots$ の値域とすると，定理 16.6 により $\lim_{N \to \infty} \operatorname{diam} E_N = 0$ である．そのとき，$d(\operatorname{diam} E_N, 0) < 1$ となるような $N \in \mathbb{N}$ があるので，E_N のどんな 2 点の間の距離も 1 より小さくなって，E_N は有界になる．$\{\mathbf{x}_n\}$ の値域は集合 $\{\mathbf{x}_1, \mathbf{x}_2, \ldots, \mathbf{x}_{N-1}, \mathbf{x}_N, \mathbf{x}_{N+1}, \ldots\}$ であることに注意する．これは $\{\mathbf{x}_1, \mathbf{x}_2, \ldots, \mathbf{x}_{N-1}\} \cup E_N$ である．$\{\mathbf{x}_1, \mathbf{x}_2, \ldots, \mathbf{x}_{N-1}\}$ は有限集合なので，その 2 点間の距離の最大値により有界になる．したがって，$\{\mathbf{x}_n\}$ の値域は 2 つの有界集合の和なので，定理 9.5 により $\{\mathbf{x}_n\}$ は有界であり，だから $\{\mathbf{x}_n\}$ は実際に収束する． □

定義 16.11（完備距離空間）

距離空間が**完備**であるのは，X におけるあらゆるコーシー列が X のある点に収束するときである．

例 16.12（完備距離空間）

定理 16.9 により，どんなコンパクト距離空間も完備である．定理 16.10 により，ユークリッド空間 $\mathbb{R}^k$ は完備である．

一方，距離空間 $\mathbb{Q}$ は完備ではない．というのは，例 16.2 で，$\mathbb{Q}$ のどんな点にも収束しない有理コーシー列が与えられているからである．

例 16.2 で注意したように，$\mathbb{R}$ においてすべてのコーシー列が収束することを助けるのは最小上界性であるように見える．実際，任意の順序体 F において，次の 2 つの言明は同値であることが分かる．

言明 1．F は最小上界性を持つ．

228　第16章

言明2.　F は完備で，アルキメデス性を持つ.

　F は距離空間であるだけでなく順序体でなければならないことに注意する．だから，上界はちゃんと定義されている．（すべての順序体は，距離関数 $d(p,q) = |p - q|$ により距離空間であることを思い出しておくこと.）

　この同値性の証明はかなり長く退屈なので，やらないで済ますことにしよう．証明を理解するのに費やす時間で代わりにパイでも焼くことができるだろう．（パイの中身のコーシー列がつねに堅い外皮に集まってきて (converge)，パイが出来上がる (complete) ってもんさ）

定理16.13（完備距離空間の閉集合）
　E を完備距離空間 X の部分集合とする．E が閉集合ならば，E もまた完備である.

　証明. $\{p_n\}$ を E におけるコーシー列とする．そのとき，$\{p_n\}$ は X においてもコーシー列であるからある点 $p \in X$ に収束する．定理14.5の収束の別の定義により，p のあらゆる近傍は E の無限個の点を含むので，p は E の極限点となる．（これは，十分大きいすべての n に対して $p_n = p$ であるという尻尾が一定という場合を排除している．その場合は $p_n \to p$ であってもう終わっている.）E は閉集合なので，$\{p_n\}$ は E において収束する．したがって E は完備である．　□

　今度はギアを変えて，**単調**と呼ばれる，別のタイプの点列を学ぶことにする.

定義16.14（単調列）
　順序体 F の列 $\{s_n\}$ が**単調増大**（または増加）であるのは，あらゆる $n \in \mathbb{N}$ に対して $s_n \le s_{n+1}$ であるときである．そして，$\{s_n\}$ が**単調減少**であるのは，あらゆる $n \in \mathbb{N}$ に対して $s_n \ge s_{n+1}$ であるときである.
　$\{s_n\}$ が単調増大または単調減少であるとき，$\{s_n\}$ を**単調列**と言う.

例16.15（単調列）
　数列 $\{1, 2, 3, \ldots\}$ は単調増大である．あらゆる $n \in \mathbb{N}$ に対して $s_n = \frac{1}{n}$ によって与えられる数列 $\{s_n\}$ は単調減少である．数列 $1, 1, 1, \ldots$ は単調

増大でも単調減少でもある．

定理 14.7 で，すべての収束列が有界であることを見た．しかし，逆は必ずしも真ではないこともわかっている（$\{s_n = (-1)^n\}$ は有界だが収束しない）．

その逆命題は，最小上界性を持つ順序体の単調列に対して成り立つことが分かる．したがってそのような体では，コーシー列と有界な単調列が収束することが保証されている．

定理 16.16（有界な単調列）

$\{s_n\}$ を順序体 F の単調列とし，F が最小上界性を持つとする．そのとき，$\{s_n\}$ が F で収束するのは，$\{s_n\}$ が有界なとき，かつそのときに限る．

証明． 証明の一方の方向は既に知っている．$\{s_n\}$ が収束すれば定理 14.7 により有界である．

他方については，有界列 $\{s_n\}$ の最小上界 s をとり，s と $s - \varepsilon$ の間に常に $\{s_n\}$ の元がある（そうでなければ s は上限ではなくなる）ことを示すというのが主たるアイデアである．

形式的証明としては，有界列 $\{s_n\}$ をとり，今は $\{s_n\}$ が単調増大な場合とする．E を $\{s_n\}$ の値域とすると，E は有界である．そのとき，定理 9.6 により，E は上に有界であるので，F が最小上界性を持つから，$s = \sup E$ は F の中に存在する．

$\varepsilon > 0$ をとる．s が最小上界なので，$s - \varepsilon$ と s との間に E の元がなければならない（そうでなければ，$s - \varepsilon$ が E の上界になる）．だから $s - \varepsilon < s_N \leq s$ となるような $N \in \mathbb{N}$ が存在する．

さて，どんな $n \geq N$ に対しても（$\{s_n\}$ が単調増大なので）$s_n \geq s_N$ となるが，s が E の上界なので，$s_n \leq s$ のままである．そのとき，すべての $n \in \mathbb{N}$ に対して，
$$s - \varepsilon < s_N < s_n \leq s < s + \varepsilon$$
となる．つまり，$d(s_n, s) < \varepsilon$ となる．

$\{s_n\}$ が単調減少の場合の証明は基本的に同じである．ボックス 16.2 の

空白を埋めよ．

ボックス 16.2

単調減少列に対する定理 16.16 を証明する．

F の中の有界で，単調減少な列 $\{s_n\}$ をとる．E を $\{s_n\}$ の値域とすると，E は下に有界である．F には最小上界性があるので，定理 4.13 により，F は_____性も持つので，$s =$_____が F の中に存在する．

$\varepsilon > 0$ をとる．s は最大下界なので，s と_____の間に E の元がないといけない（そうでなければ，_____が___の下界になる）．だから，___$\leq s_N < s + \varepsilon$ であるような $N \in \mathbb{N}$ がある．

さて，どんな $n \geq N$ に対しても（$\{s_n\}$ が単調減少なので）s_n___s_N となるが，s が E の_____なので，$s_n \geq s$ のままである．そのとき，すべての $n \geq N$ に対して

$$s - \varepsilon < s \leq s_n \leq s_N < s + \varepsilon$$

であるので，$d(s_n, s) <$___ となる．

□

これが，コーシー列や単調列などについて知りたかったことである．本章で忘れてはいけないことは以下のものである．任意のコンパクト距離空間と任意のユークリッド空間が完備である，つまりあらゆるコーシー列が収束することと，（$\mathbb{R}$ のような）最小上界性を持つどんな順序体においてもあらゆる有界単調列は収束する．

次にすることは，第 15 章の部分列の定義と定理に戻って，その極限をもっと詳しく見ていくことである．

第17章　部分列の極限

あらゆる $n \in \mathbb{N}$ に対して $p_n = (-1)^n + \frac{(-1)^n}{n}$ という，「交代する」数列の古典的な例を思い出そう（図14.4 と 14.5 を参照）．この数列は実際に2つの極限に収束するように見えはするが，発散している．このタイプの数列をよりよく理解するために，発散するかもしれないがそのような目立った部分列の極限を持つ数列に対する理論を展開すべきである．

定理15.9 で，数列 $\{p_n\}$ をとり，その部分列の極限（つまり，そのあらゆる収束部分列の極限）からなる集合 E^* を見た．そのとき，われわれの目標はこのタイプの集合をもっと詳しく調べること，特に上界と下界の性質を研究することである．なぜって？ これらの限界について知ることは $p_n = (-1)^n + \frac{(-1)^n}{n}$ のような数列についての価値のある情報をもたらしてくれることがあるからである．

数列の部分集合の極限の集合の限界を見るには，どんな部分列が収束するかについて知るだけでは十分でない．たとえば，数列 $1, 2, 1, 3, 1, 4, 1, 5, \ldots$ をとる．（$1, 1, 1, \ldots$ は部分列だから）ここでの唯一の部分列の極限は 1 であるが，（$2, 3, 4, \ldots$ のように）無限に増大する部分列もある．だから，すべての部分列の極限の上界が 1 であると言うだけでは本当には公正とは言えない．多くの部分列が任意に大きくなるのだから，実際には上界を持たない．

こうした諸々を考えると，必要なものは，発散する数列と発散はするが任意に大きくなる数列との間を区別する方法である．そのことが本章の残りで，定義5.10 で説明した拡大実数系 $\mathbb{R} \cup \{+\infty, -\infty\}$ の中で数列を扱うことにする理由である．

パニックにならないで！ 少なくともこの方が，$\mathbb{R}^k$ や任意の距離空

間で作業するよりも簡単なのである．そして我々が行うあらゆることは，最小上界性と $+\infty$ と $-\infty$ に有意義な定義を与えることができるような順序体でもうまくいくはずである．

定義 17.1（無限大に発散）
距離空間 $\mathbb{R}$ の数列 $\{s_n\}$ が**無限大に発散する**とは，あらゆる $M \in \mathbb{R}$ に対して，ある自然数 N 以上のあらゆる n に対して $s_n \geq M$ となるときである．

記号で書けば，
$$\forall M \in \mathbb{R},\ \exists N \in \mathbb{N} \text{ s.t. } n \geq N \ \Rightarrow \ s_n \geq M$$
であるとき $\lim_{n \to \infty} s_n = +\infty$（または単に $s_n \to +\infty$）と書く．

同じように，あらゆる $M \in \mathbb{R}$ に対して，ある自然数 N 以上のあらゆる n に対して $s_n \leq M$ となるとき，$\{s_n\}$ が**負の無限大に発散する**と言う．

記号で書けば，
$$\forall M \in \mathbb{R},\ \exists N \in \mathbb{N} \text{ s.t. } n \geq N \ \Rightarrow \ s_n \leq M$$
であるとき $\lim_{n \to \infty} s_n = -\infty$（または単に $s_n \to -\infty$）と書く．

無限に発散する数列に対し，極限の記号や矢印 → を使うのは，とんでもないほどの記号の乱用である．どういう意味でも $\{s_n\}$ が収束するとは言っていない．むしろ，$\{s_n\}$ は発散し，任意に大きくなると言っている．収束列と同じ記号を使う唯一の理由は，すべての部分列の極限の集合を定義するときに便利だからである（その集合が $+\infty$ と $-\infty$ を含むことがある）．

例 17.2（無限大に発散）
あらゆる $n \in \mathbb{N}$ に対して $s_n = n^2$ で与えられる数列は無限大に発散するので，$s_n \to \infty$ と書く．あらゆる $n \in \mathbb{N}$ に対して $s_n = -5n$ であれば，$s_n \to -\infty$ である．あらゆる $n \in \mathbb{N}$ に対して $s_n = (-1)^n$ で与えられる数列は発散するが，無限に発散はしない．

同じように，あらゆる $n \in \mathbb{N}$ に対して $s_n = (-1)^n n$ であれば，$\{s_n\}$ は発散するが，無限に発散はしない．なぜかな？ $\{s_n\}$ の値は $+\infty$ と $-\infty$

に任意に近づいていかないのだろうか？ それはそうだが，そういう問題
ではない．数列は大きい正の数と負で大きい数との間を変動する．どんな
$M \in \mathbb{R}$ が与えられても，ある $N \in \mathbb{N}$ 以上の**すべての** n に対して $s_n \geq M$
であるとは言えない．というのは $s_{n+1} = -(s_n + 1) < M$ となるからであ
る．$s_n \leq M$ としたいときにも同じ問題が起こる．一方，$\{s_n\}$ は $+\infty$ に
発散する部分列と $-\infty$ に発散する部分列とを持っている．

定理 17.3（非有界 $\Leftrightarrow$ 無限に発散する部分列）
　距離空間 $\mathbb{R}$ の数列 $\{s_n\}$ が非有界であるのは，$\{s_n\}$ のある部分列は無限
に発散するとき，かつそのときに限る．

　証明． $\{s_n\}$ が非有界であれば，あらゆる $q \in \mathbb{R}$ とあらゆる $M \in \mathbb{R}$ に対
して，数列の元 s_n で $|s_n - q| > M$ となるものがある．だから，どんな M
に対しても $s_n \geq M$（または $s_n \leq M$）となる $\{s_n\}$ の元がある．M は任
意の数だから，$s_n \geq M + 1$（または $s_n \leq M - 1$）となる $\{s_n\}$ の元もあ
るし，$s_n \geq M + 2$（または $s_n \leq M - 2$）となる $\{s_n\}$ の元もある，など
となる．それゆえ，M より大きい（または小さい）$\{s_n\}$ の元が無限にあ
るので，これらの元からなる部分列は無限に発散する．

　もし $\{s_n\}$ のある部分列 $\{s_{n_k}\}$ が無限に発散すれば，どんな $M \in \mathbb{R}$ に対
しても，$k \geq N$ である限り $s_{n_k} \geq M$ となるような $N \in \mathbb{N}$ を見つけるこ
とができる（簡単のために正の無限大に発散すると仮定しているが，負の
無限大の場合も同じ議論が働くからである）．だからどんな $q \in \mathbb{R}$ とどん
な $M < \infty$ に対しても，$s_n \geq M + q + 1$，つまり $s_n - q > M$ であるよう
な $\{s_n\}$ の元が無限に存在する．同じように，$s_n \geq -M + q + 1$ を，つま
り $s_n - q > -M$ であるような $\{s_n\}$ の元が無限に存在する．したがって，
$\{s_n\}$ の少なくとも 1 つの元に対して，$|s_n - q| > M$ であるので，$\{s_n\}$ は
有界ではない． □

定義 17.4（上極限と下極限）
　距離空間 $\mathbb{R}$ のどんな数列 $\{s_n\}$ に対しても，ある部分列 $\{s_{n_k}\}$ に対し
て $s_{n_k} \to x$ となるようなすべての数 $\mathbb{R} \cup \{+\infty, -\infty\}$ の作る集合を E と
する．

$s^* = \sup E$ とし，$s_* = \inf E$ とする．そのとき，s^* を $\{s_n\}$ の**上極限**，s_* を $\{s_n\}$ の**下極限**と言って[1)]，$\limsup_{n\to\infty} = s^*$ や $\liminf_{n\to\infty} = s_*$ と書く．

定理 15.9 ですべての部分列の極限の集合を扱ったときはその集合を E^* と呼んでいた．ここでは集合 E は少し異なっていて，$\{s_n\}$ のすべての部分列の極限に，$\{s_n\}$ の部分列 $\{s_{n_k}\}$ で無限に発散するものがあるかどうかで $+\infty$ と $-\infty$ を加えるかもしれないものになっている．x が拡大実数系に属し，$s_{n_k} \to x$ であれば，x は実数となり得るし，部分列 $\{s_{n_k}\}$ が無限に発散すれば $+\infty$ か $-\infty$ にもなり得るので，定義ではこれが許されている．

覚えていてほしいのだが，拡大実数系では集合が上に有界でなければその上限は $+\infty$ であり，集合が下に有界でなければその下限は $-\infty$ である．$\{s_n\}$ の部分列 $\{s_{n_k}\}$ で $s_{n_k} \to +\infty$ であるものがあれば，$s^* = +\infty$ であり，$s_{n_k} \to -\infty$ であれば，$s_* = -\infty$ である．

便宜上，この章の残りでは，「ある部分列 $\{s_{n_k}\}$ に対して $s_{n_k} \to x$ となるようなすべての数 $\mathbb{R} \cup \{+\infty, -\infty\}$ の作る集合を E とする」と書く代わりに，単に「$\{s_n\}$ のすべての部分列の極限* の集合を E とする」と書くこととする．星印 $(^*)$ は，$\{s_n\}$ のある部分列が無限に発散する場合に，$+\infty$ や $-\infty$ を**含む**ようなすべての部分列の極限を E とすることを示すためのものである．（それでも，$+\infty$ と $-\infty$ は実際には極限では**ない**ことをいつでも覚えておくように）

わめく．私は $\limsup$ という記号が大嫌いだ．ひどく紛らわしいじゃないか！ 上極限は，その記号があなたにそう信じさせるような意味では，ある種の上限の列の極限ではない．実際，上極限はすべての部分列の極限の上限である．だから，記憶する助けになるようにと言うなら，$\sup \lim$ の

[1)] [訳註] 日本語では問題はないが，著者は上極限を upper limit，下極限を lower limit と書いている．実はその英語は「上限」と「下限」の意味で使われることが多く，上極限に対しては superior limit，下極限に対しては inferior limit が使われることが多い．

ように書く方がいいだろう.

また，上極限は極限ではない．それは部分列の極限の集合の限界である．この記号には，部分列が関係していることも明示しているものがない．

「$n \to \infty$」と書くことでも悪化する．点列では，$\lim_{n\to\infty} s_n = s$ と $s_n \to s$ という表記は同じことを意味する．だから，$\limsup_{n\to\infty} s_n = s^*$ を $\sup s_n \to s^*$ と書いてもよいと，あなたは思うかもしれない．しかし，そんなことをしてはいけない．$\sup s_n \to s^*$ と書くことは $\lim_{n\to\infty} \sup s_n = s^*$ と書くことと同値なのだ．（ここで，$n \to \infty$ が lim の下付きになっていて，sup の下付きではないことに注意すること.）どちらにせよ．それはあまり意味がない．というのは，各 s_n は1つの点であり，集合ではない．上限というのは集合に対してしか意味がないからである．

何より困ったことは，ほとんどの人が "lim sup" を "limb soup（手足のスープ）" と発音することだ．余り食欲をそそるようには聞こえない．

われわれは lim sup の普通の定義を使ったが，ほかの（同等な）定義もあることに注意を向けてほしい．ほかの定義では，lim sup を上限の列の極限として定義している．この方が記号とはより合っているのだが，これから考える定理を証明する際にはより扱いが難しくなる．

例 17.5（上極限と下極限）

距離空間 $\mathbb{R}$ における以下の数列では，E をその部分列の極限* すべての作る集合とする.

1. あらゆる $n \in \mathbb{N}$ に対して $s_n = [(-1)^n + 1]n$ であるなら，図 17.1 でわかるように，n が奇数のときは $s_n = 0$ であり，n が偶数のときは $s_n = 2n$ である．そのとき，$\{s_n\}$ のあらゆる部分列は 0 に収束するか，無限に発散するかである[2]．（12 のような数は部分列の極限でないことを思い出すこと．4, 8, 12 のような始まる部分列は無限のステップを刻んで進まないといけないからである.）

   あらゆる $k \in \mathbb{N}$ に対して $n_k = 2k$ とおこう．すると，部分列 $\{s_{n_k}\}$

---

[2] [訳註] 極限* を持つ部分列はこの2種類だが，収束しない，つまり発散する部分列もたくさんある.

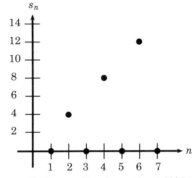

図 17.1 数列 $s_n = [(-1)^n + 1]n$ の最初の数項.

は $s_2, s_4, s_6, \ldots = 4, 8, 12, \ldots$ となる. 言い換えれば, あらゆる $k \in \mathbb{N}$ に対して $s_{n_k} = 4k$ となる. これが無限に発散することを証明したい. どんな $M \in \mathbb{R}$ が与えられても, $k \geq N$ である限り $s_{n_k} \geq M$ となるような $N \in \mathbb{N}$ が必要である. そこで $N = \lceil \frac{M}{4} \rceil$ とおけば,

$$k \geq N \Rightarrow s_{n_k} = 4k \geq 4 \left\lceil \frac{M}{4} \right\rceil \geq M$$

となる. したがって, $\{s_n\}$ の部分列の極限 * の集合は 2 点集合 $E = \{0, \infty\}$ である. だから, $s^* = \infty$ であり, $s_* = 0$ である. 言い換えれば,

$$\limsup_{n \to \infty} s_n = +\infty \text{ かつ } \liminf_{n \to \infty} s_n = 0$$

となる.

2. あらゆる $n \in \mathbb{N}$ に対して $s_n = 1$ であれば, $\{s_n\}$ のあらゆる部分列は 1 に収束する. したがって, $E = \{1\}$ であるから, $s^* = 1$ かつ $s_* = 1$ である. 言い換えれば,

$$\limsup_{n \to \infty} s_n = 1 \text{ かつ } \liminf_{n \to \infty} s_n = 1$$

となる.

3. 例 14.2 で, $\mathbb{Q}$ の元がある数列 $\{s_n\}$ に並べられることを見た. どんな実数 x が与えられても, 実際に x に収束する $\{s_n\}$ の部分列を作るこ

とができる. 例 16.2 でのように, x の増大する厳密な 10 進展開をとればよい.

待って, どうすればいいの? $\mathbb{N}$ から $\mathbb{Q}$ への具体的な写像を見たことがないので, $\{s_n\}$ の元の順序については何も知らない. $\sqrt{2}$ に収束する部分列をとろうとしても, 必ずしも $1.4, 1.41, 1.414, \ldots$ ととることはできない. 数列 $\{s_n\}$ の中では 1.41 の方が 1.4 より前にあるかもしれないからね. 一方, $\sqrt{2}$ に近い有理数が無限に多くあることは知っている. そこで, 数列の中で 1.4 をみつけてから, 1.41 を探す. 1.41 が $\{s_n\}$ の中に出てきていれば, 1.414 を探す. もし 1.414 が $\{s_n\}$ の中に出てきていれば, 1.4142 を探す, などとする. $\sqrt{2}$ に近づいていく無限個の点があり, $\{s_n\}$ の中で 1.4 の前に現れるのは有限個であるので, 1.4 の後には無限個の元がある. だから, 部分列はちゃんと見つかる.

同じ論理で, $\{s_n\}$ には, 正の無限大に発散する部分列も負の無限大に発散する部分列もある. というのは, $\{s_n\}$ の値域は $\mathbb{Q}$ であり, 上にも下にも有界ではない. したがって, E は実際に拡大実数系全体であるから, $s^* = +\infty$ かつ $s_* = -\infty$ となる. 言い換えれば,

$$\limsup_{n \to \infty} s_n = +\infty \text{ かつ } \liminf_{n \to \infty} s_n = -\infty$$

である.

4. 「交代する」数列の古典的な例 $p_n = (-1)^n + \frac{(-1)^n}{n}$ $(n \in \mathbb{N})$ をとる (図 14.4 と 14.5 を参照). 点列は発散するが偶数番目の元は 1 に収束し, 奇数番目の元は -1 に収束する. ほかのものに収束する部分列がないことに注意する. したがって, $E = \{-1, 1\}$ であるので, $s^* = 1$ かつ $s_* = -1$ であり,

$$\limsup_{n \to \infty} s_n = 1 \text{ かつ } \liminf_{n \to \infty} s_n = -1$$

である.

これが上極限や下極限を調べると役に立つことがある理由である. 我々が言うのが「この数列は発散する」であれば, この数列が 2 つの

238   第 17 章

異なる点に収束しているように見えるという事実をまったく見逃すことになる．

定理 17.6（収束列の上極限と下極限）

距離空間 $\mathbb{R}$ の数列 $\{s_n\}$ に対して，$\{s_n\}$ が有限の数 $s \in \mathbb{R}$ に収束するのは，
$$\limsup_{n\to\infty} s_n = \liminf_{n\to\infty} s_n = s$$
であるとき，かつそのときに限る．

証明． 左向きの方向を証明するために，$\{s_n\}$ のあらゆる部分列が有界であることを示す．それからボルツァーノ・ワイエルシュトラスの定理（定理 15.8）を適用して，$\{s_n\}$ のどんな部分列にも s に収束しなければならない部分列があることを示すことができる．もし $\{s_n\}$ が s に収束しなければ，ある部分列が s に収束しないことになり，矛盾を与える．

このことを形式的に行うために，同じ有限の数 $s \in \mathbb{R}$ に対して $\limsup_{n\to\infty} s_n = s$ かつ $\liminf_{n\to\infty} s_n = s$ であることを仮定する．そのとき，$\{s_n\}$ のあらゆる部分列の極限* の集合 E が 1 点 s からなることになる．だから，$\{s_n\}$ のあらゆる収束部分列は s に収束する．

また，$\{s_n\}$ の部分列で無限に発散するものはない（そうでなければ，$\limsup_{n\to\infty} s_n = \infty$ であるか $\liminf_{n\to\infty} s_n = -\infty$ であることになるから）．だから，定理 17.3 により，$\{s_n\}$ は有界である．

さて，数列 $\{s_n\}$ が s に収束しないならば，無限個の自然数 n に対して $s_n - s \geq \varepsilon$（または $s - s_n \geq \varepsilon$）となる．$\{s_{n_k}\}$ を，$\{s_n\}$ のそのようなすべての元からなる部分列とする．$\{s_n\}$ は有界だから，$\{s_{n_k}\}$ も有界なので，ボルツァーノ・ワイエルシュトラスの定理により，$\{s_{n_k}\}$ のある部分列 $\{s_{n_{k_j}}\}$ は収束する．しかし，$\{s_{n_k}\}$ のあらゆる元は $\geq s + \varepsilon$（または $\leq s - \varepsilon$）であるから，$\{s_{n_{k_j}}\}$ のあらゆる元は $\geq s + \varepsilon$（または $\leq s - \varepsilon$）であるので，$\{s_{n_{k_j}}\}$ は s に収束することができない．（ε が固定された正の数であるのでそのような収束は不可能である．）したがって，s 以外の何かに収束する $\{s_n\}$ の部分列があることになるが，これは矛盾である．だ

から，$\{s_n\}$ は s に収束しなければならない．

右向きの方向はずっと簡単である．$\{s_n\}$ がある点 $s \in \mathbb{R}$ に収束すると仮定すると，定理 15.6 により，$\{s_n\}$ のあらゆる部分列は s に収束する．すると，$\{s_n\}$ のあらゆる部分列の極限 * の集合は 1 点 s からなるので，

$$\limsup_{n\to\infty} s_n = \sup E = \sup\{s\} = s = \inf\{s\} = \inf E = \liminf_{n\to\infty} s_n$$

となる． □

次に抱くかもしれない疑問は「どんな数列の上極限と下極限も必ずある部分列の極限となるのか？」というものだ．これまでに，上限や下限を含まない集合の例を見てきた．だから，どんな数列のすべての部分列の極限 * の集合もその上限と下限を含むのだろうか？ その答えは……（ここでドラムロール）……イエス！ である．

定理 17.7（上極限と下極限は部分列の極限 *）

距離空間 $\mathbb{R}$ の数列 $\{s_n\}$ の部分列の極限 * の集合を E とすると，$s^* = \limsup_{n\to\infty} s_n$ は E の元であり，$s_* = \liminf_{n\to\infty} s_n$ も E の元である．

言い換えれば，s^* に収束する $\{s_n\}$ の部分列があり，また s_* に収束する $\{s_n\}$ の部分列があるということである．

証明．まず，$\limsup$ の場合を行う．起こり得る場合は 3 つある．

1. $s^* = +\infty$ の場合．そのとき，E は $\mathbb{R}$ で上に有界ではないので，どんな $N \in \mathbb{R}$ が与えられても，$\{s_n\}$ の部分列 $\{s_{n_k}\}$ で，何か $\geq N$ に収束するものがある．だから，どんな $\varepsilon > 0$ に対しても，$\geq N - \varepsilon$ であるような，無限に多くの $\{s_{n_k}\}$ の元がある．そのとき ε を固定し，$M = N - \varepsilon$ として，$\{s_{n_k}\}$ のあらゆる元が $\{s_n\}$ の元でもあることに注意する．だから，どんな $M \in \mathbb{R}$ が与えられても，$\geq M$ であるような $\{s_n\}$ の元が無限にあるので，$+\infty$ に発散する部分列がある．したがって $+\infty \in E$ であるので，$s^* \in E$ となる．

2. $s^* \in \mathbb{R}$ の場合．そのとき E は上に有界で，定理 15.9 を思い出せば，E は閉集合である．系 10.11 により，上に有界な閉集合は上限を含むので，$s^* \in E$ となる．

3. $s^* = -\infty$ の場合．$-\infty$ より大きい E の元は存在しないので，$-\infty$ は E の唯一の元である．だから，$s^* \in E$ である．

liminf の場合の証明も基本的は同じである．ボックス 17.1 の空白を埋めてくださいませ！

ボックス 17.1

> liminf の場合に定理 17.1 を証明する．
>
> 1. $s_* = +\infty$ の場合．$+\infty$ より＿＿＿＿E の元は存在しないので，$+\infty$ は E の唯一の元である．だから，$s_* \in$ ＿＿ である．
> 2. $s_* \in \mathbb{R}$ の場合．そのとき E は＿＿＿有界で，定理＿＿＿を思い出せば，E は閉集合である．系 10.11 により，下に有界な＿＿＿集合は下限を含むので，＿＿＿ $\in E$ となる．
> 3. $s_* =$ ＿＿＿＿の場合．そのとき，E は $\mathbb{R}$ で＿＿＿＿＿ではないので，どんな $N \in \mathbb{R}$ が与えられても，$\leq$ ＿＿ であるような，無限に多くの $\{s_{n_k}\}$ の元がある．だから，どんな $M \in \mathbb{R}$ が与えられても，$\leq M$ であるような $\{s_n\}$ の元が＿＿＿＿にあるので，＿＿＿＿ に発散する部分列がある．したがって $-\infty \in E$ であるので，$s_* \in E$ となる．

□

数列の上極限を特定することで，部分列だけじゃなく，数列そのものについても何か分からないだろうか，ということも知りたくなるだろう．上極限は実際に（あるステップを過ぎれば）数列のあらゆる元の上界であることがわかる．

定理 17.8（数列の限界としての上極限と下極限）

距離空間 $\mathbb{R}$ の数列 $\{s_n\}$ に対して，E をその部分列の極限 * の集合とし，$s^* = \limsup_{n \to \infty} s_n$ とする．そのとき，どんな $x > s^*$ に対しても，$n \geq N$ である限り $s_n < x$ であるような $N \in \mathbb{N}$ が存在する．

同じように，$s_* = \liminf_{n \to \infty} s_n$ とする．そのとき，どんな $x < s_*$ に

対しても，$n \geq N$ である限り $s_n > x$ であるような $N \in \mathbb{N}$ が存在する.

言い換えれば，上極限より大きいどんな数も，あるステップを過ぎれば，数列のどんな元よりも大きくなる.

s^* が $+\infty$ でないということは，$x > s*$ であるような x をとることができるというだけのことであることに注意する. 同じことを言っているのだが，$s_* = -\infty$ であれば，$x < s*$ であるような x をとることはできない.

証明．矛盾による証明をする．与えられた $N \in \mathbb{N}$ に対して, ある $n \geq N$ に対して $s_n \geq x$ となるような $x > s^*$ があれば，無限個の n の値に対して，$s_n \geq x$ となる．そのような $\{s_n\}$ のすべての元で部分列 $\{s_{n_k}\}$ を作ることができる．その部分列のあらゆる元は $s_{n_k} \geq x$ である.

さて，定理 17.6 の証明と同じ議論をする.

場合 1. $\{s_{n_k}\}$ が有界でないなら，定理 17.3 により，無限に発散する部分列 $\{s_{n_{k_j}}\}$ がある．そのとき，$+\infty \in E$ である（$s_{n_{k_j}} \to -\infty$ となることはない．なぜなら，$s_{n_{k_j}}$ のあらゆる元は固定された数 x より大きいことがわかっているからである）．これが矛盾なのは，$+\infty > x > s^*$ だが，s^* は E の上限だとされているからである.

場合 2. $\{s_{n_k}\}$ が有界なら，ボルツァーノ・ワイエルシュトラスの定理により収束する部分列 $\{s_{n_{k_j}}\}$ を持つ．$\{s_{n_k}\}$ のあらゆる元は $\geq x$ だから，$\{s_{n_{k_j}}\}$ のあらゆる元は $\geq x$ であるので，この部分列はある点 $y \in E$, $y \geq x$ に収束しなければならない．これが矛盾なのは，$y \geq x > s^*$ だが，s^* は E の上限だとされているからである.

不必要に見える値 x をどのように使ったかに注意する．定理が「$n \geq N$ である限り $s_n \leq s^*$ となるような $N \in \mathbb{N}$ がある」と述べられていたなら，必ずしも真ではない．というのは，$y \geq s^*$ に収束する部分列しか見つけられないこともあるからである．これでは矛盾が与えられない．なぜなら，y は $= s^*$ となり得るし，$s^* = \sup E$ という事実に適合しないというわけではないからである．最終的に $y > s^*$ となってほしいので，x が s^* より本当に大きいことが必要なのである.

s_* に対する証明は基本的に同じである．ボックス 17.2 の空白を埋めてくださりませ！

ボックス 17.2

> lim inf の場合に定理 17.8 を証明する．
>
> 与えられた $N \in \mathbb{N}$ に対して，ある $n \geq N$ に対して $s_n \leq x$ となるような $x < s_*$ があるなら，部分列 $\{s_{n_k}\}$ で，その部分列のあらゆる元が $s_{n_k} \leq$ ＿＿ であるようなものを作ることができる．
>
> 場合 1．$\{s_{n_k}\}$ が有界でないなら，定理＿＿＿により，無限に＿＿＿＿＿＿部分列 $\{s_{n_{k_j}}\}$ がある．そのとき，＿＿＿＿ $\in E$ であって，＿＿＿＿ $< x < s_*$ であるから矛盾である．
>
> 場合 2．$\{s_{n_k}\}$ が有界なら，＿＿＿＿＿＿＿＿＿＿＿＿＿＿の定理により，＿＿＿＿＿部分列 $\{s_{n_{k_j}}\}$ を持つ．$\{s_{n_k}\}$ のあらゆる元は $\leq x$ だから，＿＿＿＿＿＿のあらゆる元は $\leq x$ であるので，この部分列はある点 $y \leq x$ に収束しなければならない．そのとき，＿＿ $\in E$ となって，＿＿ $\leq x < s_*$ であるので矛盾である．

□

ここまでのいくつかの定理は，どんな数列でも常にちょうど 1 つの上極限と下極限を持つことを証明する役に立つ．このことは，両方の存在（つまり，少なくとも 1 つの上極限と下極限があること）と，一意性（つまり，高々 1 つの上極限と下極限が存在すること）を主張することと同値である．

定理 17.9（上極限と下極限の存在と一意性）

距離空間 $\mathbb{R}$ の数列 $\{s_n\}$ に対して，$s^* = \limsup_{n \to \infty} s_n$ は存在して一意であり，$s_* = \liminf_{n \to \infty} s_n$ は存在して一意である．

証明． 存在を証明するために必要なことは，部分列の極限*の集合 E が空でないことを示すことだけである．なぜならそのとき，E が上に有界で

ないか，この場合は $s^* = +\infty$ となるが，または E が上に有界であるかのどちらかであり，$\mathbb{R}$ の最小上界性を使えば，$s^* = \sup E$ の存在を示すことができる．同じように，E が下に有界でないなら $s_* = -\infty$ となり，そうでなければ，$\mathbb{R}$ の最大下界性を使えば，$s_* = \inf E$ の存在を示すことができる．

　E が空でないことを示すために古典的な議論を使う．$\{s_n\}$ が非有界ならば，定理 17.3 により，ある部分列が無限に発散するので，$+\infty \in E$ であるか，$-\infty \in E$ である．そうでなければ，$\{s_n\}$ は有界であるから，ボルツァーノ・ワイエルシュトラスの定理によってある点 s に収束する部分列が存在するので，$s \in E$ である．

　一意性を証明するために，$\limsup$ から始める．もし 2 つの数 p と q が存在して $p < q$ であり，ともに $p = \limsup_{n\to\infty} s_n$ で $q = \limsup_{n\to\infty} s_n$ であったとすれば矛盾である．なぜって？ $p < x < q$ である任意の数 x をとる．そのとき，定理 17.8 により，$n \geq N$ である限り $s_n < x$ となるような $N \in \mathbb{N}$ が存在する．しかしそのとき，$\{s_n\}$ のあらゆる部分列はある数 $\leq x$ に収束することだけが可能で，q に収束できる $\{s_n\}$ の部分列はない（$q > x$ だから）．したがって，$q \notin E$ であり，定理 17.7 に矛盾する．

　同じように，もし 2 つの数 p と q が存在して $p < q$ であり，ともに $p = \liminf_{n\to\infty} s_n$ で $q = \liminf_{n\to\infty} s_n$ であったとすれば，それから $p < x < q$ をとる．定理 17.8 により，$n \geq N$ である限り $s_n > x$ となるような $N \in \mathbb{N}$ が存在する．しかし，p に収束する $\{s_n\}$ の部分列はなく，これは定理 17.7 に矛盾する． $\square$

定理 17.10（上極限と下極限を比較する）

　距離空間 $\mathbb{R}$ の中の数列 $\{s_n\}$ と $\{t_n\}$ に対して，N を任意の自然数とし，あらゆる $n \geq N$ に対して $s_n \leq t_n$ であれば，$\{t_n\}$ の上極限は $\{s_n\}$ の上極限より大きいか等しく，$\{t_n\}$ の下極限は $\{s_n\}$ の下極限より大きいか等しい．

　記号で書けば，

$$\forall N \in \mathbb{N},\ s_n \leq t_n\ \forall n \geq N$$

であれば，

$$\limsup_{n \to \infty} s_n \leq \limsup_{n \to \infty} t_n,$$

$$\liminf_{n \to \infty} s_n \leq \liminf_{n \to \infty} t_n$$

である.

証明. E を $\{s_n\}$ の部分列の極限 * の集合,F を $\{t_n\}$ の部分列の極限 * の集合とする.$N \in \mathbb{N}$ を固定し,任意の数列 $\{n_k\}$ をとる.そのとき,無限に多くの k に対して $s_{n_k} \leq t_{n_k}$ となる.だから,$s_{n_k} \to s$ かつ $t_{n_k} \to t$ であれば,$s \leq t$ となる.もし $s_{n_k} \to +\infty$ であれば明らかに $t_{n_k} \to +\infty$ となる.もし $t_{n_k} \to -\infty$ であれば明らかに $s_{n_k} \to -\infty$ となる.

このことが可能なあらゆる数列 $\{n_k\}$ に対して真なので,E のあらゆる元は F の対応する元より小さいか等しいことがわかる.それゆえ,$\sup E \leq \sup F$ かつ $\inf E \leq \inf F$ となる.　　　　□

ヒュー! 上極限と下極限についてたくさんの定理があった.実数列 $\{s_n\}$ のすべての部分列の極限 * の集合を調べるのに使った主なテクニックを忘れないようにね.きっと将来,重宝することになるよ.

1. どんなことでも $\{s_n\}$ の無限個の元に対して真であれば,そのような元からなる部分列を作ることができる.

2. $\{s_n\}$(または $\{s_n\}$ の部分列)が非有界なら,定理17.3により,$+\infty \in E$ か $-\infty \in E$,またはその両方に発散する1つまたは複数の部分列が存在する.

3. $\{s_n\}$(または $\{s_n\}$ の部分列)が有界なら,ボルツァーノ・ワイエルシュトラスの定理により,ある点 $s \in \mathbb{R}$ に収束する部分列があるので,$s \in E$ となる.

第18章 特別な数列

　数列・点列の研究を終え，級数に移る前に，実解析の研究の中で繰り返し現れる，$\mathbb{R}$ におけるいくつかの重要な数列を見て，それらが収束することを証明しよう．その数列（と極限）は以下のものである．

1. $\frac{1}{n^p} \to 0$ （$p > 0$ であれば）
2. $\sqrt[n]{p} \to 1$ （$p > 0$ であれば）
3. $\sqrt[n]{n} \to 1$
4. $\frac{n^\alpha}{(1+p)^n} \to 0$ （$p > 0$ かつ $\alpha \in \mathbb{R}$ であれば）
5. $x^n \to 0$ （$|x| < 1$ であれば）

　この収束を証明するには，実数列に対する挟みうちの定理[1]として知られるものをまず証明しておくのが役に立つ．

定理 18.1（挟みうちの定理）

　$\{s_n\}, \{a_n\}, \{b_n\}$ を $\mathbb{R}$ における数列で，あらゆる $n \in \mathbb{N}$ に対して $a_n \leq s_n \leq b_n$ を満たすとする．もし $\{a_n\}$ と $\{b_n\}$ が同じ実数 s に収束するなら，$\{s_n\}$ も s に収束する．

　記号で書けば，$\mathbb{R}$ におけるどんな数列 $\{s_n\}, \{a_n\}, \{b_n\}$ に対しても，

$$a_n \leq s_n \leq b_n (\forall n \in \mathbb{N}),$$

$$\lim_{n \to \infty} a_n = s \text{ かつ } \lim_{n \to \infty} a_n = s \Rightarrow \lim_{n \to \infty} s_n = s$$

---

[1][訳註] 日本語の文献では「挟みうちの原理」と呼ばれることが多いが，英語では，squeeze theorem, pinching theorem, sandwich theorem, sandwich rule, squeeze lemma と呼ばれ，原理 (principle) と呼ばれることはほとんどない．「二人の警官（と酔っ払い）の定理」と呼ばれることもある．日本で原理という言葉が広く使われるのは，どうやら受験業界で強調されることに由来するようだ．

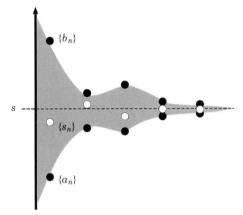

図 18.1 同じ点 s に収束する 2 つの数列の間のどんな数列もその極限 s に「締め付けられ」ていく.

となる.

図 18.1 に見るように，基本的には，どんな $\{s_n\}$ も，同じ点に収束するほかの 2 つの数列で挟むことができれば，n が無限に大きくなるにつれ，$\{s_n\}$ はその点に向かって「締め付けられ」ていく.

証明．どんな $\varepsilon > 0$ に対しても，収束の定義を適用すると，

$$n \geq N_1 \Rightarrow d(a_n, s) < \varepsilon,$$

$$n \geq N_2 \Rightarrow d(b_n, s) < \varepsilon$$

を満たす 2 つの自然数 N_1, N_2 が得られる.

$N = \max\{N_1, N_2\}$ とすれば，$n \geq N$ に対して，

$$s_n - s \leq b_n - s \leq |b_n - s| < \varepsilon$$

と

$$-s_n + s \leq -a_n + s \leq |a_n - s| < \varepsilon$$

となる．したがって，

$$|s_n - s| = \max\{s_n - s, -(s_n - s)\} < \varepsilon$$

となる．これがあらゆる $\varepsilon > 0$ に対して真であるので，$s_n \to s$ である．
□

約束したように，本章の残りは上の天下一品の特別な数列たちに捧げることにする．

定理 18.2（数列 n^p）

$p > 0$ であれば，$\lim_{n \to \infty} \frac{1}{n^p} = 0$ となる．（言い換えれば，$p < 0$ ならば $\lim_{n \to \infty} n^p = 0$ となる．）

証明．
$$n \geq N \Rightarrow d\left(\frac{1}{n^p}, 0\right) < \varepsilon$$

となるような $N \in \mathbb{N}$ を見つけたい．だから $n^p \varepsilon < 1$ が必要である．さて，定理 5.8 によって，$\sqrt[p]{\frac{1}{\varepsilon}}$ は $\mathbb{R}$ の中に存在するので，

$$N = \left\lceil \frac{1}{\sqrt[p]{\varepsilon}} \right\rceil + 1$$

とおけばよい．

もちろん，収束の定義に従って定理をはっきりと証明をしてはいない．うまくいく N を見つけるというきつい仕事をやっつけただけだ．しかし，たくさん収束の証明をしてきたんだから，あなたにはこの形式的部分なんか何でもないだろう！
□

定理 18.3（数列 $\sqrt[n]{p}$）．

$p > 0$ であれば，$\lim_{n \to \infty} \sqrt[n]{p} = 1$ となる．

証明．3 つの場合が起こり得る．

1. $p > 1$ の場合．$x_n = \sqrt[n]{p} - 1$ とすれば，$x_n > 0$ である．目標は $\{x_n\}$ のあらゆる元が，0 に収束するほかのある数列 s_n より小さいことを証明することである．そうすれば $0 \leq x_n \leq s_n$ となるので，挟みうち

248　第18章

の定理により，$\lim_{n\to\infty} x_n = 0$ となる（数列 $0, 0, 0, \ldots$ は 0 に収束する）．定理 15.1 により，極限の内側に定数を足すことができるので，

$$1 = 1 + \lim_{n\to\infty} x_n = \lim_{n\to\infty} (x_n + 1) = \lim_{n\to\infty} \sqrt[n]{p}$$

となる．

　そのような都合のいい数列 $\{s_n\}$ をどのように見つければいいのだろうか？ このステップには幾分かの創造力がいるので，ちょっと考えてみよう．数列 $\frac{1}{n}$ が 0 に収束することは知っている．一方で，あらゆる $n \in \mathbb{N}$ に対して，$x_n \leq \frac{1}{n}$ であることを確かめることはできない．p を x_n の言葉で書くことができるので，p を 1 と合わせて，何とか x_n より大きくしようとしてみることができる．p は定数なので，定理 15.1 により

$$\lim_{n\to\infty} \frac{p}{n} = p \lim_{n\to\infty} \frac{1}{n} = 0$$

であった．

　どうやって $\frac{p}{n} > x_n$ を示したらいいのだろうか？ $(a+b)^n$ の形のものをベキの和に展開する仕方を教えてくれる（代数の基礎の）二項定理を使うのである．つまり，

$$(a + b)^n = \sum_{k=0}^{n} \binom{n}{k} a^{n-k} b^k$$

$$= \sum_{k=0}^{n} \frac{n!}{(n-k)!k!} a^{n-k} b^k$$

$$= a^n + na^{n-1}b + \frac{n(n-1)}{2} a^{n-2} b^2 + \cdots$$

$$+ \frac{n(n-1)}{2} a^2 b^{n-2} + nab^{n-1} + b^n$$

である．この式からわかるように，二項係数の記号 $\binom{n}{k}$ は $\frac{n!}{(n-k)!k!}$ を表している．「n 個の中から k 個のものを取り出す組み合わせの数」と言うこともあり，確率の研究ではよく出てくるものである．そし

て，あなた方が $n!$ という記号にも慣れていない場合のために，その意味が，n に次々と1つずつ小さい自然数を掛けたもの，つまり $n! = n(n-1)(n-2)\cdots 2\cdot 1$ であることも言っておこう．また，それは「エヌッ」などと大声で叫ぶんじゃなく，「n の階乗」と読むのです．

$$
\begin{aligned}
p &= (1 + x_n)^n \\
&= \sum_{k=0}^{n} \binom{n}{k} 1^{n-k} x_n^k \quad （2項定理による）\\
&= 1 \cdot x_n^0 + n \cdot x_n^1 + \frac{n(n-1)}{2} x_n^2 + \cdots \\
&\qquad + \frac{n(n-1)}{2} x_n^{n-2} + n \cdot x_n^{n-1} + 1 \cdot x_n^n \\
&> 1 + n x_n
\end{aligned}
$$

と計算できる．その最後のステップでは，最初の2項の先のあらゆる項を捨てている．というのは，$x_n > 0$ だからそれらの項はすべて正だからである．そのとき，$0 < x_n < \frac{p-1}{n}$ となる．（余計な1が付いているので，$\frac{p}{n} > x_n$ が得られているわけではないことに注意する．しかし，実際には問題はない．$p-1$ もまた定数なのだから．）

だから，挟みうちの定理により $x_n \to 0$ となる（$\leq$ が $<$ に変わっても挟みうちの定理はそのまま成り立つことに注意する）．したがって，

$$
\lim_{n \to \infty} \sqrt[n]{p} = \lim_{n \to \infty} (x_n + 1) = 1 + \lim_{n \to \infty} x_n = 1 + 0 = 1
$$

となる．

2. $p = 1$ の場合．$\lim_{n \to \infty} \sqrt[n]{p} = \lim_{n \to \infty} 1 = 1$ である．

3. $0 < p < 1$ の場合．第1の場合と同じ議論を使うことができるが，不等式は逆向きになる．ボックス18.1の空白を埋めよ．

ボックス 18.1

$0 < p < 1$ の場合に $\sqrt[n]{p} \to 1$ を証明する.

$x_n =$ _____ とすれば, $x_n < 0$ である. すると,

$$p = (1 + x_n)^n$$
$$= \sum_{k=0}^{n} \binom{n}{k} 1^{n-k} \underline{} \quad (2\text{項定理による})$$
$$= 1 \cdot x_n^0 + n \cdot x_n^1 + \frac{n(n-1)}{2} x_n^2 + \cdots$$
$$+ \underline{} + \underline{} + \underline{}$$
$$< 1 + n x_n$$

($x_n < 0$ から最初の 2 項より先のあらゆる項は < 0 となるから[1])
となる. そのとき, $\frac{p-1}{n} < x_n < 0$ となるので, _____ に
より, $x_n \to 0$ となる. したがって, $\lim_{n\to\infty} \sqrt[n]{p} = 1$ である.

□

定理 18.4 (数列 $\sqrt[n]{n}$).

$$\lim_{n\to\infty} \sqrt[n]{n} = 1.$$

これは前の定理とどう違うのだろうか？ 前の場合, 固定された数 $p > 0$ に対する数列 $\{\sqrt[n]{p}\}$ を考えたのだった. ここでは, n 乗根をとるのは n 自身である. だから, 数列は次のようになる.

$$\{\sqrt[n]{n}\} = 1, \sqrt{2}, \sqrt[3]{3}, \sqrt[4]{4}, \sqrt[5]{5}, \sqrt[6]{6}, \sqrt[7]{7}, \ldots$$

この数列を小数の形（小数点以下 2 桁まで）で見てみると, 1 で始まり, 1.41 に跳ね上がり, それから段々と小さくなって 1 に近づいていくよ

---

[2] [訳註] x_n の偶数次の項は正になるのでこの議論は間違っている. この形のまま証明を修正することはできないが, この定理自体は成り立っている. その証明には場合 1 の結果を使えばよく, 簡単なことなので, 読者への問題として残しておこう.

うだ.

$$\{\sqrt[n]{n}\} \approx 1.00, 1.41, 1.44, 1.41, 1.38, 1.35, \ldots$$

非常に速く減少するわけではないので，1 に収束することは直ちに明らかではない．だからこそ，これらのことを証明する方法を知っておくのが役に立つようになるのだ．

証明．前と同じトリックを使うことができる．$x_n = \sqrt[n]{n} - 1$ とおく．今度は，さらに易しい．というのは，あらゆる $n \in \mathbb{N}$ に対して $x_n \geq 1$ となり，気にしないといけないのは場合 1 だけだからである．

x_n を 0 に収束する数列の下に挟みこみたいが，前の定理でやったのと同じことをすると $\frac{p-1}{n}$ ではなく今度は $\frac{n-1}{n}$ となる．分子が定数ではないので，この数列が 0 に収束するかどうかわからない（実際には，収束しないのだ！）．前と同じように 2 項定理を使うのだが，今度は余分な n を持つ項を探し，分数の分母に出てくる n を「打ち消せる」ことを期待する．

$$\begin{aligned} n &= (1+x_n)^n \\ &= \sum_{k=0}^{n} \binom{n}{k} 1^{n-k} x_n^k \quad \text{(2 項定理による)} \\ &= 1 \cdot x_n^0 + n \cdot x_n^1 + \frac{n(n-1)}{2} x_n^2 + \cdots \\ &\quad + \frac{n(n-1)}{2} x_n^{n-2} + n \cdot x_n^{n-1} + 1 \cdot x_n^n \\ &\geq \frac{n(n-1)}{2} x_n^2 \quad (x_n \geq 0 \text{ だからほかのすべての項は} \geq 0) \end{aligned}$$

となる．すると，

$$0 \leq x_n \leq \sqrt{\frac{n}{\frac{n(n-1)}{2}}} = \sqrt{\frac{2}{n-1}}$$

となる．

$\sqrt{\frac{2}{n-1}} \to 0$ を示すことができれば，挟みうちの定理を使って $x_n \to 0$ が，それゆえ $\sqrt[n]{n} \to 1$ がわかる．それをするには単に，$p = \frac{1}{2}$ で定理 18.2

を適用すればよく，$\frac{1}{\sqrt{n}} \to 0$ がわかる．すると明らかに，$\frac{1}{\sqrt{n-1}} \to 0$ であるから，実際に $\sqrt{2}\frac{1}{\sqrt{n-1}} \to 0$ となる． □

定理 18.5（数列 $n^\alpha(1+p)^{-n}$）
　$p > 0$ かつ $\alpha \in \mathbb{R}$ であれば $\lim_{n \to \infty} \frac{n^\alpha}{(1+p)^n} = 0$ となる．

　おやっ，これは第 1 章の終わりでジョークを言おうとして使った数列じゃないか．あまり面白くなかっただろうと思うんだけど，…まあ，今はね！

　この数列は少しデタラメに挙げたみたいに見えるかもしれないが，多くの応用があり，その 1 つが次の定理で見受けられる．直観的にそれが収束するように見えることに注意する．というのは，分母が分子よりも速く「成長する」からである．一般に，（2^n のような）指数関数的な成長は，（n^2 のような）多項式的な成長よりはるかに速く大きくなる．

　証明． ある $b, c \in \mathbb{R}$ に対して

$$0 < \frac{n^\alpha}{(1+p)^n} < cn^b$$

であることを示すことができれば，$b < 0$ であれば，定理 18.2 により $cn^b \to 0$ が導かれ，挟みうちの定理により $\frac{n^\alpha}{(1+p)^n} \to 0$ が得られる．

　分母の $(1+p)^n$ は 2 項定理を適用するのに好都合に見える．γ がある定数で，$\beta > \alpha$ があって，$(1+p)^n > \gamma n^\beta$ となってほしい，そうすれば $\frac{1}{(1+p)^n} < \frac{1}{\gamma} n^{-\beta}$ となる．それから $\frac{n^\alpha}{(1+p)^n} < \frac{1}{\gamma} n^{\alpha-\beta}$ となり，$\beta > \alpha \Rightarrow \alpha - \beta < 0$ となるが，これがまさに欲しかったものである．

　表示 $\binom{n}{k}$ に対する一般的な恒等式を証明することから始める．

$$\binom{n}{k} = \frac{n!}{(n-k)!k!}$$

$$= \frac{n(n-1)(n-2)\cdots(n-k+1)(n-k)(n-k-1)\cdots 3 \cdot 2 \cdot 1}{(n-k)(n-k-1)(n-k-2)\cdots 3 \cdot 2 \cdot 1 \cdot k!}$$

$$= \frac{n(n-1)(n-2)\cdots(n-k+1)}{k!}$$

$$\geq \frac{(n-k+1)(n-k+1)(n-k+1)\cdots(n-k+1)}{k!}$$

$$= \frac{(n-k+1)^k}{k!}$$

である. $n > 2k$ であれば

$$\frac{n}{2} - k > 0 \Rightarrow n - k > \frac{n}{2}$$

$$\Rightarrow n - k + 1 > \frac{n}{2}$$

$$\Rightarrow (n-k+1)^k > \frac{n^k}{2^k}$$

となる. したがって, $n > 2k$ であるようなどんな k に対しても, $\binom{n}{k} > \frac{n^k}{2^k k!}$ である. これはまさに n^k に定数を掛けただけのものだから, $k > \alpha$ と特定する限りうまくいく.

これらを全部合わせ, $k > \alpha$ であるような $k \in \mathbb{N}$ を固定する. そのとき, どんな $n > 2k$ に対しても,

$$(1+p)^n = \sum_{k=0}^{n} \binom{n}{k} 1^{n-k} p^k \quad (2 \text{項定理による})$$

$$\geq \binom{n}{k} p^k$$

$$> \frac{n^k p^k}{2^k k!}$$

となる. したがって, $n > 2k$ である限り

$$0 < \frac{n^\alpha}{(1+p)^n} < \frac{2^k k!}{p^k} n^{\alpha - k}$$

となる. $\alpha - k < 0$ だから, 右辺の数列は 0 に収束する. それから, 挟みうちの定理によって $\frac{n^\alpha}{(1+p)^n}$ も 0 に収束する.

($n > 2k$ を要求するという事実は問題ではないのだろうか？ まったく問題ないね．どんな数列 $\{s_n\}$ に対しても，自然数 N を固定する．そのとき，部分列 $\{s_N, s_{N+1}, s_{N+2}, \ldots\}$ が収束すれば，$\{s_n\}$ も収束する．なぜなら，n が無限に大きくなる際に元が極限に近づいていくことを要求するのは，数列の始まりのステップとは関係がないからね．） □

定理 18.6（数列 x^n）

$|x| < 1$ であれば，$\lim_{n \to \infty} x^n = 0$ である．

$-1 < x < 1$ は絶対的な重要条件である．$|x| = 1$ であれば，数列は $(1, 1, 1, \ldots$ のように）収束するかもしれないし，$(-1, 1, -1, \ldots$ のように）発散するかもしれない．$|x| > 1$ であれば，数列は各ステップでその前のステップのものより（絶対値が）大きくなっていくので，無限に発散する．$|x| < 1$ のときだけ，収束するかどうかを確かめることができる．

証明．3 つの場合が起こり得る．

場合 1. $x = 0$ の場合．数列 $0, 0, 0, \ldots$ は 0 に収束する．

場合 2. $0 < x < 1$ の場合．ここでは数列 $\frac{n^\alpha}{(1+p)^n}$ が便利である．$p = \frac{1}{x} - 1$ とおくと，$x = \frac{1}{1+p}$ で $p > 0$ である（$x < 1$ だから），そのとき，$\alpha = 0$ として定理 18.5 を適用すれば，

$$\lim_{n \to \infty} x^n = \lim_{n \to \infty} \frac{n^0}{(1+p)^n} = 0$$

となる．

場合 3. $-1 < x < 0$ の場合．ここでは定理 18.5 を直接に使うことはできない．というのは，$p = \frac{1}{x} - 1$ とおくと，p は必ずしも正ではない（たとえば，$x = -\frac{1}{2}$ であれば $p = -3 < 0$ である）からである．

その代わり，実際に $|x|^n \to 0$ を示すことから始める．$p = \frac{1}{|x|} - 1$ とおくと，$|x| = \frac{1}{1+p}$ で $p > 0$ である（$|x| < 1$ だから），そのとき，$\alpha = 0$ として定理 18.5 を適用すれば，

$$\lim_{n \to \infty} |x|^n = \lim_{n \to \infty} \frac{n^0}{(1+p)^n} = 0$$

となる．数列 $|x|^n$ に定数 -1 を掛けると，$-|x|^n$ もまた 0 に収束することが分かる．

$$-|x|^n \leq x^n \leq |x|^n$$

であるから，挟みうちの定理を適用して，$x^n \to 0$ であることが分かる． □

これらの定理があれば，数学や自然科学で出会うほとんどすべての収束数列の極限を見つけられるようになっているはずである．疑う気持ちになったときには，挟みうちの定理や2項定理を使ってみることを忘れないように．

次は無限級数を導入する．級数が実際にはある特定のタイプの数列に過ぎないことが分かる！ われわれは，あなたもそうだと思うが，これまでにあなたがどれほど数列を愛するようになったかを知っている……．

第19章 級数

テレビのシリーズもののように，数学のシリーズ（級数）もコメディあり，ドラマあり，悲劇あり……そう昼メロまでがある．級数はあらゆる形と大きさでやってきて，時には驚くような，直観に合わないような仕方で振る舞いもする．実際，積分の計算では級数を使うことが多いので，多くの人は級数のことを実解析のパンとバターと考えている（が，私はそういう人々にもっとバランスのとれた食事を摂ることから始める必要があると言いたい）．

第2章で，数列のすべての元にわたっての和が級数であると簡単に述べてある．しかし数列は無限であるので，無限和の概念には問題が多い．結局のところ，無限個の元を足すというのはどういう意味なのだろうか？ 個々の元がどんな小さくても，それを**無限個**足すとその結果はいつも無限になるんじゃないのだろうか？

その答えは "NO" だ．数列のときと同じで，級数も極限に収束することはある．しかし，どのようにしてそれが起こるのかを見るには級数をもっと厳密に定義しなければいけない．級数は実際に和の作る数列であることが分かる．

簡単のために，級数の定義を実数と複素数の場合に限っておくことにしよう．もちろん，$\mathbb{R}^k$ のベクトルの級数や任意の距離空間の元の級数というものもあり得る．でもねえ，人生をそんなにややこしくしたいのかい？

定義 19.1（級数）

$\mathbb{R}$ または $\mathbb{C}$ の数列 $\{a_n\}$ に対し，

$$s_n = \sum_{k=1}^{n} a_k = a_1 + a_2 + a_3 + \cdots + a_n$$

として**部分和**を定義する．

部分和の作る数列 $\{s_n\}$ を**無限級数**または単に**級数**と呼ぶ．技術的には $s_1, s_2, s_3, \ldots$ のように，つまり，

$$\{s_n\} = \{a_1, a_1 + a_2, a_1 + a_2 + a_3, \ldots\}$$

と書くべきだが，簡潔に

$$\{s_n\} = \sum_{n=1}^{\infty} a_n = a_1 + a_2 + a_3 + \cdots$$

と書くことが多い．

$\{s_n\}$ がある点 $s \in \mathbb{R}$ か $s \in \mathbb{C}$ に収束するならば，級数は**収束**すると言い，

$$\sum_{n=1}^{\infty} a_n = s$$

と書く．そのような極限が存在しないとき，級数は**発散**すると言う．

数列 $\{a_n\}$ の元をこの級数の**項**と言う．

記号の使い方が何だかいかがわしいことに注意する．実際，$\sum_{n=1}^{\infty} a_n$ は $\lim_{n \to \infty} s_n$ のことで，問題の「級数」は $\{s_n\}$ である．しかしながら，和の $\sum_{n=1}^{\infty} a_n$ を級数であるということが多い．実際には $\{p_n\}$ が数列なのに $\lim_{n \to \infty} p_n$ を数列と呼ぶようなものである．

さて，どう言えばいいのだろうか？それは単なる数学をする上での不正確な取り決めに過ぎない．「級数 $\sum_{n=1}^{\infty} a_n$ が s に収束する」という文を見たときには

$$s = \lim_{n \to \infty} s_n = \lim_{n \to \infty} \sum_{k=1}^{n} a_k$$

のことだと思うべきなのである．

いつも，いつでも，**常に**，級数は和では**ない**ことを忘れないように．級数が収束するのは，この和の数列が収束するとき，そのときに限るのだ．

級数は変装した数列なのだから，数列について証明したあらゆる定理は級数に対しても成り立つ！　ハンパないね！

それでは，それを扱う方法をすでに知っているというなら，なぜ詳しく級数の勉強なんかするんだろう？　次の2つの理由から，役に立つことがわかるからだ．

1. （比較テストのように）特に級数では役に立つが，一般の数列では役に立たないようないくつかの定理がある．
2. 多くの応用があるので調べておくと役に立つような特別な級数がある（が，それらが収束することを証明するにはその数列に特有な定理が必要になるものがある）．

$\sum_{n=1}^{\infty} a_n$ の代わりに $\sum_{n=0}^{\infty} a_n$ という書き方に出会うことがあるかもしれない（n の始まりの場所に注意）．びっくりしないで！　このことは，級数が数列 $\{a_n\}$ の部分和の作る数列だが，数列 $\{a_n\}$ が a_1 から始まっているのじゃなく，その代わりにたまたま a_0 から始まっているというだけのことである．もちろん，$\{a_n\}$ は完全に正当な数列であるが，$\mathbb{N}$ から $\{a_n\}$ への1対1対応「$1 \to a_0, 2 \to a_1, 3 \to a_2, \dots$」があるからである．

和の始まりと終わりがはっきりしている場合もあり，そのときは単に $\sum a_n$ とだけ書くこともある．

級数が収束するかどうかを確かめる方法の1つは，標準的なテクニックを部分和の数列に適用することである．だけど，もっと簡単な方法があったほうが良いよね．

定理 19.2（級数の収束）

級数 $\sum a_n$ が収束するのは，任意の $\varepsilon > 0$ に対して，m と n の両方がある自然数 N 以上のときに $|\sum_{k=n}^{m} a_k| \leq \varepsilon$ となるとき，かつそのときに限る（もちろん $m > n$ とする．そうでないと和に意味がなくなってしまう）．

記号で書けば，$\sum a_n$ が収束することと，次のことは同値である．

$$\forall \varepsilon > 0, \exists N \in \mathbb{N} \text{ s.t. } m \geq n \geq N \Rightarrow \left|\sum_{k=n}^{m} a_k\right| \leq \varepsilon$$

級数 259

　絶対値記号の内側の和は有限和であって，級数ではない．それは部分和 $s_m = a_1 + a_2 + \cdots + a_{n-1} + a_n + \cdots + a_m$ から部分和 $s_{n-1} = a_1 + a_2 + \cdots + a_{n-1}$ を引いたものである．だから，言明 $|\sum_{k=n}^{m} a_k| \le \varepsilon$ は $|s_m - s_n| \le \varepsilon$ となり，コーシー列を彷彿とさせる

　定理 16.10 によれば，ユークリッド空間のすべてのコーシー列は収束するのだった．級数を $\mathbb{R}$ か $\mathbb{C}$ の数列として定義したので，どんな数列もコーシー列であることと収束することは同値である．こうなれば，証明なんて朝飯前だね！

　証明．$\sum a_n$ が収束すれば，その部分和の数列 $\{s_n\}$ は収束するので，定理 16.3 により，$\{s_n\}$ はコーシー列である．そのとき，$\varepsilon > 0$ が与えられると，$N-1$ が存在して，

$$m \ge n \ge N-1 \Rightarrow d(s_m, s_n) < \varepsilon$$

となるから

$$m \ge n \ge N \Rightarrow m \ge n-1 \ge N-1$$

$$\Rightarrow |s_m - s_{n-1}| < \varepsilon$$

$$\Rightarrow \left| \sum_{k=n}^{m} a_k \right| < \varepsilon$$

$$\Rightarrow \left| \sum_{k=n}^{m} a_k \right| \le \varepsilon$$

となる．

　逆を証明するために，あらゆる $\varepsilon > 0$ に対して，$m \ge n \ge N$ である限り $|\sum_{k=n}^{m} a_k| \le \frac{\varepsilon}{2}$ であると仮定する．そのとき，ε が与えられたら，$m = n$ であって $d(s_m, s_n) = 0 < \varepsilon$ であるか，それとも

$$m \ge n+1 \ge N \Rightarrow \left| \sum_{k=n+1}^{m} a_k \right| \le \frac{\varepsilon}{2}$$

$$\Rightarrow \left| \sum_{k=n+1}^{m} a_k \right| < \varepsilon$$

$$\Rightarrow |s_m - s_{n+1-1}| < \varepsilon$$

$$\Rightarrow d(s_m, s_n) < \varepsilon$$

となる．したがって，$\{s_n\}$ はコーシー列であり，複素数列であるので，定理 16.10 により収束する． □

これから次の系が得られる．それは級数が収束するための必要条件だが十分条件ではない．

系 19.3（級数の項の収束）
級数 $\sum a_n$ が収束すれば，$\lim_{n\to\infty} a_n = 0$ となる．

証明． 定理 19.2 により，あらゆる $\varepsilon > 0$ に対して，$m \geq n \geq N$ である限り $|s_m - s_{n-1}| < \varepsilon$ となる $N \in \mathbb{N}$ が存在する．$m = n$ とすれば，

$$n \geq N \Rightarrow \varepsilon > \frac{\varepsilon}{2} \geq |s_n - s_{n-1}| = |a_n| = d(a_n, 0)$$

となる．これがあらゆる $\varepsilon > 0$ に対して真なので，$a_n \to 0$ となる． □

対偶は特に重要である．級数 $\sum a_n$ があって，$\{a_n\}$ が 0 に収束しないならば，$\sum a_n$ は発散することが分かる．

この系の逆は必ずしも真ではない．たとえば，$\frac{1}{n} \to 0$ であるが，後に（定理 19.10 で）学ぶように，級数 $\sum \frac{1}{n}$ は実際に発散する．$a_n \to 0 \Rightarrow \sum a_n$ は収束する，ということの**正しくない**証明をしてみる．間違いを見つけられるかどうか，見てみてほしい！

$a_n \to 0$ であると仮定すれば，あらゆる $\varepsilon > 0$ に対して，$n \geq N$ である限り $|a_n| < \varepsilon$ となる $N \in \mathbb{N}$ が存在する．そこで，$s = \left|\sum_{n=1}^{N} a_n\right|$ とおくと，

$$\left|\sum_{n=1}^{\infty} a_n\right| = \left|\sum_{n=1}^{N} a_n\right| + \left|\sum_{n=N+1}^{\infty} a_n\right|$$

$$\leq s + \left| \sum_{n=N+1}^{\infty} a_n \right|$$

$$< s + \varepsilon$$

となる．したがって，$\varepsilon > |\sum_{n=1}^{\infty} a_n| - s \geq |\sum_{n=1}^{\infty} a_n|$ となり，これがあらゆる $\varepsilon > 0$ に対して真なので，$\sum a_n \to 0$ となる．

ここには実際，複数の間違いがある．まず，級数 $\sum_{n=1}^{\infty} a_n$ を2つの和 $\sum_{n=1}^{N} a_n$ と $\sum_{n=N+1}^{\infty} a_n$ に「分ける」ことが無意味である．記法 $\sum_{n=1}^{\infty} a_n$（または単に $\sum a_n$）は部分和の作る数列を表す記号に過ぎない．だから，$\sum_{n=1}^{N} = s_N$ であるが，$\sum_{n=N+1}^{\infty} a_n$ は何も意味しない（$\{s_n\}$ が s に収束していて，そのときに $\sum_{n=N+1}^{\infty} a_n = s - s_N$ と書くことが許されることがすでにわかっているのでない限り，ここでは何の助けにもならない．）

第2に，この計算では $|\sum_{n=N+1}^{\infty} a_n| < \varepsilon$ という事実を使っている．これが真であるかどうかは実際には何もわからない！ わかっているのは，$n \geq N$ に対して $a_n < \varepsilon$ であることだけだが，それでは $\varepsilon + \varepsilon + \varepsilon + \cdots < \varepsilon$ は言えない．それはあまりに馬鹿げていて，腹が立つ．だから，あなたもきっと腹が立つだろう！

定理 19.4（有界な非負級数）

もし級数 $\sum a_n$ がすべて非負の項からなる（$a_n \geq 0$, $\forall n \in \mathbb{N}$）ならば，$\sum a_n$ が収束するのは，部分和の数列 $\{s_n\}$ が有界のとき，かつそのときに限る．

もちろん，**非負**という言葉は，この定理が $\mathbb{R}$ の級数にだけ適用されるように定理を制限していることを意味している[1]．$\mathbb{C}$ に対しては順序が定義できないので，正や負の複素数という概念はない．

証明． $\sum a_n$ は部分和の数列 $\{s_n\} = a_1, a_1 + a_2, a_1 + a_2 + a_3, \ldots$ で，各項は $a_n \geq 0$ だから，数列 $\{s_n\}$ は単調増大数列である．そのとき，定理16.16 により，数列が収束するのは，$\{s_n\}$ が有界であるとき，かつそのと

---

[1]［訳註］すべての項が正（や非負）の級数を正項級数ということがある．

262　第 19 章

きに限る. □

　ほとんどの場合，級数の収束は比較テストを適用することによって定めることができる．それは数列の挟みこみ定理に対して級数での対応物のようなものだが，さらに良いものである．

定理 19.5（収束に対する比較テスト）
　$n \geq N_0$ である限り $|a_n| \leq c_n$ となるような $N_0 \in \mathbb{N}$ が存在するとき，もし級数 $\sum c_n$ が収束すれば，$\sum a_n$ も収束する．

　証明. $\sum c_n$ が収束すれば，定理 19.2 により，どんな $\varepsilon > 0$ に対しても，$N \in \mathbb{N}$ が存在して，

$$m \geq n \geq \max\{N, N_0\} \;\Rightarrow\; \left| \sum_{k=n}^{m} c_k \right| \leq \varepsilon$$

となる．したがって，

$$\left| \sum_{k=n}^{m} a_k \right| \leq \sum_{k=n}^{m} |a_k| \quad \text{（三角不等式による）}$$

$$\leq \sum_{k=n}^{m} c_k \quad （n \geq N_0 \text{に対して} 0 \leq |a_n| \leq c_n \text{だから}）$$

$$= \left| \sum_{k=n}^{m} c_k \right|$$

$$\leq \varepsilon$$

となる．これがあらゆる $\varepsilon > 0$ に対して真だから，定理 19.2 によって $\sum a_n$ は収束する． □

定理 19.6（発散に対する比較テスト）
　$n \geq N_0$ である限り $|a_n| \geq d_n \geq 0$ となるような $N_0 \in \mathbb{N}$ が存在するとき，もし級数 $\sum d_n$ が発散すれば，$\sum a_n$ も発散する．

　発散のための比較テストは，正項級数を比較するときだけ機能することに注意する．なぜなら，たとえばある級数の各項が $\geq d_n = -1$ だったと

すれば，$\sum d_n = (-1) + (-1) + (-1) + \cdots$ が発散したからといって何も意味しない．

証明． 対偶による証明を行うので，$\sum a_n$ が収束することを仮定して $\sum d_n$ が収束することを示そう．これをするには 2 つの異なる（が，同じように簡単な）方法がある．

あらゆる $n \geq N_0$ に対して $|d_n| = d_n \leq a_n$ であるから，$\sum a_n$ が収束するなら，収束に対する比較テストによって，$\sum d_n$ も収束する．（$|d_n| \leq a_n$ を知るために $d_n \geq 0$ という事実を使ったことに注意する．）

もしくは，そっちの方がお好みなら，定理 19.4 を適用するだけでも可能である．$\sum a_n$ が収束するなら，その部分和の数列は有界である．そのとき，$\sum d_n$ のあらゆる部分和は上に有界であるので，$\sum d_n$ も収束する．（定理 19.4 は正項級数でしか働かないから，ここでも $d_n \geq 0$ という事実を使っていることに注意する．実際には，分かっているのは $n \geq N_0$ に対して $d_n \geq 0$ であることで，あらゆる $n \geq 0$ に対してではない．しかしそれで十分である．$\sum_{n=0}^{\infty} d_n$ は $\sum_{n=N_0}^{\infty} d_n$ に有限和を足したものなので，$\sum_{n=N_0}^{\infty} d_n$ が収束するなら $\sum_{n=0}^{\infty} d_n$ も収束する．） $\qquad\square$

比較テストを最大限活用するには，収束したり発散したりする単純な級数についての知識ベースを構築して，ほかの級数と頻繁に比較できるようにすべきだろう．

定理 19.7（幾何級数）

級数 $\sum_{n=0}^{\infty} x^n$ は，$|x| < 1$ であれば $\frac{1}{1-x}$ に収束し，$|x| \geq 1$ であれば発散する．

このような何かの n 乗の項の作る級数を**幾何級数**と呼ぶ．これらの幾何級数は数学の至るところに顔を出すので，この公式は便利なものである．

証明． $x \geq 1$ の発散部分の証明は容易である．あらゆる $n \in \mathbb{N}$ に対して $x^n \geq 1$ であり，級数 $1 + 1 + 1 + \cdots$ は明らかに発散するから，比較テストにより $\sum x^n$ は発散する．

264　第19章

$x \le -1$ であれば，あらゆる $n \in \mathbb{N}$ に対して $|x^n| \ge 1$ である．そのとき，あらゆる $n \in \mathbb{N}$ に対して，$|x^n - 0| \ge 1$ であるので，$x_n \to 0$ となることはできない．したがって，系 19.3 の対偶により級数は発散する．

収束についてはまず，部分和

$$s_n = \sum_{k=0}^{n} x^k = 1 + x + x^2 + x^3 + \cdots$$

に対する公式を見つけることから始める．というのは，級数 $\sum x^n$ の極限は数列 $\{s_n\}$ の極限だからである．いくつかの代数的操作によって

$$(1-x)s_n = (s_n - xs_n)$$
$$= (1 + x + x^2 + \cdots + x^n) - (x + x^2 + x^3 + \cdots + x^{n+1})$$
$$= 1 + (x - x) + (x^2 - x^2) + \cdots + (x^n - x^n) - x^{n+1}$$
$$= 1 - x^{n+1}$$

となるので，$s_n = \frac{1-x^{n+1}}{1-x}$ となる．定理 18.6 により，$|x| < 1$ のとき $x^n \to 0$ となるので，$\frac{1-x \cdot x^n}{1-x} \to \frac{1}{1-x}$ となる．したがって

$$\sum_{n=0}^{\infty} x^n = \lim_{n \to \infty} s_n = \frac{1}{1-x} \quad (|x| < 1)$$

となる．　　　　　　　　　　　　　　　　　　　　　　　　　$\square$

級数を（$n = 0$ の代わりに）$n = 1$ から始めたければ

$$\sum_{n=1}^{\infty} x^n = \sum_{n=0}^{\infty} x^n - x^0 = \frac{1}{1-x} - 1 = \frac{x}{1-x}$$

となることに注意する．

例 19.8（幾何級数）

幾何級数には特に素敵な幾何的表現がある（偶然だって？！）．$x = \frac{2}{3}$ の例でやってみよう．公式により，

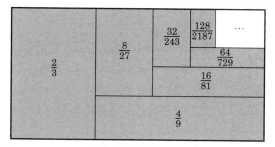

図 19.1 1×2 の長方形を級数 $\sum_{n=1}^{\infty} (\frac{2}{3})^n$ で充填する.

$$\sum_{n=1}^{\infty} \left(\frac{2}{3}\right)^n = \frac{\frac{2}{3}}{1-\frac{2}{3}} = 2$$

となる.だから,面積が 2 の長方形から始めれば,図 19.1 に見られるように,この級数を使って埋め尽くすことができる.

1×2 の長方形をとり,$\frac{2}{3}$ の大きさの領域を埋める.残りの部分は $2 - \frac{2}{3} = \frac{4}{3}$ である.

次に影の部分に $(\frac{2}{3})^2 = \frac{4}{9}$ を足す.$\frac{4}{9}$ が残った領域のちょうど 3 分の 1 であることに注意する.今は,残りの部分の面積は $\frac{4}{3} - \frac{4}{9} = \frac{8}{9}$ である.

次に影の部分に $(\frac{2}{3})^3 = \frac{8}{27}$ を足す.これは残った領域のちょうど 3 分の 1 である.今は,残りの部分の面積は $\frac{8}{9} - \frac{8}{27} = \frac{16}{27}$ である.

基本的に,各ステップで残った領域の 3 分の 1 を埋めていく.このパターンを永久に続けていけば,面積 2 の長方形の全体を埋め尽くすことになる.

別のよく使われる級数を見る前に,級数の収束のためのもう 1 つのテストでわれわれの道具箱を整える必要がある.

定理 19.9(コーシーの凝集テスト)

非負で単調減少な項の作る級数 $\sum_{n=1}^{\infty} a_n$ が収束するのは,級数 $\sum_{k=0}^{\infty} 2^k a_{2^k}$ が収束するとき,かつそのときに限る.

だから,これからは,$a_1 \geq a_2 \geq a_3 \geq \cdots \geq 0$ である項 $\{a_n\}$ からなる級数が出てきたときは,収束のためにはコーシーの凝集テストを使うこと

ができる．$\{a_n\}$ のかなり少ない項（つまり，$a_1, a_2, a_4, a_8, \dots$）からなる級数であっても，$\{a_n\}$ の収束・発散を決定するのである．

証明．$\sum_{n=1}^{\infty} a_n$ と $\sum_{k=0}^{\infty} 2^k a_{2^k}$ は正項級数なので，定理 19.4 によって，それぞれが収束するのはその部分和の数列が有界なとき，かつそのときに限る．

$$s_n = a_1 + a_2 + a_3 + \cdots + a_n \quad \left(\sum_{n=1}^{\infty} a_n \text{の} n \text{番目の部分和}\right)$$

$$t_k = a_1 + 2a_2 + 4a_4 + \cdots + 2^k a_{2^k} \quad \left(\sum_{k=0}^{\infty} 2^k a_{2^k} \text{の} k \text{番目の部分和}\right)$$

とおく．だから，「$\{s_n\}$ は有界 $\Leftrightarrow$ $\{t_k\}$ は有界」を示すことができれば，「$\sum_{n=1}^{\infty} a_n$ は収束 $\Leftrightarrow$ $\sum_{k=0}^{\infty} 2^k a_{2^k}$ は収束」を証明したことになる．両方の向きの証明をしよう．

1. 「$\{t_k\}$ は有界 $\Rightarrow$ $\{s_n\}$ は有界」既に $\{s_n\}$ と $\{t_k\}$ が（0 によって）下に有界であることは分かっているので，定理 9.6 により，気にするのは上に有界かどうかだけである．あらゆる $k \in \mathbb{N}$ に対して $t_k \leq M$ となるような $M \in \mathbb{R}$ があると仮定する．もしあらゆる $n \in \mathbb{N}$ に対して $s_n \leq t_k$ となるような $k \in \mathbb{N}$ があるならば，$\{s_n\}$ のあらゆる元もまた $\leq M$ であることが示される．

   まあ，それはそれほど難しくない！ n を固定し $n < 2^k$ であるような k を選べば，

   $$s_n = a_1 + a_2 + a_3 + \cdots + a_n$$
   $$\leq a_1 + a_2 + a_3 + \cdots + a_{2^{k+1}-1}$$

   $$(n < 2^k \to n+1 \leq 2(2^k)-1 \text{ だから})$$

   $$= a_1 + (a_2 + a_3) + (a_4 + a_5 + a_6 + a_7)$$
   $$+ \cdots + (a_{2^k} + \cdots + a_{2^{k+1}-1})$$

$$\leq a_1 + 2a_2 + 4a_4 + \cdots + 2^k a_{2^k} \, (a_2 \geq a_3 \geq a_4 \geq \cdots \text{だから})$$

$$= t_k$$

となる．したがって，あらゆる s_n に対して，

$$s_n \leq t_{\lceil \frac{\log(n)}{\log(2)} \rceil + 1} \leq M$$

となる．

2. 「$\{t_k\}$ は非有界 $\Rightarrow$ $\{s_n\}$ は非有界」あらゆる $M \in \mathbb{R}$ に対して $t_k > M$ となるような $k \in \mathbb{N}$ があると仮定する．あらゆる $N \in \mathbb{N}$ に対して $s_n > N$ となるような $n \in \mathbb{N}$ があることを示したい．今度は前にやったことの反対向きを行う．任意の k をとり，$n > 2^k$ であるように n を選ぶと，

$$s_n = a_1 + a_2 + a_3 + \cdots + a_n$$

$$\geq a_1 + a_2 + a_3 + \cdots + a_{2^k} \, (n > 2^k \text{だから})$$

$$= a_1 + a_2 + (a_3 + a_4) + (a_5 + a_6 + a_7 + a_8) + \cdots + (a_{2^k+1} + \cdots + a_{2^{k+1}})$$

$$\geq \frac{1}{2}a_1 + a_2 + 2a_4 + 4a_8 + \cdots + 2^{k-1}a_{2^k} \, (a_2 \geq a_3 \geq a_4 \geq \cdots \text{だから})$$

$$= \frac{1}{2}(a_1 + 2a_2 + 4a_4 + 8a_8 + \cdots + 2^k a_{2^k})$$

$$= \frac{1}{2}t_k$$

となる．そのとき，あらゆる $n \in \mathbb{N}$ に対して $M = 2N$ とする．したがって，$t_k > M$ となる $k \in \mathbb{N}$ があるので，

$$s_{2^k+1} \geq \frac{1}{2}t_k > \frac{1}{2}(2N) = N$$

となるので，$\{s_n\}$ は有界ではない．（$n > 2^k$ となるように $n = 2^k + 1$ と選ぶことに注意する．） $\qquad\square$

268　第 19 章

　コーシー凝集テストのもっとも良い応用の 1 つは，$\sum \frac{1}{n^p}$ という形をした p 級数の収束の判定である．

　中でももっとも有名な $\sum \frac{1}{n}$ は**調和級数**と呼ばれる．名前の由来は，初めの音の $\frac{1}{2}, \frac{1}{3}, \frac{1}{4}, \ldots$ の波長の音波の音である，音楽における調和列（倍音の列）からである．

定理 19.10（p 級数）

級数 $\sum_{n=1}^{\infty} \frac{1}{n^p}$ は $p > 1$ であれば収束し，$p \leq 1$ であれば発散する．

　これから，調和級数 $\sum \frac{1}{n}$ が発散することが導かれる．

　証明. $p < 0$ であれば，数列 $\{n^{-p}\}$ は有界でないので，収束しない．そのとき，系 19.3 の対偶により，$\sum \frac{1}{n^p}$ も発散しなければならない．

　$p \geq 0$ であれば，数列 $\{\frac{1}{n^p}\}$ のあらゆる元はその前の元より小さいか等しいかである（そしてもちろんそれらはすべて正である）ので，コーシーの凝集テストを適用することができる．級数

$$\sum_{k=0}^{\infty} 2^k \left(\frac{1}{(2^k)^p} \right) = \sum_{k=0}^{\infty} (2^{1-p})^k$$

はまさに幾何級数である（ここで，$x = 2^{1-p}$）．定理 19.7 により，$0 \leq 2^{1-p} < 1$ なら（つまり $1 - p < 0$ なら）収束し，$2^{1-p} \geq 1$ なら（つまり $1 - p \geq 0$ なら）発散する．したがって，$\sum \frac{1}{n^p}$ は $p > 1$ なら収束し，$p \leq 1$ なら発散する． □

　この章のツールを使うと，さまざまな級数に対処できるはずである．比較テスト（通常は幾何級数や p 級数と比較する）とコーシーの凝集テストは全体像の始まりに過ぎない．さらに，根のテストと比のテストがある[2]．

---

[2] ［訳註］テスト（判定法）と呼べるような形にまとめる際は，絶対収束の概念を導入し，正項級数に対して述べることが多い．正項級数 $\sum a_n$ で考える．根のテストは $\limsup_{n \to \infty} \sqrt{a_n}$ が 1 より小さいときは収束し，1 より大きいときは発散するというものである．比のテストは $\limsup_{n \to \infty} \frac{a_{n+1}}{a_n}$ が 1 より小さいときは収束し，1 より大きいときは発散するというものである．ともに，1 になるときには何の情報も与えないが，非常に有効な方法である．$\limsup$ を定義した第 17 章では有効性の分からなかった上極限は非常に重要な概念だったのである．

ではなぜ，級数に関心を持つのか？ それは，級数の方があなたを気にかけているからだ．また，級数は数 e の定義にも π の複素解析的定義にも使われる．そして，もしあなたがテイラー級数を学んでいたなら，ほとんどすべての関数をどのように級数として書くことができるのかが分かっているだろう．級数はあなたに，収束列と無限の意味のより良い理解を与えてくれる！

第 20 章 結論

われわれは，祝福でもあり呪いでもある多くの内容を扱ってきた．祝福は，今やあなたのこれからの人生の宝物となる（と願っているが），多くの重要なトピックに，あなたが精通しているということだ．呪いは，宿題の課題や試験問題で新しい問題に直面したとき，「利用可能なすべての情報を使え」というアドバイスが馬鹿げて聞こえることだ．覚えることがあまりにもたくさんある！ だからこそ，あなたが証明をすべきことが何かから始めて，問題を逆向きに考えることはとても有益なのだ．

追加の援助として，本書の収録リストを集めてみた．各章で学んだトリックであり，この後も何度も使い続けることになるものである．

第 1 章 数学に関連したものを読むときは，能動的に読むこと！ ゆっくりと，メモをとりながら．

第 2 章 見かけ上複雑な証明も，簡単な方法で行うことができることがある．反例，対偶，矛盾，帰納といった方法である．（例 2.1, 2.2, 2.3, 2.4 を参照．）

第 3 章 $A = B$ を証明するには単に $A \subset B$ と $B \subset A$ を示せばよい（定理 3.12 の証明で見直し可能）．また，和集合の補集合が補集合の共通部分であることをいっているド・モルガンの法則を覚えておくこと（定理 3.17 参照）．

第 4 章 最小上界の両方の性質を使う．集合にはそれより大きな数がないことと，それより小さいものはどれも集合の上界ではないことである．（定理 4.9 の証明を参照．）

第 5 章 どんな実数 x と y に対しても $nx > y$ となるような $n \in \mathbb{N}$ が存在するというアルキメデス性を使うこと（定理 5.5 参照）．もっとも簡単な形では，常に $n > y$ があるということ．

結論　271

第6章　三角不等式（定理 6.7 の性質5参照），もしくはその兄貴分であるコーシー・シュヴァルツの不等式を使うこと．

第7章　全単射の3つすべての性質を使う．つまり，関数であること（定義域全体で定義され，2つの異なる元に写される元はない），単射であること（同じ元に写される2つの元はない），全射であること（余域のあらゆる元に写されてくる）である．（定理 7.16 の証明を参照．そこの空白を埋められたのならいいね！）

第8章　ある集合が可算であることを証明するために，もし良さそうな全単射が見つかったが，重複があるかもしれないといった厄介な問題があるなら，定義域のある部分集合に働くような，その関数の「全単射版」を定義すること．（定理 8.16 の証明を参照．）

第9章　（集合の内側に含まれているか，別の点を含むか，などの）条件を満たす近傍を構築してみようとするが，振り返ってその近傍のための「魔法の半径」を把握するために逆向きに考える．（定理 9.23 の証明を参照．）

第10章　ときには，元の集合よりもその補集合で作業する方が容易であることがある．そうするとき，開であることと閉であることとは入れ替わる．（定理 10.7 の証明を参照．）

第11章　入れ子のコンパクト集合の無限交差が空でないという事実（系 11.12 参照）としても知られるマトリョーシカの性質を使う．

第12章　ハイネ・ボレルの定理は，$\mathbb{R}^k$ では，コンパクトであることと有界閉集合であることが同値であるというもの（定理 12.6）．

第13章　何度もあなたはトポロジーの問題を2つの単純な場合に分解することができる．$p \in A$ であればそれは何を意味するのだろうか？そして，$p \notin A$ であればそれは何を意味するのだろうか？（定理 13.8 の証明を参照）

第14章　点列が収束していることが分かっていれば，すべての $\varepsilon > 0$ に対して $n \geq N \Rightarrow d(p_n, p) < \varepsilon$ であるという事実は，$\frac{\varepsilon}{2}$ のような数を含むどんな ε でも機能することを意味している．（定理 14.6 の証明を参照．）

第15章　帰納法による証明を行うのと同じようにして，特定の部分列を

構成することができる. p_1 を定義して, それから p_{n-1} に対して何かしらのことが成り立つと仮定して, p_n に対しても成り立つことを示す. $\{p_n\}$ の値域が有限でるという場合の可能性を最初に指摘しておくことを忘れないように. (定理 15.7 の証明を参照.)

第 16 章 $\mathbb{R}^k$ (または任意の完備な距離空間) において, 点列が収束するのを証明するにはコーシー列であることを示すことで十分である (定理 16.10 参照).

第 17 章 部分列の部分列をとることを恐れないで! 部分列が発散する部分列を持つか, 有界であって収束する部分列を持つことを示すときに, これは特に役に立つ. (定理 17.8 の証明を参照.)

第 18 章 挟みうちの定理(定理18.1)を使う. また, 指数が出てくる作業では, ベキを展開するために 2 項定理 $(a+b)^n = \sum_{k=0}^{n} \binom{n}{k} a^{n-k} b_k$ を使わねばならなくなることが多く, 何かが $\geq$ だったり $>$ だったりすることを示すときに, ほとんどの項を切り捨てることができる. (定理 18.3 の証明参照)

第 19 章 級数は和ではない. 数列なのである! だから, 数列について知っているあらゆることを級数に適用することができる. それに比較テスト (定理 19.5 と 19.6) とコーシーの凝集テスト (定理 19.9) をプラスする.

もちろん, これはあなたのツールボックスの小さな部分集合に過ぎない. 証明に行き詰まったら, さかのぼって考えてみる. あなたにとって明白な言明になるまで, あなたが証明しなければならないものを絞り込む. 定理に使われている仮定のリストを作り, それをすべて使ってみるようにする. 一般の場合に行う前に, もっとも単純な例で作業する. そして**絵を描くこと**. 真剣に! あなたのノートに絵が増えるほど, (学生として, 人間として) あなたは良くなっていく.

あなたの学習範囲は級数の話題を超えて, もっと多くの素材を扱うことも可能である. 実解析の大旅行であなたを待ち構えているもの, 連続性, 微係数, 積分, **関数列** (なんて恐ろしい?!) などに怯えることがあるか

もしれないけれど，すべては基本に戻るのだということを忘れないで．あらゆるものが，実数，トポロジー，数列・点列の上にあるのだ．それらの話題がマスターできれば，残りは朝飯前だ！本当だよ．

また，これらの概念を理解しようとしていた 1 分 1 分に，恐らくあなたは，証明がどのように働くかを理解しようと少なくともそれだけの時間を費やしたはずだ．これまでに，あなたは証明の基本のテクニック，証明を読んで書くことはマスターしていてほしいものだ．それができていれば，すぐに数学だけに集中することができるようになる．

私が望んでいるのは，あなたが本書から，数列が収束することよりも多くのことを学んだということだ（**本当に**学んだよね？）．あなたは厳密に考えるということを学んだ．直観が助けにならない場合に，無限の取り扱い方を学んだ（たとえば，可算性や級数で）．何よりも，ゆっくり進み定義をまず理解することで違いが分かるようになることを学んだと思いたい．

楽しんで！恐ろしく見えるかもしれないが，実解析は信じられないほど興味深く，刺激的なんだ．君ならできる．

謝　辞

最初に大きな感謝をこの謝辞を読んでいる学生のあなたに……しかし，まじめな話，なぜこんなものを読んでるんですか？ 数学に戻りなさい！

本書はプリンストン大学における私の修士論文のプロジェクトとして始まった．心からの感謝を，いつも助けていただき，熱心に指導していただいたフィリップ・トリン博士に捧げる．彼には良い体裁，良い構成，良い図版というものの価値を教えていただいた．そもそもの最初から，私自身にも匹敵するほどの情熱でこのプロジェクトを信じてくれた．ここにあるあらゆるものが彼のお蔭です．

二人目の指導教員であるアドリアン・バンナーにも助けていただき，とても素晴らしい『ライフセーバー微積分』でこのライフセーバーの教科書シリーズを鼓舞していただいたことに感謝する．

マーク・マッコネルには，詳細な編集と洞察に満ちた意見に感謝する．

プリンストン大学出版会のスタッフ，特に私の編集者であるヴィッキー・カーンには，早くから私を支え，本書が実現するために一生懸命働いていただいたことに感謝する．

tex.stackexchange.com の寛大なユーザに感謝する．彼らはいつもボランティアで完全に見知らぬ人々の $\LaTeX$ の問題の助けをするために自分の時間を費やしてくれている．

妻のシャーロッテに．彼女は私の下限に対する上限であり，私のボレルに対するハイネであり，私の ε に対する N である．本書（または少なくとも謝辞の節）を編集してくれて有難う．愛してるよ．

私の家族，モニカ，ジョエル，グレッグ，ジャッキー，エリアンヌ，エイガー，ポール，マーニーに．本書の執筆の間，そして私の人生全般において私を支えてくれて有難う．

そして，何年もの間の多くの素晴らしい先生たちに感謝する．教えることを愛することとほとんど同じように，学ぶことを愛するように励ましてくれてありがとう．

文　献

1. Walter Rudin, *Principles of Mathematical Analysis*, 3rd edition (McGraw-Hill, 1976).　［ウォルター・ルーディン『数学解析の原理』第3版（1976年）］

   本書はルーディンのカリキュラムそのものに従っている．ここにほとんどの定義と証明はルーディンによるものである．

2. Steven R. Lay, *Analysis with an Introduction to Proof*, 4th edition (Prentice Hall, 2004).　［スティーヴン・R. レイ『証明の導入付きの解析学』第4版 (2004年)］

   これには最高の推薦をする．素敵な説明．あなたを論理，集合，関数へと誘う準備の章が多い．章末の演習問題を通して積極的に読解することと空白を埋めること（私はこれが好きだ）への励ましがある．

3. Stephen Abbott, *Understanding Analysis* (Springer, 2010).　［ステファン・アボット『解析学を理解する』 (Springer, 2010年)］

   各章には前に「議論」，後ろに「エピローグ」が付いている．本書の構成は素晴らしく，伝統的なルーディンを基にしたカリキュラムを豊かにする多くの新しい話題と例がある．本書のもっともすぐれた点は，それまでの読者の数学的直観が役に立たないという導入上の問題のある「なぜ実解析を学ぶのか？」という疑問に対して，動機づけをするアボットの努力である．彼は，すべての章を結びつける統一的な物語を作ることに重点をおいている．（もちろん，この物語や歴史的アプローチが有効なのは，読者がすでにすべての素材を知っていて，それがいったい何を意味するのか，どうやって生まれたのか，すべてがなぜか関わりあっているのか，について振り返って学ぶことに興味がある場合だけである．解析学を初めて学ぶ学生にとって，抽象的な定義を理解し厳密な証明を書くことは十分難しいことで，それすべてを読者の頭の中でまとめるというようなことは余計な負担である．）

4. Kenneth A. Ross, *Elementary Analysis: The Theory of Calculus*

(Springer, 2010). ［ケネス・A.ロス『基礎解析学　微積分の理論』(2010年)］

　ロスは明らかに質を優先して量をあきらめている．彼のページには詳細な例と明快な説明がある．彼の扱う素材にはいくつか穴があるし，この本には解析の1学期のコースとして不足しているところもあるのだが．数列に関して（特に数列の収束の証明と上極限を理解することに）問題を抱えている読者は，この本の第2章は必読である．

5. Robert G. Bartle and Donald R. Sherbert, *Introduction to Real Analysis*, 3rd edition (Wiley, 2000). ［ロバート・G.バートル，ドナルド・R.シャーバート『実解析入門』第3版 (2000年)］

　この本は包括的で詳細であることを指向している．（順序はいくらか違っているが）ルーディンのほとんどを扱い，多くの不足している定理や例を補っていて，役に立つだろう．難しい概念の説明は寄せ集め的だが，関数の導入や再吟味による証明が必要なら，一読の価値はある．

6. Robert Wrede and Murray Spiegel, *Schaum's Outline of Advanced Calculus*, 3rd edition (McGraw-Hill, 2010). ［ロバート・リーデ，マレイ・シュピーゲル『ショーンの高等微積分の概要』第3版 (2010年)］

　ショーンのシリーズは大規模な演習問題集であり，中には詳細な解答つきのものもある．問題を解くのはそれについて読むだけよりも良いことなので，チェックした方が良い．

7. Burt G.Wachsmuth, *Interactive Real Analysis*, version 2.0.1(a) (www.mathcs.org/analysis/reals, 2013). ［バート・G.ワクムス『対話型実解析』］

　このウェブサイトには優れた会話型の例と証明があり，最初にそれを読んだ後，クリックすると解答を見ることができる．

［訳者による補遺］

　本書の内容は数学解析の基礎事項に過ぎない．しかし，それを軽視して先の事項に進むと，理解がだんだんに難しくなり，最後には何がわからないかもわからなくなることがある．だから，基礎事項を真に理解し，自在

に扱えるようにすることを目的としているのである.

上の参考文献の1のルーディンの書は，1953年の初版以来，アメリカの数学解析の基礎的教科書としての定番である．ルーディンにはほかに『実解析と複素解析 (*Real and Complex Analysis*)』(1966, 第3版1987) と『関数解析 (*Functional Analysis*)』(1973，第2版1991) があって，解析学の研究に進むための標準的な教科書になっている.

2～7はそれをいろいろな面から補うものになっていてその特徴はそれぞれに付いているので，読者が取捨選択できるようになっている．しかし，どれも日本語訳がされておらず，読者の役には立ちにくいだろう．そこで以下少し，日本語の文献を挙げて，少しだけ説明をしておくことにする.

少しと書いたのは，それぞれに特徴のある良書と言えるものが山ほどにある中から少しという意味である．すべてを挙げるわけにもいかないし，本書を読んだ後という状況下で役に立ちそうなものを選ぶことにした．[1]の高木以外は，訳者にとって面識のある著者のものになったのは偶然である.

[1] 高木貞治『解析概論』岩波書店 (1938), 増訂版 (1943), 改訂第3版 (1961), 定本 (2010). 第3版の改訂は黒田成勝による. 定本では補遺に高木函数が追加されている.

[2] 一松信『解析学序説　上下』裳華房 (1962,62), 新版 (1981.12, 1982.2, 2008.6)

[3] コルモゴロフ・フォミーン『函数解析の基礎』(山崎三郎訳) 岩波書店 (1962), 第2版 (1971), 原著第4版は，大幅に増補されていて，その部分は柴岡泰光訳 (1979) 岩波書店. 原著（ロシア語）は初版が1954年と1960年に，第4版は1976年に出版されている. 英訳 *Elements of the Theory of Functions and Functional Analysis*, Dover(1999) がこの年になって出版されているのは世界的な評価の証しである.

[4] 溝畑茂『数学解析　上下』朝倉書店 (1973)

[5] 笠原晧司『微分積分学』サイエンス社 (1974)

[6] 杉浦光夫『解析入門 I,II』東京大学出版会 (1980,1985)

278 文献

[7] 杉浦光夫，清水英男，金子晃，岡本和夫『基礎数学7 解析演習』東京大学出版会 (1989)

[8] E. ハイラー，G. ヴァンナー『解析教程 上下』(蟹江幸博訳) シュプリンガー・ジャパン (1997)，新装版 (2006)，丸善出版 (2011). *Analysis by Its History*, by E.Hairer & G.Wanner(1995)

[9] 蟹江幸博『微積分講義 [上] 微分のはなし，[下] 積分と微分のはなし』日本評論社 (2007, 2008)

　[7] は東大の一般教育の標準的教科書である [6] に対応する演習書である．[6] と [7] が現在での定番と言ってよいかもしれない．それを読みこなせば東大での数学の教育を受けたのに等しいと言うことができる．それが誰にでも手にとれる形で提供されているのだから幸いではある．しかし，そのように思えるような人が『ライフセーバー』のようなタイプの教科書を手にとることはないだろう．

　日本での解析の教科書の古典である [1] も，東大での講義を基にしている．著者の高木貞治は代数学，特に整数論の世界的権威で，解析の講義を担当していた坂井英太郎の退官で担当者がいないためのピンチヒッターだったらしい．自身の退官までの 4 年間講義をした．折しも『岩波講座数学』が刊行され始め，高木が解析概論を担当することになった．世界的にはフランスのグルサの *Cours d'Analyse*（解析教程）が権威ある教科書になっていて，日本人も高度の数学を学ぶ意志を持った人の多くは原書ないし英訳で読んだものである．その日本語翻訳原稿を岩波書店に持ち込んだ人があったようで，高木は「我々の手で適切な解析の書物を作り上げるときにきている」という感想を漏らしていたという．

　代数学者が書いたことで，むしろ細部にこだわるより，全体を見通せ，学習意欲を高める名著になった．第 2 次世界大戦前の出版でもあり，高木の死後まもなく増訂版が出版され，戦後に教育を受けた人は大半この版で学んだだろう．2010 年刊の底本には補遺に高木関数が追加されただけである．至る所微分不可能な連続関数の存在はワイエルシュトラスによって知られていたが，構成が面倒なものであり，高木が分かりやすい新しい構成法を与えたというものである．しかし，その構成法のより詳しい説明が

[8] にあるので，[1] がわかりにくいと感じた人は一読を薦める．

[1] が出版されてから時が経ち，解析の研究も進み，多くの数学やその応用の範囲も広くなり，基礎となる教科書に盛るべき内容も増え，述べ方を工夫する必要が出てきた．訳者が大学に入学する少し前に出版された [2] は何でも書いてあるということが評判の本であり，[1] に物足らない人を惹きつけたが，結局 [2] は辞書のように使う人が多かった．

[2] が出版され，[1] の呪縛から解き放たれたという感もあってか，優れた微積分や解析の教科書が書かれるようになった．同じ年に出版された [3] は新しい成果を取り込み．さらなる発展への基礎を与えるものとして世界的な数学者が書いたものである．この翻訳があったので，英語での定番のルーディンの教科書が日本語に翻訳されなかったのかもしれない．訳者も大学 1 年のときに仲間と一緒に読み始めた．そのおかげでか，よく言われる大学の数学の学習障壁をあまり感じることはなかった．

日本人による新しい感覚の本格的な教科書が出始め，京大関係者の書いた [4] と [5] が続く．著者の二人はともに訳者の恩師であるが，これらの本の内容を知ったのは，大学に勤めて，微積分の講義をするようになってからである．[4] は偏微分方程式の日本における第一人者が書いただけあって，解析学者が自分で気にするところが詳しい．本の厚さもあって，初学者は圧倒されてしまうかもしれない．[5] は惹句に「理論構成において厳密に，叙述において平明に，感覚においてモダンに」とあるように，読み進めていくと，明るさを感じるのが不思議である．学ぶときの苦しさが感じられない．それでも，細かく難しいところを省いたからというわけではなく，この本でしか知り得なかったことも少なくない．初学者に必要なことはすべて書いてあると言ってよい．

最後に，東大で長い間微積分が教えられてきた成果ともいうべき [6] と [7] が現れて，日本での本格的な微積分の教科書の完成形を見たようである．今では [6] も辞書として使うという人も多いかもしれないが，詳しさは著者の博識さが自然ににじみ出ているということであり，普通に読んでいくことができる教科書である．

[8] は 20 世紀を代表する微積分の教科書ということができる．著者たち

はジュネーヴにいて，微積分の創造者たちのベルヌーイやオイラーの生^(なま)の原稿が勤めている大学に保存されているという稀有な環境の中で書かれた，微積分の誕生と発展を現場で見るような臨場感を味わえる教科書になっている．

この後にも様々な微積分の教科書が書かれてきて，それぞれに特徴があり味わいのあるものも多いが，定番を目指すというようなものは見かけない．訳者の書いた [9] も紙数の制限があったこともあって，何でも書いてあるというようなものは目指せなかったし，目指さなかった．日本人にとってあまりなじみのない興味あるエピソードを集中的に取り上げることで，読者の関心を引くことを目指した．読み物としても面白く，それでいて一応以上の知識が身に付くものになっている（と思っている）．

索 引

【英数字】

∃ 9

∀ 9

⇒ 11

1対1 94

2項定理 253

2段階の直接証明 19

e 9, 10

gcd関数 113

kセル 161

kベクトル 70

$\mathbb{N}$ 11

p級数 268

$\mathbb{Q}$ 11

Q.E.D. 21

$\mathbb{R}$ 11

s.t. 9

$\mathbb{Z}$ 11

【あ行】

アルキメデス性 55, 137, 148, 170, 178, 198, 228

入れ子 158, 160, 174

上に有界 43

上への関数 93

ウォルター・ルーディン 4

裏 13

演算 116

【か行】

開球 121

開区間 26, 186

開集合 126, 133

階乗 249

開被覆 145

ガウス記号 47

下界 44

可換 52, 71

可逆 96

下極限 234, 238, 242

拡大実数系 68

下限 49

可算 99, 102

可算性 89

含意 11

関数 89

完全集合 129, 173, 179

カントール集合 176, 177, 179

カントールの対角線論法 107

完備 227

完備性 55, 219

幾何級数 263

帰納のステップ 18

帰納法による証明 18

帰納法の仮定 18

逆 13

逆関数 93

逆元 52, 72

逆像　92
級数　10, 256, 257
凝集テスト　265
共通部分　27, 32
極限　5, 192, 199, 204
極限点　121, 158, 167, 193, 197
虚部　75
距離関数　116
距離空間　116
近傍　120
偶数　12
区間　26
形式論理　11
計量　116
ゲオルク・カントール　107
結合的　52, 72
結合法則　28
元　22
限界　43
原像　92
項　257
交換法則　28
合成　97
交代　237
恒等元　52, 72
コーシー　265
コーシー・シュヴァルツの不等式
　　　79
コーシー列　218, 220, 227, 259
孤立点　121
根　60
根のテスト　268
コンパクト　146, 160

【さ行】

最小元　42
最小上界性　39, 48, 161, 227

最大元　42
最大公約数　113
座標　82
三角不等式　77, 84, 116, 262
指数　10
下に有界　44
実解析　3, 5
実数　54
実直線　82
実部　75
実平面　82
写像　89
集合　22
集合族　23
収積点　121
集積点　121
収束　192, 198, 257, 258
収束列　220
順序　42
順序集合　42
順序体　54
上位集合　24
上界　43
上極限　234, 238, 242
上限　48
真部分集合　25
推移律　99
数学的帰納法　18
数の体系　55
数列　10
スカラー　83
スカラー積　82, 83, 210
スカラー倍　83, 210
正項級数　261
絶対値　76
切片　26
全射　93

全単射　89, 95
像　91
相対的開集合　142
相対的コンパクト　149
相対的な閉集合　144
添字集合　23

【た行】

体　52
対偶　13
対偶による証明　15
対称性　116
対称律　99
体の公理　52
互いに素　27
高々可算　102
単射　94
単調列　228
値域　89, 191
稠密　57, 124
稠密性　58
調和級数　268
直径　220, 222, 224
定義域　89
テイラー級数　269
デデキントの切断　55
天井関数　47, 194
天井記号　168
点列　191
同値　11
同値関係　99
トポロジー　89
ド・モルガンの法則　34, 136

【な行】

内積　82
内点　125

二項定理　248
濃度　99
ノルム　83

【は行】

ハイネ・ボレルの定理　167, 175
挟みうち　245
発散　193, 257
半開区間　26
半径　120
反射律　99
反例による証明　14
比較テスト　262
非可算　99, 102, 109, 173
微積分　3
微積分演義　55
ビッグ・ルーディン　4
比のテスト　268
非負　261
微分可能性　5
非有界　118, 233
複素解析　70
複素共役　75
複素数　70
部分集合　24
部分体　73
部分被覆　145
部分列　211
部分和　257
不連結　181
不連結性　182
分配法則　52, 73
分離　180
閉区間　26, 186
閉集合　123, 133
閉包　138
ベクトル　208

284 索 引

ベクトル空間　82
ベビー・ルーディン　4
ベン図　30
補集合　33, 133
ボルツァーノ・ワイエルシュトラス
　　　の定理　215, 238, 241

【ま行】
交わり　27
マトリョーシカ人形　158
導く　11
無限級数　10
無限集合　104
無限大に発散　232
無限和　5, 135
矛盾　57
矛盾による証明　16, 241

【や行】
有界　117, 191

有界集合　117
有界単調列　230
有界閉集合　170
ユークリッド空間　70, 82
有限集合　101, 102
床関数　47
余域　89
要素　22

【ら行】
ライフセーバー　4
ランダウ　55
連結集合　181
連続性　5

【わ行】
ワイエルシュトラスの定理　171,
　　　203
和集合　27, 32
和の記号　10

Memorandum

〈訳者紹介〉

蟹江幸博（かにえ ゆきひろ）

最終学歴　京都大学大学院理学研究科数学専攻博士課程修了
現　　在　三重大学名誉教授，理学博士
専門分野　トポロジー，表現論，数学教育 など
著 訳 書　『古典力学の数学的方法』（共訳，岩波書店，1980），『カタストロフ理論』（翻訳，
　　　　　現代数学社，1985），『微分トポロジー講義』（翻訳，シュプリンガー・フェアラー
　　　　　ク東京，1998），『数理解析のパイオニアたち』（翻訳，シュプリンガー・フェア
　　　　　ラーク東京，1999），『数学名所案内 －代数と幾何のきらめき（上・下）』（翻訳，
　　　　　シュプリンガー・フェアラーク東京，1999/2000），『数論の３つの真珠』（翻訳，
　　　　　日本評論社，2000），『代数学とは何か』（翻訳，シュプリンガー・フェアラーク東
　　　　　京，2001），『天書の証明』（翻訳，シュプリンガー・フェアラーク東京，2002），
　　　　　『黄金分割』（翻訳，日本評論社，2002），『シンメトリー』（翻訳，日本評論社，
　　　　　2003），『プロフェッショナル英和辞典 SPED TERRA 物質・工学編』（共編，小
　　　　　学館，2004），『古典群 －不変式と表現』（翻訳，シュプリンガー・フェアラーク
　　　　　東京，2004），『数学者列伝 －オイラーからフォン・ノイマンまで（I・II・III）』
　　　　　（翻訳，シュプリンガー・フェアラーク東京，2005/2007/2011），『直線と曲線 ハ
　　　　　ンディブック』（共訳，共立出版，2006），『解析教程 新装版（上・下）』（翻訳，
　　　　　シュプリンガー・フェアラーク東京，2006），『モスクワの数学ひろば 第２巻：幾
　　　　　何篇－面積・体積・トポロジー』（翻訳，海鳴社，2007），『微積分演義（上） －
　　　　　微分のはなし／（下） －積分と微分のはなし』（日本評論社 2007/2008），『文明
　　　　　開化の数学と物理』（共著，岩波書店，2008），『代数入門』（翻訳，日本評論社，
　　　　　2009），『微分の基礎 －これでわかった！』（技術評論社，2009），『微分の応用 －
　　　　　これでわかった！』（技術評論社，2010），『ラマヌジャンの遺した関数』（翻訳，
　　　　　岩波書店，2012），『メビウスの作った曲面』（翻訳，岩波書店，2012），『ヒルベル
　　　　　トの忘れられた問題』（翻訳，岩波書店，2013），『数学用語英和辞典』（編集，近代
　　　　　科学社，2013），『数の体系 －解析の基礎』（翻訳，丸善出版，2014），『なぜか惹か
　　　　　れる ふしぎな数学』（実務教育出版，2014），『確率で読み解く日常の不思議 －あ
　　　　　なたが10年後に生きている可能性は？』（翻訳，共立出版，2016），『数学の作法』
　　　　　（近代科学社，2016），『幾何教程（上・下）』（翻訳，丸善出版，2017），『数って不
　　　　　思議！！… ∞ －1＋1＝2？ で始まる数学の世界』（近代科学社，2018）　他

実解析の助け方
——証明の理解に必要なすべてのツール——

（原題： *The Real Analysis Lifesaver:*
All the Tools You Need to Understand
Proofs)

2019 年 9 月 30 日　初版 1 刷発行

著　者　Raffi Grinberg
訳　者　藪江幸雄 © 2019

発行者　南條光章

発　行　共立出版株式会社
〒112-0006
東京都文京区小日向 4-6-19
電話 03-3947-2511（代表）
振替口座 00110-2-57035
www.kyoritsu-pub.co.jp

印刷　錦明印刷
製本　協栄製本

一般社団法人
自然科学書協会
会員

Prited in Japan

検印廃止
NDC 413.1
ISBN 978-4-320-11384-8

JCOPY ＜出版者著作権管理機構 委託出版物＞
本書の無断複製は著作権法上での例外を除き禁じられています。複製される場合は、そのつど事前に、出版者著作権管理機構（TEL：03-5244-5088，FAX：03-5244-5089，e-mail：info@jcopy.or.jp）の
許諾を得てください。

■統計関連書

（確率論／理論統計／確率分布／確率過程／検定／推定／推測／DM／DS／OR／回帰／数理統計学／離散／応用数学）